|工程材料与机械制造基础系列教材及教师用书|

工程训练

—— 主　编 ——
朱华炳　李晓东

—— 副主编 ——
朱瑞富　刘舜尧
吴万荣　刘振东

清华大学出版社
北京

内 容 简 介

《工程训练》是本系列教材及教师用书中主要涉及制造业的工程实践、创新实践的教学部分。

本书共分9章,主要内容有机械制造过程中的材料成形(铸造、锻造、焊接、热处理与表面工程技术)、机械加工(包括车削加工、铣削加工、磨削加工、镗削加工、钳工与钻削加工等)、特种加工、数控加工与非金属材料成形等有关加工和工艺知识,为适应制造业技术与管理的飞速发展,本书还加入了物联网及智能制造、增材制造、微纳制造、安全生产及环境保护等内容。本书在继承和发扬传统加工方法和工艺的基础上,还在有关章节介绍了新工艺、新方法,如消失模铸造、数控冲压、等离子弧焊与切割、焊接机器人等,这使得本书内容更全面、更系统和更新颖,更加符合新工科对工程训练的新要求。

本书可作为高等院校有关专业的工程训练课程教材,也可作为职业院校的师生及工程技术人员的参考用书。

版权所有,侵权必究。举报: 010-62782989, beiqinquan@tup.tsinghua.edu.cn。

图书在版编目(CIP)数据

工程训练/朱华炳,李晓东主编. —北京:清华大学出版社,2023.5
工程材料与机械制造基础系列教材及教师用书
ISBN 978-7-302-60543-0

Ⅰ. ①工… Ⅱ. ①朱… ②李… Ⅲ. ①机械制造工艺—教材 Ⅳ. ①TH16

中国版本图书馆 CIP 数据核字(2022)第 062423 号

责任编辑:冯 昕 苗庆波
封面设计:傅瑞学
责任校对:赵丽敏
责任印制:丛怀宇

出版发行:清华大学出版社
网　址:http://www.tup.com.cn, http://www.wqbook.com
地　址:北京清华大学学研大厦A座　邮　编:100084
社 总 机:010-83470000　邮　购:010-62786544
投稿与读者服务:010-62776969, c-service@tup.tsinghua.edu.cn
质量反馈:010-62772015, zhiliang@tup.tsinghua.edu.cn
印 装 者:北京嘉实印刷有限公司
经　销:全国新华书店
开　本:185mm×260mm　印　张:18.25　字　数:443千字
版　次:2023年5月第1版　印　次:2023年5月第1次印刷
定　价:59.00元

产品编号:097781-01

序
FOREWORD

  我国是制造业大国,也是世界第一制造业大国。然而值得我们警醒的是,迄今为止,我国仍然不是制造业强国。毫无疑问,制造业是我国经济和社会发展的支柱产业,要尽快使我国制造业的水平走在世界前列,那么对工程人才的需求将是巨大的。

  随着科学技术的迅猛发展,新经济、新产业、新业态的萌发,社会对人才需求有了全新变化,这时催生了新工科。新工科的出现是促进工程教育改革和发展的强劲动力,同时它也全方位推动了与国际工程教育专业认证、卓越工程师培养教育的协同发展。新工科的改革不仅涉及全新工科专业的创建、传统专业的升级改造,也深刻影响到工科基础课、实践教学和创新训练及其教材的变革,也影响到如何实施和更有效实施立德树人教育思想和教育方法的改革。因此,"工程材料与机械制造基础系列课程"教材的建设也面临着新的问题和挑战。例如,教材知识体系不够完整,内容相对陈旧;教材形态单一,与现代教育技术对接不够;理论课与实习课教材脱节,配合不够;教材知识学习与能力要求关联不够紧密等一系列问题。因此,社会发展在迫切呼唤着新工科,而新工科又在迫切呼唤着与其紧密关联的新教材。

  为全面推动新工科的开展,2017年教育部发布了首批新工科教育教学改革项目指南。为保证机械制造基础课程能满足新工科的要求,有效地解决上述问题,全面促进机械制造基础课程的改革,由教育部高等学校机械基础课程教学指导分委员会牵头,会同教育部高等学校工程训练教学指导委员会联合申报了"面向新工科的机械制造基础课程KAPI体系改革研究与实践"项目。该项目于2018年4月获批立项,旨在构建"工程材料与机械制造基础系列课程"新的知识体系、能力要求体系,以满足对新工科制造知识方面的需求和知识结构的调整;编写配套新形态教材,以体现新知识、新形态,满足数字化、立体化教材新要求;同时结合系列课程理论联系实际和德智体美劳多育并举的特点,改革传统的教学方法,提出并实践一种知识、能力、实践、创新(KAPI)一体化培养的教学方法和人才培养模式,以加快知识向能力的转化。

  为了能在新的课程知识体系的指导下,在KAPI教学思想的牵引下,编写出版满足新工科要求的"工程材料与机械制造基础系列课程"新形态教材,通过项目化教学实现知识、能力、实践、创新一体化培养,建设一流课程。参与项目组的高校、企业、出版社累计32家,参与不同KAPI教学项目设计和实践的高校多达26所,参与教材编写的近30人,与教材编写的有关人员那就更多了。在项目引领下经过整整3年的综合教学实践,该项改革取得了全面突破,人才培养质量得到了普遍而明显的提高。项目目前已成功构建了适用于新工科教学要求的工程材料与机械制造基础系列课程知识体系和能力要求体系,遴选出理论课核心知识点93个,工程训练(机械制造实习)课核心知识点80个。项目组不仅基于新的知识体系和核心知识点编写出版了立体化新形态教材,而且依托高校资深教师和企业专家在全国设计遴选出了26项KAPI一体化训练项目,建成了一批高水平线上、线下一流课程,并在山东大学、天津大学等十几所学校开展了不同层面的KAPI教学实践。项目成果以教学基本要求形式被教育部高等学校工科基础课教学指导委员会收入到《高等学校工科基础课教学基本要求》(高等教育出版社,2019.11),并于2020年4月在由教育部组织的首批新工科项目验收中获得优秀评价,得到了参与学生和同行专家的高度肯定。

本套教材正是为了满足新工科要求,统筹解决上述问题而规划设计的。其编写过程充分尊重了机械制造基础教材的历史传承,既是以立体化形式编写而成的新形态教材,也是目前国内该课程基于新工科要求编写的首套教材。本套教材的编写坚持了教育的本真,力求体现工程实践在知识获取、能力培养、素质提高等方面的重要性,致力于核心知识点的学习和基本能力培养不动摇,确保制造知识的基础性、先进性、完整性和系统性,体现了守成与创新的统一。为方便学习,本套新形态立体化教材,以纸质和数字化配合的形式立体化呈现,是新工科教研成果的重要组成部分。同时,还编写了两册教师参考书,共同组成"工程材料与机械制造基础系列教材及教师用书"丛书。这种能同时有利于教与学的立体化配套教材的结构,是一种全新的尝试。

本丛书共分为5册:第1册为《工程材料成形基础与先进成形技术》;第2册为《机械制造工艺基础》;第3册为《工程训练》;第4册为《工程材料与机械制造基础课程知识体系和能力要求(第2版)》;第5册为《金工/工程训练教材发展略览》。丛书编写以第4册所构建的课程知识体系与能力要求体系为纲,按照产品制造的逻辑关系,将课程核心知识点串接为一个整体。丛书的编写考虑了金工/工程训练教材知识体系、结构、形态演化与发展过程,在择优保持了原有优秀教材结构的基础上,既保证了教材应有的基础理论的深度和广度、核心工艺技术和相应知识点,又大幅增加了与新工科有关的新知识、新工艺,全面体现了新工科知识与能力要求。前3册是学生用书,后两册是教师参考用书。

本丛书具有以下特点:

(1)结构新。立体化和数字化是本丛书的突出特点,分别配有学生和教师用书的组合设计也为教学提供了方便。

(2)内容新。本丛书补充了智能制造、物联网、大数据、新材料及其成形新技术、机器人等一系列与制造有关的新技术,填补了新工科知识空白。

(3)形态多样。本丛书配套了数字化教材、文本资源库、数字资源库、教学课件、习题库等多种形态内容,为教与学提供了更多选择与方便。

(4)确保对核心知识点的介绍不动摇。本丛书按核心知识点要求编写而成,在此基础上对相关知识点加以拓展,保证了对核心知识点的介绍完整深入。

(5)理论与实践部分相互融通。理论与实践教材编写队伍交叉配置,纸质与数字化编写组相互交流,确保理论与实践教学内容的融通。丛书编写队伍人数多、配置强,编者全部由国内同领域知名教师组成。为保证理论与实践不脱节,理论课教材与实践课教材编写组相互交叉参与对方教材的编写或讨论,各册内容实现了相互交流,取长补短。

(6)知识与能力有效衔接。构建了与知识体系对应的能力要求体系,使知识的获取与能力的达成有了明确的对应关联。

(7)守成与创新的统一。在对中华人民共和国成立70多年来工程材料与机械制造基础教材发展、总结的基础上编写,坚持教育本真,保留传统教材精髓,体现了坚守与推陈出新的统一。

本丛书由教育部高等学校机械基础课程教学指导分委员会新工科项目组规划设计,山东大学孙康宁教授为丛书主编,清华大学傅水根教授为丛书主审;第1册由哈尔滨工业大学邢忠文教授、山东大学张景德教授主编;第2册由西北工业大学齐乐华教授、哈尔滨工业大学韩秀琴教授主编;第3册由合肥工业大学朱华炳教授、中国石油大学(华东)李晓东教授主编,数字资源库由李晓东教授等负责完成;第4册由山东大学孙康宁教授、同济大学林建平教授等编著;第5册由清华大学傅水根教授、山东大学孙康宁教授、大连理工大学梁延德教授主编。希望本丛书的出版,能为培养德智体美劳全面发展的社会主义建设者和接班人,为加快我国由制造业大国向制造业强国过渡尽一份力量。

在本丛书编写过程中,编者们克服了新冠疫情期间所面临的特殊困难,查阅了大量的参考书和相关科技资料,并根据编写的进度和出现的问题,及时召开视频会议,加强电话联系,经过反复斟酌,几易其稿,时间跨度长达3年,终于完成了全部书稿。本丛书能顺利编写出版,离不开教育部高等学校机械基础课程教学指导分委员会和工程训练教学指导委员会的全力支持,离不开清华大学出版社在编辑、经费、资源等方面提供的大力资助,也离不开全体编者的共同努力。在此,对他们表示衷心的感谢。希望读者对本丛书存在的问题提出宝贵的意见或建议,以便在修订时进一步完善。

本丛书可作为高等学校不同专业、不同学时的工程类、管理类学生的教材,也可以作为相关技术人员的参考书。

孙康宁
2021年6月

前言
PREFACE

本书是教育部机械基础课程教学指导分委员会主持编撰的"工程材料与机械制造基础系列教材及教师用书"的第 3 册,在总结近年来教学改革的探索研究和总结教学实训经验的基础上编写而成。

本书在编写时充分考虑了与第 1 册《工程材料成形基础与先进成形技术》和第 2 册《机械制造工艺基础》的内容衔接,在保持原有优秀教材的结构、核心工艺技术和相应知识点的基础上,不仅保证了教材应有的基础理论的深度和广度,而且增加了与新工科有关的机械制造新知识、新工艺、新技术,有利于拓展读者视野。本教材配套有文本资源库、数字资源库、教学课件、习题库等,构建了与知识体系对应的能力要求体系,有利于提高学生分析和解决问题的能力,培养学生创新能力。

本书共 9 章内容,包括材料液态成形、材料塑性成形、材料连接成形、非金属材料成形、热处理及表面工程技术、机械加工与特种加工、钳工、先进制造技术及应用、制造业环境保护,涵盖机械制造过程中的材料成形、机械加工、特种加工、数控加工与非金属材料成形等有关加工和工艺知识。为适应制造业技术与管理的飞速发展,本书还介绍了物联网及智能制造、增材制造、微纳制造、安全生产及环境保护等章节或内容。

参与本书编写的有:哈尔滨工业大学邢忠文教授(第 1 章、第 2 章)、中南大学刘舜尧教授和吴万荣教授(第 3 章)、山东大学朱瑞富教授(第 4 章、第 5 章)、合肥工业大学朱华炳教授(第 6 章、8.1 节～8.3 节)、中国石油大学(华东)刘振东高级工程师(第 7 章)、长春理工大学黄根哲教授(8.4 节)、山东大学李爱菊教授(第 9 章)。本书由朱华炳、李晓东任主编,朱瑞富、刘舜尧、吴万荣、刘振东任副主编。全书由朱华炳教授统稿,配套数字资源由中国石油大学(华东)李晓东教授团队完成。

本书承蒙国家级教学名师、清华大学傅水根教授和国家级教学名师、山东大学孙康宁教授审阅,在此表示衷心感谢。

本书可作为高等工科院校机械类及近机类专业的本科工程训练教材,也可供有关工程技术人员参考。使用本书时,可参照与此对应的数字化资源,并结合各专业具体情况进行调整。

本书编写力求适应工程实际与高等教育的改革和发展,但由于编者水平有限,难免出现错误和不足之处,敬请读者批评指正。

编 者

2021 年 8 月

目录 CONTENTS

第 1 章　材料液态成形 ··· 1

1.1　砂型铸造 ··· 1
- 1.1.1　砂型铸造工艺过程 ··· 2
- 1.1.2　铸造型砂的性能要求 ··· 2
- 1.1.3　常见铸造砂型的构造及典型浇注系统 ··· 3
- 1.1.4　模样种类和特点 ··· 4
- 1.1.5　模样、铸件、零件之间的关系和区别 ··· 5

1.2　造型方法 ··· 5
- 1.2.1　手工造型 ··· 5
- 1.2.2　机器造型 ··· 9

1.3　特种铸造 ··· 11
- 1.3.1　消失模铸造 ··· 11
- 1.3.2　压力铸造 ··· 12
- 1.3.3　熔模铸造 ··· 13
- 1.3.4　离心铸造 ··· 14
- 1.3.5　金属型铸造 ··· 15

1.4　铸造工艺规程制定 ··· 16
- 1.4.1　铸件分型面的选择原则 ··· 16
- 1.4.2　浇注位置的选择 ··· 17
- 1.4.3　铸造工艺图的绘制 ··· 18

1.5　铸铁的种类与石墨形态 ··· 19
- 1.5.1　灰口铸铁 ··· 19
- 1.5.2　球墨铸铁 ··· 20
- 1.5.3　可锻铸铁 ··· 20
- 1.5.4　蠕墨铸铁 ··· 21

1.6　金属熔炼、浇注及清理 ··· 22
- 1.6.1　金属熔炼 ··· 22
- 1.6.2　金属浇注及其注意事项 ··· 24
- 1.6.3　铸件清理 ··· 24

1.7　铸件质量、铸造安全要求及对环境的影响 ··· 25

1.7.1　铸件质量 ··· 25
　　　1.7.2　铸造安全要求 ··· 26
　　　1.7.3　铸造生产对环境的影响 ·· 28
　习题 1 ·· 28

第 2 章　材料塑性成形 ·· 30

　2.1　金属塑性成形 ··· 30
　　　2.1.1　金属塑性成形概述 ··· 30
　　　2.1.2　塑性成形的主要方法 ·· 31
　2.2　金属的加热 ·· 33
　　　2.2.1　加热目的及锻造温度范围 ·· 33
　　　2.2.2　加热产生的缺陷及其预防措施 ·· 33
　　　2.2.3　加热方法和设备 ··· 34
　2.3　自由锻 ··· 35
　　　2.3.1　自由锻设备 ·· 35
　　　2.3.2　自由锻基本工序 ··· 38
　　　2.3.3　自由锻典型工艺过程 ·· 45
　2.4　板料冲压 ·· 46
　　　2.4.1　冲压设备 ··· 47
　　　2.4.2　冲压的基本工序 ··· 49
　　　2.4.3　冲压模具 ··· 50
　2.5　数控冲压 ·· 52
　　　2.5.1　数控冲压原理及应用 ·· 52
　　　2.5.2　数控冲压编程方法 ··· 53
　2.6　塑性成形加工安全要求 ·· 56
　　　2.6.1　锻造安全操作规程 ··· 56
　　　2.6.2　冲压安全操作规程 ··· 57
　习题 2 ·· 57

第 3 章　材料连接成形 ·· 59

　3.1　材料连接成形概述 ··· 59
　　　3.1.1　材料连接成形方法分类 ··· 59
　　　3.1.2　焊接连接 ··· 61
　3.2　常用工业焊接方法 ··· 62
　　　3.2.1　焊条电弧焊 ·· 62
　　　3.2.2　CO_2 气体保护焊 ·· 69
　　　3.2.3　钎焊 ··· 70
　　　3.2.4　电阻焊 ·· 73
　　　3.2.5　氩弧焊 ·· 76

         3.2.6 埋弧焊 ………………………………………………………………… 77
         3.2.7 等离子弧焊与切割 ……………………………………………………… 79
    3.3 气焊与气割 …………………………………………………………………… 80
         3.3.1 气焊 ……………………………………………………………………… 80
         3.3.2 气割 ……………………………………………………………………… 84
    3.4 常见焊接缺陷与焊接后处理 …………………………………………………… 85
         3.4.1 焊接应力与变形 ………………………………………………………… 86
         3.4.2 焊接缺陷与质量检验 …………………………………………………… 87
    3.5 先进焊接方法 ………………………………………………………………… 88
         3.5.1 激光焊 …………………………………………………………………… 89
         3.5.2 摩擦焊 …………………………………………………………………… 90
         3.5.3 超声波焊 ………………………………………………………………… 92
    3.6 焊接自动化与智能化 ………………………………………………………… 93
         3.6.1 焊接自动化的基本概念 ………………………………………………… 93
         3.6.2 焊接机器人工作站 ……………………………………………………… 94
    3.7 焊接的安全技术与环境保护 …………………………………………………… 97
         3.7.1 焊接过程中的触电因素 ………………………………………………… 97
         3.7.2 焊接过程中的火灾与爆炸因素 ………………………………………… 97
         3.7.3 焊接过程对环境的污染因素 …………………………………………… 98
         3.7.4 改善焊接安全与环保的措施 …………………………………………… 98
    习题 3 ……………………………………………………………………………… 99

第 4 章 非金属材料成形 ………………………………………………………… 101
    4.1 高分子材料成形 ……………………………………………………………… 101
         4.1.1 塑料成形 ………………………………………………………………… 101
         4.1.2 橡胶成形 ………………………………………………………………… 105
         4.1.3 注射机的结构和工作原理 ……………………………………………… 107
    4.2 陶瓷材料成形 ………………………………………………………………… 108
         4.2.1 高技术陶瓷成形方法 …………………………………………………… 108
         4.2.2 高技术陶瓷烧结 ………………………………………………………… 111
    4.3 复合材料成形 ………………………………………………………………… 112
         4.3.1 金属基复合材料成形 …………………………………………………… 113
         4.3.2 树脂基复合材料成形 …………………………………………………… 116
         4.3.3 陶瓷基复合材料成形 …………………………………………………… 120
    习题 4 ……………………………………………………………………………… 122

第 5 章 热处理及表面工程技术 ………………………………………………… 123
    5.1 金属材料热处理方法概述 …………………………………………………… 123
         5.1.1 退火 ……………………………………………………………………… 124

5.1.2 正火 ··· 125
　　　5.1.3 淬火 ··· 125
　　　5.1.4 回火 ··· 126
　5.2 热处理设备 ··· 126
　　　5.2.1 加热设备 ··· 126
　　　5.2.2 冷却设备及检验设备 ·· 128
　5.3 表面强化与改性方法 ·· 129
　　　5.3.1 表面淬火 ··· 129
　　　5.3.2 表面化学热处理 ··· 131
　　　5.3.3 激光表面处理 ··· 132
　5.4 表面工程技术 ·· 133
　　　5.4.1 表面涂层技术 ··· 133
　　　5.4.2 表面镀层技术 ··· 134
　　　5.4.3 化学膜层技术 ··· 137
　5.5 热处理工艺训练 ·· 137
　　　5.5.1 退火与正火 ·· 137
　　　5.5.2 调质处理 ··· 138
　　　5.5.3 热处理安全操作要求 ··· 140
习题 5 ·· 141

第6章 机械加工与特种加工 ··· 142
　6.1 机械加工基础知识 ·· 142
　　　6.1.1 金属切削加工及机床简介 ··· 142
　　　6.1.2 金属切削刀具、辅具、夹具简介 ································ 143
　　　6.1.3 金属切削刀具的材料 ··· 144
　　　6.1.4 机械加工工艺规程的制定 ··· 146
　　　6.1.5 切削加工质量 ··· 146
　6.2 车削加工 ··· 149
　　　6.2.1 普通车床分类及其组成、通用夹具与附件 ···················· 149
　　　6.2.2 车削加工工艺特点、车刀组成与分类 ·························· 151
　　　6.2.3 车刀切削角度及其选择原则 ······································ 152
　　　6.2.4 金属切削加工及切屑控制 ··· 154
　6.3 铣削加工 ··· 157
　　　6.3.1 普通铣床的类型、常用铣削刀具及铣床附件 ················· 157
　　　6.3.2 铣削加工工艺特点、铣削用量及其选择原则 ················· 161
　6.4 磨削加工 ··· 162
　　　6.4.1 磨床及磨削加工特点 ··· 162
　　　6.4.2 砂轮的静平衡及其安装 ·· 165
　6.5 常用孔加工与齿轮加工方法 ·· 165

  6.5.1 常用孔加工方法 ·· 165
  6.5.2 常用齿轮加工方法 ·· 167
 6.6 特种加工 ·· 169
  6.6.1 线切割加工概述及程序编制 ·· 169
  6.6.2 电火花成形加工概述 ·· 172
  6.6.3 激光加工概述 ·· 172
  6.6.4 其他特种加工方法 ·· 175
 6.7 数控加工 ·· 177
  6.7.1 常见数控系统及其基本功能指令 ··· 177
  6.7.2 数控机床坐标系与对刀操作 ·· 182
  6.7.3 数控机床基本 G 指令 ·· 186
  6.7.4 数控车床复合循环指令 ··· 187
  6.7.5 数控加工编程实例 ··· 188
  6.7.6 加工程序的仿真 ·· 192
 6.8 金属切削加工安全要求及其对环境的影响 ···································· 198
  6.8.1 金属切削加工安全要求 ··· 198
  6.8.2 金属切削加工对环境的影响 ·· 199
 习题 6 ··· 199

第 7 章 钳工 ·· 201

 7.1 钳工概念及基本操作 ·· 201
  7.1.1 钳工的概念 ·· 201
  7.1.2 钳工基本操作 ·· 203
 7.2 量具简介 ·· 220
  7.2.1 常用几何尺寸精度测量工具 ·· 220
  7.2.2 常用表面粗糙度测量工具 ·· 226
 7.3 装配 ·· 226
  7.3.1 装配基本知识 ·· 226
  7.3.2 典型连接件装配方法 ·· 227
  7.3.3 部件装配和总装配 ··· 229
  7.3.4 机械拆卸方法 ·· 230
 习题 7 ··· 233

第 8 章 先进制造技术及应用 ··· 234

 8.1 先进加工技术的现状和发展 ··· 234
  8.1.1 精密与超精密加工 ··· 234
  8.1.2 超高速切削加工 ··· 235
 8.2 物联网与智能制造 ··· 237
  8.2.1 物联网的概念及其应用 ··· 237

  8.2.2 智能制造的概念及应用 …… 240
  8.2.3 工业物联网及应用实例 …… 240
 8.3 增材制造技术 …… 245
  8.3.1 增材制造技术分类及工作原理、应用特点 …… 245
  8.3.2 3D打印材料 …… 248
  8.3.3 3D打印成形实例 …… 251
 8.4 微纳制造 …… 255
  8.4.1 微纳制造基本概念 …… 255
  8.4.2 机械微制造 …… 256
  8.4.3 机械微加工案例 …… 257
 习题 8 …… 259

第 9 章 制造业环境保护 …… 261

 9.1 环境污染与环境保护概述 …… 261
  9.1.1 环境污染与环保概念 …… 261
  9.1.2 机械工业的环境污染 …… 261
  9.1.3 工业气、固、液废弃污染物 …… 262
 9.2 工业气、固、液废弃污染物处理技术 …… 263
  9.2.1 工业废气的防治 …… 263
  9.2.2 工业废水的防治 …… 267
  9.2.3 工业固体废物污染的防治 …… 270
  9.2.4 工业噪声的防治 …… 272
 习题 9 …… 274

参考文献 …… 275

第1章

材料液态成形

【本章导读】 材料可以在液态、固态以及粉体状态下通过各种工艺方法成形,材料的成形是制造零件的前提。材料的液态成形被广泛应用于工业生产的各个领域。本章主要讲解铸造的特点、分类及其成形工艺方法,并对铸造质量、安全及其对环境的影响进行了一定的分析。实训环节中,通过学生自己动手采用砂型铸造的方法造型并浇注出实习工件,了解铸造生产的工艺过程和缺陷原因,同时了解消失模铸造、压力铸造、熔模铸造、离心铸造等生产中常用的铸造方法的特点及应用。

1.1 砂型铸造

材料液态成形是液态金属或合金,在压力或自身重力的作用下,流入与所需零件形状及尺寸相适应的模型当中,待冷却凝固后,形成固态毛坯或零件的成形方法。如金属的铸造工艺就是材料液态成形(见图1-1)的重要方法之一。铸造所用的模型称为铸型。生产中采用的铸造方法种类繁多,一般分为砂型铸造和特种铸造两大类。

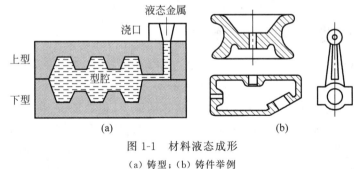

图1-1 材料液态成形
(a) 铸型;(b) 铸件举例

铸造是一种古老的生产金属件的方法。铸造具有使用材料宽泛、铸件的尺寸和质量范围广、铸件成本低、铸造工艺灵活等诸多优点。缺点是一般铸件的精度较低、组织晶粒粗大、力学性能不如同类材料锻件等。

通常,铸件在机床、内燃机、重型机械中占70%~90%;在风机、压缩机中占60%~80%;在拖拉机、农业机械中占40%~70%;在汽车中占20%~30%。

1.1.1 砂型铸造工艺过程

砂型铸造是一种传统的铸造方法,是利用具有一定性能的原砂作为主要造型材料制成铸型生产铸件的工艺方法,是获得铸件的最基本、最普遍的方法。工程中常用的套筒件砂型铸造工艺过程如图1-2所示。

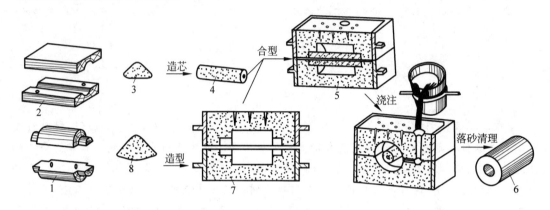

1—模样;2—芯盒;3—芯砂;4—砂芯;5—铸型;6—铸件;7—砂型;8—型砂
图1-2 套筒件砂型铸造工艺过程

首先根据套筒零件的形状制造出合适的木制模样,然后用模样和预先配制好的型砂制作成砂型;对于有内孔的筒形件还要另外制作出砂芯,砂芯可用木制的芯盒和配制好的芯砂完成;把制作好的砂型、砂芯准确合型后,将熔化的金属浇入砂型型腔;待液态金属冷却凝固后,打碎砂型(落砂),从中取出套筒铸件;最后清理铸件表面附着物,经过检验,获得所需铸件。

和其他铸造方法相比,砂型铸造具有如下特点:造型材料来源广泛,价格低廉;适应性强,成本较低。砂型铸造是目前生产中最基本、用得最多的铸造方法。

1.1.2 铸造型砂的性能要求

型砂的主要性能有强度、透气性、耐火性、退让性、流动性、紧实率和溃散性等。分为湿态性能和干态性能,无特殊标明时一般指湿态性能。

(1)强度。强度指型砂和砂芯抵抗外力破坏的能力,包括抗压、抗拉和抗剪切强度等。强度不足,在造型、搬运、合箱过程中易产生塌箱;在浇铸过程中铸型表面易被液态金属冲刷破损,使铸件产生砂眼、夹砂等缺陷。强度太高,铸型过硬阻碍铸件收缩,使铸件产生内应力甚至开裂,同时铸型透气性差,易使铸件产生气孔、裂纹等铸造缺陷。一般情况下铸型的湿态强度控制在 40~100 kPa。

(2)可塑性。可塑性指型砂在外力作用下产生变形,除去外力后仍能保持外力所赋予形状的能力。型砂的可塑性好,便于制造形状复杂、型腔轮廓清晰的砂型,起模也容易。

(3)透气性。透气性指气体通过紧实后的型砂和型砂内部空隙的能力。透气性差,高温液态金属浇入铸型时产生的大量气体不能及时从砂型中排除,使铸件产生气孔、浇不足等铸造缺陷。

（4）耐火性。耐火性指型砂所能承受高温热作用的能力。型砂的耐火性越好,铸件越不易产生粘砂缺陷。一般情况下原砂中 SiO_2 含量应较高。

（5）退让性。退让性指铸件冷凝收缩时,型砂可被压缩的能力。若型砂的退让性差,则铸件易产生内应力或开裂。型砂越紧实,退让性越差。

（6）流动性。流动性指型砂在重力或外力的作用下,砂粒间相对移动的能力。流动性好的型砂易于充填,紧实后铸型的紧实度均匀,型腔表面光洁、轮廓清晰。

（7）溃散性。溃散性指浇铸完成后落砂清理铸件时铸型容易溃散的程度。溃散性好则型砂容易从铸件上清除,铸件表面光洁,节省落砂清理工作量。

此外,还要求型砂有较好的耐用性等。

1.1.3 常见铸造砂型的构造及典型浇注系统

1. 砂型的构造特点

用耐火材料（或金属）制成的用于储存液态金属,待其凝固后形成铸件的组合整体称为铸型。砂型铸造工艺的铸型一般均具有一定性能的型砂制造而成,故又称其为"砂型"。砂型铸造是所有其他铸造工艺方法的基础,也是最常用的一种铸造方法。

砂型由上型、下型、浇注系统、型腔、型芯及出气孔等部分组成,如图 1-3 所示。

分型面是砂型组元间的接合表面,一般位于木模模样的最大截面处。有了分型面就可使砂型分开以便取出其中的模样和安放型芯。型芯用来获得铸件内孔或局部外形,它是用芯砂或其他材料制成的。出气孔是为排出型腔中的气体、浇注时产生的气体以及从金属液中析出的气体而设置的沟槽或孔道。

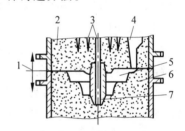

1—分型面；2—上型；3—出气孔；4—浇注系统；5—型腔；6—下型；7—型芯。

图 1-3 砂型组成示意图

2. 典型浇注系统

浇注系统是为了将熔融金属注入型腔而开设于砂型中的一系列通道,通常由外浇口、直浇道、横浇道和内浇道组成,如图 1-4 所示。

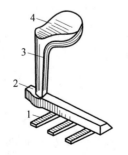
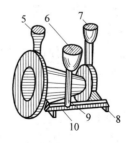

1,8—内浇道；2,10—横浇道；3,9—直浇道；4,6—外浇口；5,7—冒口。

图 1-4 浇注系统组成示意图

(1) 外浇口。外浇口单独制造或直接在铸型中形成,成为直浇道顶部的扩大部分。作用是承接从浇包倒出来的液态金属并使其平稳地流入直浇道。

(2) 直浇道。直浇道是浇注系统中的垂直通道,通常带有一定的锥度。利用直浇道的高度产生一定的静压力,可使液态金属产生充型压力。直浇道高度越高,产生的充型压力越大,液态金属流入型腔的速度越快,也就越容易充满型腔的细薄部分。

(3) 横浇道。横浇道是浇注系统中的水平通道部分,断面多为梯形。其作用是分配液态金属,使之平稳流入内浇道并起挡渣作用。

(4) 内浇道。内浇道是浇注系统中引导液态金属流入型腔的部分,其断面多为扁梯形或三角形。其作用是控制液态金属流入型腔的方向和速度、调节铸件各部分的温度分布。因此,内浇道的形状、位置和数目以及导入液流的方向,是决定铸件质量的关键因素之一。

1.1.4 模样种类和特点

模样按其材质分为以下八类:

(1) 木模样。质轻、易加工、成本低,但强度低、易吸潮变形、易损伤,尺寸精度低。用于单件、小批量或成批生产的各种模样。

(2) 铝合金模样。质轻、易加工、表面光滑、耐蚀,但强度较低、不耐磨。用于成批和大量生产的中、小铸件。

(3) 铜合金模样。易加工、表面光滑、耐蚀、耐磨,但成本高。用于制造精度要求高的薄、小铸件模样及肋板活块等。

(4) 铸铁模样。加工后表面光滑,强度与硬度高、耐用且成本低,但密度大,易锈且不易加工。常用于大型且大量生产的模样。

(5) 塑料模样。质轻、制造工艺简单、表面光洁、强度及硬度高、耐蚀、易复制、成本低,但较脆,不能加热且原材料有毒。用于成批和大量生产的铸件模样,特别适用于形状复杂、难以加工的模样。

(6) 泡沫塑料模样。质轻、制作简便,但价格高、表面不光滑、压力下易变形,只能一次性使用。用于制造单件小批量生产的各种模样,制造用普通铸造难以生产的铸件(如汽车覆盖件冲压成形模具),特别是不易起模的部分。

(7) 菱苦土模样。表面光洁、易加工、变形小、不吸潮、硬度较高、成本低,但质量大、冲击韧性差。用于中大型铸件的小批量生产,尤其是曲面结构模样更为适用。

(8) 组合模样。用两种或两种以上材料组合而成,例如为避免局部磨损快,用耐磨金属镶在模样上,或为起模方便用更光滑的材料镶在难于起模处。用于局部有要求的模样。

模样按结构可分为如下四类:

(1) 整体模样。制作方便,可避免因模样分开而引起的模样损坏或变形。用于形状简单或小批量生产的铸件。

(2) 分开模样。模样沿分型面分开,制成上下半模或多开模的形式。大部分铸件采用此结构的模样。

（3）刮（车）板。用专制的刮板，以特定的轨道基准来刮砂型，或围绕一旋转轴线做回转运动，制成砂型。刮板制造方便但造型麻烦，生产效率低。常用于单件或小批量生产且外形简单的旋转体铸件。

（4）骨架模样。铸件截面形状简单，不能用刮（车）板造型，模样表面又不易加工时，可用此种结构。常用于尺寸较大、生产数量少的铸件。

1.1.5　模样、铸件、零件之间的关系和区别

模样是按照零件的图纸经过铸造工艺处理而加工得到的，模样的尺寸与形状就是铸件的标准尺寸与标准形状；铸件是由模样制作成铸型、经过铸造工艺而得到的，铸件由于铸造误差和收缩的原因，尺寸和形状与标准比会有偏差，可能会变大也可能会变小；零件是由铸造的毛坯经过机床加工而得到的，是铸件加工后的产品，通常会切除铸件的加工余量，因此零件的尺寸与形状比铸件要小一些。

三者的形状基本一致，尺寸上由大到小依次为模样、铸件和零件。

模样的工作尺寸可按下式计算：

$$A_\mathrm{m} = (A_\mathrm{c} + A_\mathrm{t})(1 + E_\mathrm{i})$$

式中，A_m 为模样的工作尺寸，mm；A_c 为铸件尺寸，mm；A_t 为零件铸造工艺附加尺寸（加工余量＋起模斜度＋其他工艺余量），mm；E_i 为铸造的线收缩率，%（视铸件材质、结构及其他有关条件而定，其值可查相关手册获得）。

1.2　造型方法

1.2.1　手工造型

手工造型是操作工人以手工方式完成的造型方法，其劳动强度大、生产效率低，但生产成本比较低。手工造型常用方法如下。

1. 整模两箱造型

当零件的最大截面在其端部，可选其作为分型面，然后用整体模样进行造型。瓦座整模两箱造型工艺过程如图 1-5 所示。整模造型的型腔全在一个砂箱里，能避免错型等缺陷，因而铸件形状、尺寸精度较高。模样制造和造型都较简单，多用于形状简单铸件的生产。

2. 分模两箱或多箱造型

当铸件不适宜用整模造型时，通常以最大截面为分型面，把模样分成两半，采用分模两箱造型；也可将模样分成几部分，采用分模多箱造型。套管的分模两箱造型过程

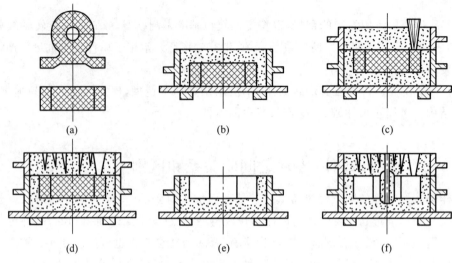

图 1-5　瓦座整模两箱造型

(a) 木模样；(b) 造下型；(c) 造上型；(d) 开外浇口、扎通气孔；(e) 起出模样；(f) 放型芯、合型

如图 1-6 所示。

分模两箱造型方法简单、应用较广。分模造型时，若砂箱定位不准或夹持不牢，则易产生错型，从而影响铸件精度；铸件沿分型面还会产生披缝，影响铸件表面质量，清理也费时。

受铸件形状限制或为了满足一定技术要求，不宜用分模两箱造型时，可选用分模多箱造型，如图 1-7 所示槽轮铸件就为分模三箱造型。

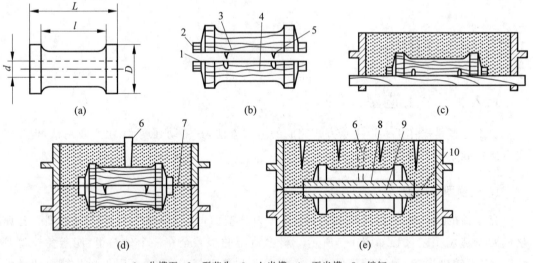

1—分模面；2—型芯头；3—上半模；4—下半模；5—销钉；
6—直浇道；7—分型面；8—型芯；9—通气孔；10—排气道。

图 1-6　套管的分模两箱造型

(a) 零件；(b) 模样；(c) 用下半模造下型；(d) 用上半模造上型；(e) 起模、放型芯、合型

由于槽轮铸件截面的中间比上、下都小，用一个分型面造型不能起出模样，所以可在铸件上选取两个分型面，进行三箱造型。但分模三箱造型过程比较烦琐，生产率较低，易产生

错型缺陷,因此只适用于单件、小批量铸件生产。在成批、大量生产中,可用外带型芯的两箱造型代替三箱造型,如图1-8所示。

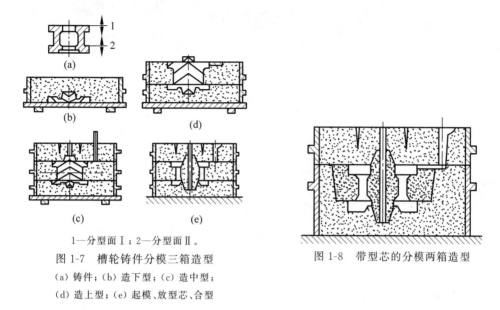

1—分型面Ⅰ;2—分型面Ⅱ。

图1-7　槽轮铸件分模三箱造型
(a)铸件;(b)造下型;(c)造中型;
(d)造上型;(e)起模、放型芯、合型

图1-8　带型芯的分模两箱造型

3. 挖砂造型

若铸件的最大截面不在端部,模样又不便分开时,常将模样做成整体的,造型中将妨碍起模的型砂挖掉,以便起模。如图1-9所示的手轮,分型面不平,轮辐处又较薄,不能将模样分成两半,因而可采用挖砂造型。

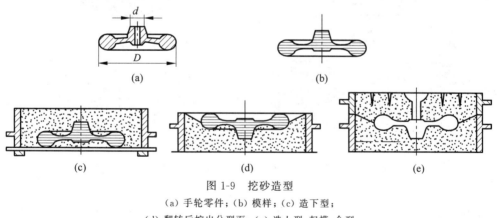

图1-9　挖砂造型
(a)手轮零件;(b)模样;(c)造下型;
(d)翻转后挖出分型面;(e)造上型、起模、合型

4. 假箱造型

挖砂造型要求准确挖至模样的最大截面处,较难掌握,要求工人的操作技术水平较高,而且生产率低,只适于单件、小批量生产。成批生产时,常采用假箱造型或成形模板造型来代替挖砂造型,如图1-10和图1-11所示。假箱不参与合型浇注,只用来造下型。当生产数量更多时,用图1-11所示的成形模板代替假箱,生产率和质量就会更高。

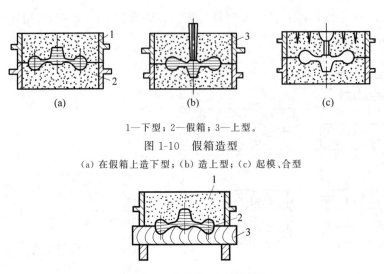

1—下型；2—假箱；3—上型。

图 1-10 假箱造型

(a) 在假箱上造下型；(b) 造上型；(c) 起模、合型

1—下型；2—分型面；3—成形模板。

图 1-11 成形模板造型

5. 活块造型

铸件上有凸起部分妨碍起模时，可将局部影响起模的凸台做成活块。起模时，先起出主体模样，再用适当方法起出活块，其造型过程如图 1-12 所示。

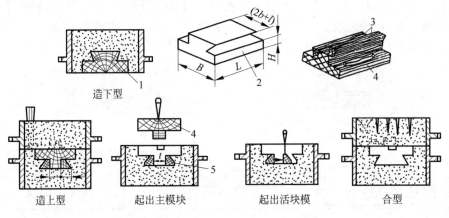

1—模样；2—铸件；3,5—活块；4—主模块。

图 1-12 活块造型

活块模造型操作难度较大，对工人操作技术水平要求较高，生产率低，只适用于单件、小批量生产。若成批生产时，可用外加型芯取代活块，简化造型过程，如图 1-13 所示。

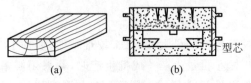

图 1-13 活块改用外型芯造型

(a) 简化的长方体模样；(b) 放型芯、合型

6. 刮板造型

利用与零件截面形状相适应的特制刮板代替模样进行造型的方法称为刮板造型。对于回转体类的铸件,常用绕垂直轴旋转的刮板,如图 1-14 所示。按铸件尺寸选好砂箱,并适当紧实一部分型砂,使刮板轴能定位且转动自如。用下型刮板刮制下型,用上型刮板刮制上型,合型后便可得砂型。刮板造型能节省模样材料和加工工时,但造型操作费时、生产率较低,适于单件、小批量生产,尤其是大型回转体铸件生产。

7. 地坑造型

地坑造型是在地面挖一个砂坑代替下砂箱进行造型的方法,如图 1-15 所示。将模样放入地坑中填砂造型,上型靠定位楔与地坑中的砂型定位。地坑造型主要用于大、中型铸件单件、小批量生产。铸造大件时,常用焦炭垫底,再插入管子,以便将气体排出。

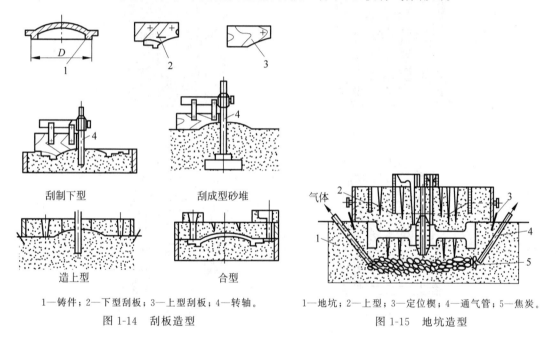

1—铸件;2—下型刮板;3—上型刮板;4—转轴。
图 1-14 刮板造型

1—地坑;2—上型;3—定位楔;4—通气管;5—焦炭。
图 1-15 地坑造型

1.2.2 机器造型

机器造型是现代化铸造车间生产的重要手段,能高效率生产出尺寸精确、表面粗糙度值小、加工余量少的铸件,可以改变手工造型生产铸件的车间环境差、劳动条件恶劣的落后状态。但由于机器造型需专用设备和工装,故只适用于中、小型铸件的成批或大量生产。

机器造型将造型过程中的紧实型砂和起模等主要工序实现了机械化,消除了操作者技术水平个体差异的影响,而且砂型的紧实程度更符合铸件成形的要求,型腔轮廓清晰准确,铸件质量好。

根据紧实型(芯)砂的原理不同,机器造型方法有压实式造型、震击压实式造型、微震压实式造型、高压式造型、空气冲击式造型、射压式造型和抛砂式造型等。

比较常用的震击压实式造型是在震压造型机上完成的,其紧砂原理是多次使充满型砂的砂箱、震击活塞等抬起几十毫米后自由下落,如此震击后的砂箱下部型砂由于惯性力的作用而变得紧实,再用压头压实上部较为松散的型砂。工作过程如图1-16所示。

(1) 填砂。向震压造型机上的砂箱中填入型砂。

(2) 震击紧实。压缩空气从震击活塞侧面的进气口进入震击活塞的底部,将震击活塞及上方的工作台、砂箱顶起;打开排气口,气体排出,工作台便在重力的作用下回落,完成一次震击;如此反复多次,砂箱的型砂逐渐得到紧实。

(3) 压实紧实。压缩空气通过压实气缸底部的进气口进入,将压实活塞、震击活塞、工作台及砂箱顶起,在压板的压力作用下砂型被进一步压实;排出压缩空气,砂箱落下。

(4) 起模。起模液压缸将起模顶杆升起,顶杆平稳顶起砂箱使型砂与模板分离。

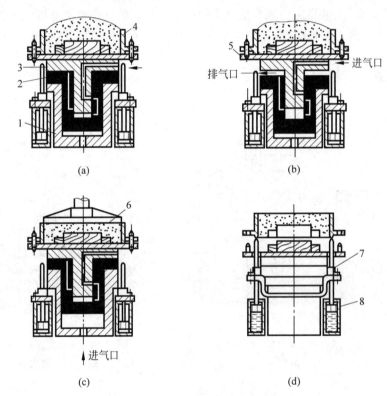

1—压实气缸;2—压实活塞;3—震击活塞;4—砂箱;5—底板;6—压板;7—顶杆;8—液压缸。

图1-16 震击压实式造型

(a) 填砂;(b) 震击紧实;(c) 压实紧实;(d) 起模

震击压实式造型方法为典型造型方法。它具有设备结构简单、成本低等优点,应用较为广泛,但振动强、噪声较大。

机器造型不能进行三箱和多箱造型,因此在绘制铸造工艺图时,只能选定一个分型面。机器造型也不应采用活块方案,如有局部妨碍起模结构时,只能采用外加型芯来解决。机器造型要求其他辅助工序,如型砂的输送、翻箱、下芯、合箱、浇注、落砂、砂箱和型芯的输送等应尽量采用机械化,以充分发挥造型机的效率,从而使整个生产过程按流水线来组织和安排。

1.3 特种铸造

和砂型铸造相比,特种铸造方法都不同程度地提高了铸件质量。生产中常用的特种铸造方法有消失模铸造、压力铸造、熔模铸造、离心铸造、金属型铸造等。

1.3.1 消失模铸造

消失模铸造

用泡沫塑料模样制造铸型后不去除模样,浇注时模样汽化消失而获得铸件的方法称为消失模铸造,也称为"实型铸造"。

1. 消失模铸造的工艺过程

消失模铸造工艺过程如图 1-17 所示。

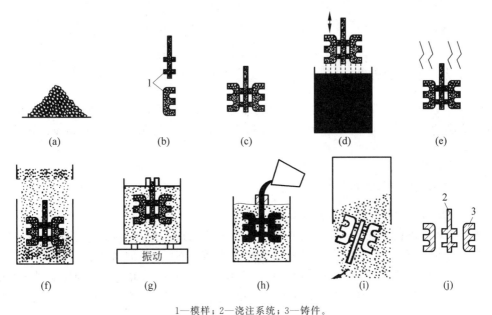

1—模样;2—浇注系统;3—铸件。

图 1-17 消失模铸造示意图

(a) 制备 EPS 珠粒;(b) 制造模样;(c) 黏合模样;(d) 浸涂料;
(e) 烘干;(f) 加砂;(g) 紧砂;(h) 浇注;(i) 落砂;(j) 切割、清理

1) 制作泡沫塑料模样

(1) 制备原材料。可发性聚苯乙烯(EPS)预发泡珠粒。

(2) 制作 EPS 泡沫塑料模样。将 EPS 预发泡珠粒充填到制模机的模具内,通蒸汽加热至 120℃,珠粒再次发泡膨胀,保持几十秒至几分钟,通水冷却模具,取出模样。

(3) 模样组装。黏合单个泡沫塑料模样和浇口、冒口模样,组成模样束。

2) 上涂料

泡沫塑料模样表面涂两层涂料:第一层是表面光洁涂料,一般采用硝化纤维素快干涂料；第二层是耐火涂料，一般采用醇基快干涂料。

3）填砂、紧实、浇注

将模样束放入砂箱，填入不含黏结剂和其他附加物的干石英砂，进行振动紧砂，然后进行液态金属浇注。

4）落砂、清理

铸件凝固、冷却后，倒出干砂，取出铸件束进行切割、打磨等清理工作。

2. 消失模铸造特点

(1) 生产率高。消失模铸造取消了配砂、混砂工序，模样制作简单，简化了造型工序，因此缩短了造型时间；消失模铸造的开箱和清理工序简单，容易实现复杂铸件的一箱多铸。

(2) 铸件尺寸精度高。和砂型铸造的型砂相比，消失模铸造的泡沫塑料模样尺寸精度相对较高，在造型过程中不存在因分模、起模、修型、下芯、合型等操作而造成的偏差。

(3) 铸件质量好。和砂型铸造相比，消失模铸造的铸件表面质量好，铸件无毛刺飞边，在接近真空状态下实现的浇注，铸件表面没有皱皮。

(4) 工艺技术简单、生产管理方便。

压力铸造

1.3.2　压力铸造

压力铸造简称"压铸"，是通过压铸机将熔融金属以高速压入金属铸型，并使金属在压力下结晶的铸造方法。常用压力为 5～150 MPa，充型速度为 0.5～50 m/s，充型时间为 0.01～0.2 s。

1. 压铸机及压铸工艺过程

压铸机可分为热压室式和冷压室式两大类。

热压室式压铸机压室与合金熔化炉合成一体或压室浸入熔化的液态金属中，用顶杆或压缩空气产生压力进行压铸。热压室式压铸机压力较小，压室易被腐蚀，一般只用于铅、锌等低熔点合金的压铸，生产中应用较少。冷压室式压铸机压室和熔化金属的坩埚是分开的。根据压室与铸型的相对位置不同，可分为立式和卧式两种。卧式冷压室式压铸机工作过程如图 1-18 所示。

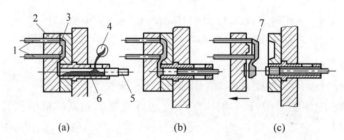

1—顶杆；2—活动半型；3—固定半型；4—金属液体；5—压射冲头；6—压射室；7—铸件。

图 1-18　卧式冷压室式压铸机工作过程

(a) 合型与浇注；(b) 压射；(c) 开型与顶出铸件

压铸零件的基本工艺过程分为:

(1) 合型与浇注。先闭合压型,然后手工将定量勺内金属液体通过压射室上的注液孔向压射室内注入。

(2) 压射。将压射冲头向前推进,将金属液压入压型中。

(3) 开型与顶出铸件。待铸件凝固后,抽芯机构将型腔两侧芯同时抽出,活动半型左移开型,铸件借冲头的前伸动作被顶离压室。

2. 压力铸造特点及应用

压力铸造生产率极高,加工速度最高可达每小时压铸500件,铸件精度和表面质量均比其他铸造方法高,铸件力学性能高,可铸出形状复杂的薄壁件,便于铸出镶嵌件。

压铸工艺设备投资大,只有在大批量生产条件下经济上才合算;不适合于钢、铸铁等高熔点合金,目前多用于低熔点的有色金属铸件;冷却速度太快,液态合金内的气体难以除尽,致使铸件内部常有气孔和缩松;不能通过热处理方法来提高铸件性能,因为高压下形成的气孔会在加热时体积膨胀导致铸件开裂或表面起泡。

目前压铸工艺主要用于大批量生产的低熔点有色金属铸件,其中铝合金占总量的30%~60%,其次为锌合金,铜合金只占总量的1%~2%。汽车、拖拉机制造业应用压铸件最多,其次是仪表、电子仪器制造业,再次为农业、国防、计算机、医疗等机器制造业。压铸生产的零件主要有发动机气缸体、气缸盖、变速箱体、发动机罩、仪表和照相机壳体、支架、管接头及齿轮等。

熔模铸造

1.3.3 熔模铸造

熔模铸造是一种用易熔蜡料制成模样,然后在模样上涂挂耐火材料,待耐火材料结壳硬化后,再将模样熔化排出,制成无分型面的铸型,然后浇注液态合金而获得铸件的一种工艺方法。熔模铸造又称为"失蜡铸造",是一种精密铸造方法。

1. 工艺过程

熔模铸造工艺过程如图1-19所示。

具体工艺过程为压制蜡模→蜡模组装→挂砂制型壳→硬化耐火型壳(挂砂制型壳,硬化耐火型壳需要反复进行多次)→熔蜡(失蜡)→焙烧型壳→装箱填砂→浇注→清理等。

2. 特点及应用

和砂型铸造相比,熔模铸造具有如下特点:结壳材料耐火度高,可浇注高熔点合金及难切削合金,如高锰钢等;铸型精密、没有分型面,型腔表面极为光洁,故铸件精度及表面质量好;铸型在预热后浇注,可生产出形状复杂的薄壁件(最小壁厚可达0.7 mm);生产批量不受限制,既适应成批生产,又适应单件生产;原材料价格昂贵,工艺过程复杂,生产周期长;难以实现机械化和自动化,铸件质量有限。

熔模铸造主要用于汽轮机叶片、泵叶轮、复杂切削刀具、汽车、摩托车、纺织机械、仪表、机床、兵器等机械中的小型复杂零件生产。

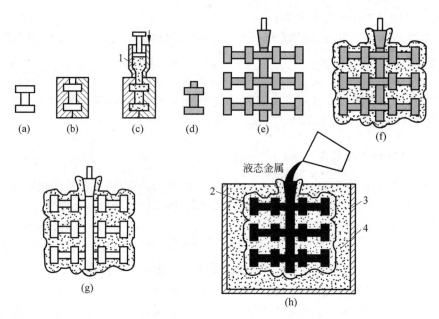

1—糊状蜡料;2—模壳;3—砂箱;4—填砂。

图 1-19 熔模铸造工艺过程

(a) 铸件;(b) 压型;(c) 压制蜡模;(d) 蜡模;(e) 组装蜡模组;(f) 挂砂制模壳;(g) 已失蜡的模壳组;(h) 装箱浇注

离心铸造

1.3.4 离心铸造

离心铸造是将液态金属浇入高速旋转(250~1500 r/min)的铸型中,使金属液体在离心力作用下充填铸型并结晶的铸造方法。

1. 基本工艺

按旋转轴的空间位置,离心铸造机可分为立式和卧式两类。立式离心铸造机绕垂直轴旋转,主要用于生产高度小于直径的圆环铸件;卧式离心铸造机绕水平轴旋转,主要用于生产长度大于直径的管类和套类铸件。如图 1-20(a)为立式离心铸造机,如图 1-20(b)为卧式离心铸造机。

离心铸造的铸型主要使用金属型,也可以用砂型。

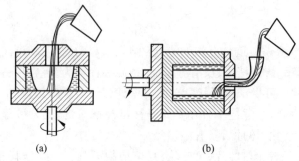

图 1-20 离心铸造机示意图

(a) 立式离心机;(b) 卧式离心机

2. 特点及应用

铸件组织致密,无缩孔、缩松、夹渣等缺陷;在离心力作用下,比重大的金属液体自动移向外表面,而比重小的气体和熔渣自动移向内表面,铸件由外向内顺序凝固;铸造圆管形铸件时,可节省型芯和浇注系统,简化了生产过程,降低了生产成本;合金充型能力在离心力作用下得到了提高,因此可以浇注流动性较差的合金铸件和薄壁铸件,如涡轮、叶轮等;便于制造双金属件,如轧辊、钢套、镶铜衬、滑动轴承等。

离心铸造的不足之处有:由自由表面形成的内孔尺寸偏差较大,内表面较粗糙;不适合比重偏析大的合金(如铅青铜等)和轻合金(如镁合金等),离心力可加剧铅青铜的比重偏析,镁合金则要求转速极高才能实现离心铸造。

离心铸造主要用于生产铸铁管、气缸套、铜套、双金属轴承等铸件,也可用于生产耐热钢辊道、特殊钢的无缝管坯、造纸机烘缸等铸件,铸件最大质量可达十多吨。

1.3.5 金属型铸造

将液态合金浇入金属铸型获得铸件的方法称金属型铸造。和砂型铸造相比,金属型可重复多次使用,故又称为"永久型铸造"。

图 1-21 是铸造铝活塞金属型示意图,图 1-22 是复合分型式金属型示意图。

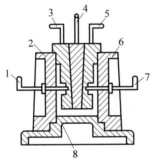 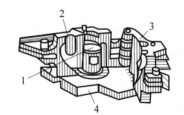

1—左金属型芯;2—左半型;3—左型芯;4—中型芯;
5—右型芯;6—右半型;7—右金属型芯;8—底座。

1—型芯;2—左半型;
3—右半型;4—底座。

图 1-21 铸造铝活塞金属型示意图　　图 1-22 复合分型式金属型示意图

和砂型相比,金属型有导热快、无退让性和透气性等缺点。为了获得合格铸件,必须严格控制其铸造工艺。

金属型铸造具有许多优点:可"一型多铸",便于自动化生产,因此大大提高了生产率;节省造型材料,减少了粉尘污染;铸件精度和表面质量比砂型铸造显著提高;冷却速度快,铸件晶粒细小,力学性能好,如铸铝件的屈服强度平均提高了 20%,抗拉强度平均提高了 25%。

目前金属型铸造主要用于生产大批量有色金属铸件,如铝合金活塞、气缸体、气缸盖、水泵壳体及铜合金轴瓦、轴套等。

1.4 铸造工艺规程制定

1.4.1 铸件分型面的选择原则

分型面是指上、下砂型的结合面。分型面选择的主要依据是铸件的结构形状。对于不同的造型方法,可以选择不同的分型面。为便于造型操作和保证铸件质量,分型面的选择原则如下:

(1) 为便于取出模样,分型面应选择在模样的最大截面处。如图 1-23 所示。

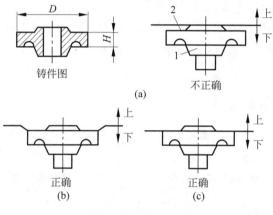

1—模样;2—砂子阻碍起模。
图 1-23 分型面的位置

(2) 尽量减少分型面的数量,分型面应避免曲折,数量应少,最好是一个,且为平面。应用机器造型或批量生产时,应尽量采用一个分型面的两箱造型方法。分型面应尽量取平面,避免采用挖砂、活块造型方法。生产中常采用一些工艺措施来减少分型面的数目。如图 1-24 所示的是利用外型芯将三箱造型变为两箱造型。

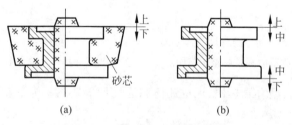

图 1-24 减少分型面数量的实例
(a) 一个分型面;(b) 两个分型面

(3) 应使铸件的全部或大部分放在同一砂型内,最好使型腔或使加工面与基准面位于下型中。这样可避免因铸型配合误差出现错箱而影响铸件精度,并可减少废品。同时,上砂型结构简单有利于造型,避免塌箱。管子堵头位置分型面实例如图 1-25 所示。

(4) 分型面的确定应尽量与浇注位置一致,并应尽量满足浇注位置的要求。如图 1-26

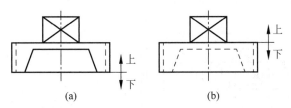

图 1-25 管子堵头位置分型面实例
(a) 正确；(b) 不正确

所示为伞齿轮铸件,齿部质量要求高,浇注位置应使齿面朝下。而图 1-26(a)分型面方案虽然具有取模方便的优点,却不能保证齿部质量,故应选定图 1-26(b)方案。

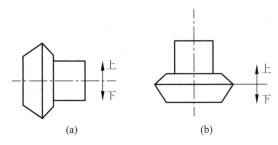

图 1-26 伞齿轮铸件分型面
(a) 不正确；(b) 正确

1.4.2 浇注位置的选择

浇注位置是指浇注时铸件在型腔内所处的空间位置。浇注位置是根据铸件的结构特点、尺寸、质量、技术要求、铸造合金特性、铸造方法以及生产车间的条件确定的。

(1) 铸件中重要的加工表面应朝下,不能朝下的回转体侧表面应垂直于分型面。一般情况下,浇注时液态金属的渣子和气泡会浮在上表面,导致铸件上表面缺陷较多,如图 1-27 所示。

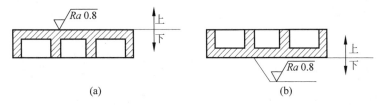

图 1-27 浇注位置的确定
(a) 重要加工面朝上,不合理；(b) 重要加工面朝下,合理

(2) 浇注位置应有利于所确定的凝固顺序。要求同时凝固的铸件,浇口应开在薄壁处；要求顺序凝固的铸件,浇口应开在厚壁上。

(3) 铸件的大平面应置于下部或倾斜放置,以防止夹砂等缺陷,如图 1-28 所示。

(4) 浇口应避开铸件的重要部分和靠近型芯的位置,不能阻碍铸件的收缩。

(5) 铸件的薄壁部分应置于浇注位置的下部或侧面,以防止浇不足、冷隔等铸造缺陷,如图 1-29 所示。

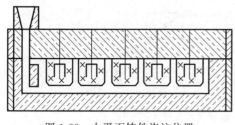

图 1-28 大平面铸件浇注位置

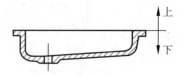

图 1-29 薄壁铸件的浇注位置

1.4.3 铸造工艺图的绘制

铸造工艺图是以标准的铸造工艺符号及表示方法在产品图上反映全部工艺内容的图形,决定了铸件的形状、尺寸及铸造方法,是制造模样、模板、铸型及铸件检验的基准,是完成所有后续工艺装备设计的依据。

以图 1-30 所示的连接盘零件为例,说明铸造工艺图的设计过程和方法。

1. 分析铸件的质量要求和结构特点

连接盘零件材料为 HT200,年产量 200 件,$\phi 60$ 内孔表面、$\phi 120$ 外圆表面及端面质量要求较高。

2. 选择造型方法

该零件属一般连接件,结构简单,且属小批量生产,铸造材料为灰铁,故选用砂型铸造,手工造型法。

(1) 双箱分模造型,如图 1-31 所示方案Ⅰ。以铸件上的垂直轴线为分型面,同时也是分模面。浇注时端面侧立易保证质量,但 $\phi 60$、$\phi 120$ 两回转面一半朝上。水平型芯稳定性好。分模造型容易产生错型缺陷。

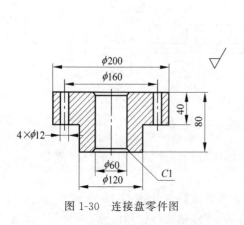

图 1-30 连接盘零件图

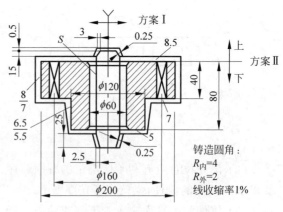

图 1-31 连接盘铸造工艺图

(2) 双箱整模造型,如图 1-31 所示方案Ⅱ。以铸件上 $\phi 200$ 的表面为分型面,无分模。整模造型操作方便,不易产生错型缺陷。浇注时,$\phi 60$、$\phi 120$ 两回转面侧立,下端面朝下,易保证质量,虽 $\phi200$ 的表面朝上,但可以通过增大余量的方法来保证质量。但垂直型芯,较水平型芯稳定性差,且高度不大。

综合分析上述两方案,选择方案Ⅱ,双箱整模造型。

3. 工艺参数的确定

(1) 收缩率。对于灰铸铁小型铸件,取线收缩率为 1%。

(2) 加工余量。该件材料为灰铸铁,根据国家标准 GB/T 6414—2017《铸件 尺寸公差、几何公差与机械加工余量》查得顶面加工余量为 8.5 mm,底面为 5 mm。

(3) 起模斜度。用增加壁厚法取斜度,由于侧壁均为加工面,加工余量与起模斜度叠加,分别为 "8/7" 和 "6.5/5.5",上端比下端大 1 mm 构成起模斜度。

(4) 铸造圆角。小型铸件外圆角半径取 2 mm,内圆角半径取 4 mm。

4. 绘制铸造工艺图

铸造工艺图如图 1-31 所示。

1.5 铸铁的种类与石墨形态

铸铁是极其重要的铸造用原材料,是碳质量分数超过 2.11% 的铁碳合金。铸铁件大量用于制造机器设备,其产量约占全部铸件总产量的 80%。铸铁中的碳主要以石墨状态存在。石墨一般呈片状,经过不同的处理,还可以呈球状、团絮状、蠕虫状等,使铸铁获得不同的性能。常用的铸铁包括灰口铸铁、球墨铸铁、可锻铸铁、蠕墨铸铁等。

1.5.1 灰口铸铁

1. 灰口铸铁的石墨形态

灰口铸铁的碳质量分数较高(2.7%~4.0%),碳主要以片状石墨形态存在,如图 1-32 所示,断口呈灰色,简称"灰铁"。石墨的强度、硬度、塑性很低,导致灰口铸铁的抗拉强度低,塑性、韧性差。石墨含量越多、越粗大、分布越不均匀,灰口铸铁的力学性能就越差。但灰口铸铁的抗压强度受石墨的影响较小,这对于灰口铸铁的合理应用非常重要。

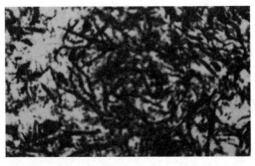

图 1-32 灰口铸铁的石墨形态

2. 灰口铸铁的特点与应用

（1）减振性好。由于石墨对机械振动起缓冲作用，能够阻止振动能量的传播，所以灰口铸铁的减振能力为钢的 5～10 倍，是制造机床床身、机器底座的好材料。

（2）耐磨性好。石墨本身是一种良好的润滑剂，石墨剥落后又可使金属基体形成储存润滑油的凹坑，故灰口铸铁的耐磨性优于钢，适于制造机器导轨、衬套、活塞环等。

（3）缺口敏感性小。由于石墨的存在使金属基体形成了大量的缺口，因此外来缺口对灰口铸铁的疲劳强度影响甚微，从而增加了零件工作的可靠性。

（4）铸造性能优良，切削加工性好。灰口铸铁中的碳当量（$CE = C\% + Si\%/3$）接近共晶成分，熔点较低，液态铁的流动性好，可浇注形状复杂的大、中、小型铸件。灰口铸铁在结晶过程中伴有石墨析出，所产生的膨胀抵消了部分铸铁的收缩，故收缩率很小。不容易产生缩孔、缩松缺陷，也不易产生裂纹。同时，切削灰口铸铁时呈脆断切屑，刀具磨损小。

1.5.2 球墨铸铁

1. 球墨铸铁的石墨形态

球墨铸铁的碳主要以球状石墨形态存在，是通过球化和孕育处理（向出炉的铁液中加入球化剂和孕育剂）得到的，如图 1-33 所示。

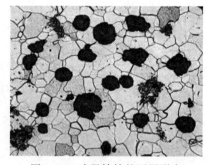

图 1-33 球墨铸铁的石墨形态

2. 球墨铸铁的特点与应用

（1）很好的力学性能。球状石墨使铸铁的力学性能得到了提高，特别是塑性和韧性，从而得到比碳钢还高的强度。球墨铸铁件已成功取代了部分可锻铸铁件、铸钢件，以及部分负荷较重但受冲击不大的锻钢件。

（2）较好的铸造性能。球墨铸铁的铸造性能比灰口铸铁差但好于铸钢。其流动性与灰口铸铁基本相同。但因球化处理时铁液温度有所降低，易产生浇不足、冷隔缺陷。为此，必须适当提高铁液的出炉温度，以保证必需的浇注温度。同时球墨铸铁在凝固收缩前有较大的膨胀（即石墨化膨胀），从而增大缩孔和缩松倾向，易产生分散缩松。应采用提高铸型刚度和增设冒口等工艺措施，来防止缩孔、缩松缺陷的产生。

（3）良好的热处理性能。球墨铸铁可通过退火、正火、调质、高频淬火、等温淬火等热处理方法使基体形成不同组织，如铁素体、珠光体及其他淬火、回火组织，从而进一步改善其性能。

1.5.3 可锻铸铁

1. 可锻铸铁的石墨形态

可锻铸铁是先浇注出白口铸坯，再通过长时间的石墨化退火，使渗碳体分解为团絮状石墨,从而获得石墨呈团絮状的铸铁,如图 1-34 所示。

2. 可锻铸铁的特点与应用

(1) 力学性能好。由于可锻铸铁中的石墨呈团絮状,对基体的割裂作用较小,因此力学性能比灰口铸铁高,塑性和韧性好,但可锻铸铁并不能进行锻造加工。

(2) 铸造性能较差。熔点比灰铸铁高,凝固温度范围也较大,故铁液的流动性差。铸造时,必须适当提高铁液的浇注温度,以防止产生冷隔、浇不足等缺陷。

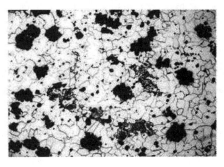

图 1-34 可锻铸铁的石墨形态

(3) 缩孔和裂纹的倾向较大。可锻铸铁的铸态组织为白口组织,没有石墨化膨胀阶段,体积收缩和线收缩都比较大,故形成缩孔和裂纹的倾向较大。在设计铸件时除应考虑合理的结构形状外,在铸造工艺上还应根据顺序凝固原则,一般设置冒口和冷铁,适当提高砂型的退让性和耐火性等措施,以防止铸件产生缩孔、缩松、裂纹及粘砂等缺陷。

1.5.4 蠕墨铸铁

1. 蠕墨铸铁的石墨形态

蠕墨铸铁是具有片状和球状石墨之间的一种过渡形态的灰口铸铁。蠕墨铸铁的石墨短而厚,端部较圆,形同蠕虫,如图 1-35 所示。

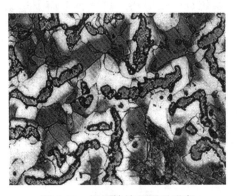

图 1-35 蠕墨铸铁的石墨形态

2. 蠕墨铸铁的特点与应用

(1) 力学性能较好。蠕墨铸铁的石墨形态是介于片状和球状之间的过渡组织,其力学性能也介于基体相同的灰口铸铁和球墨铸铁之间。强度和韧性低于球墨铸铁,但抗拉强度高于灰口铸铁,且具有一定的塑性和韧性。

(2) 断面敏感性小,耐磨性好,导热性好,耐热疲劳性高。蠕墨铸铁的断面厚度敏感性比普通灰口铸铁小很多,在厚大截面上的性能较为均匀。其耐磨性优于灰口铸铁,适于代替高强度灰口铸铁制造形状复杂的大型铸件。蠕墨铸铁的导热性、耐热疲劳性高于球墨铸铁,适于制造在较大温度梯度下工作的零件。

（3）铸造性能较好。蠕墨铸铁的碳当量高，加稀土合金后又能使铁水得到净化，因而具有较好的流动性。在碳当量相同的情况下，蠕墨铸铁和灰口铸铁的流动性相似。蠕墨铸铁的收缩也介于灰口铸铁和球墨铸铁之间，浇注系统可按灰口铸铁进行设计。但对致密性要求较高、壁厚相差较大的复杂铸件，要采用球墨铸铁的浇注和补缩系统。

蠕墨铸铁主要用于代替高强度灰口铸铁，制造重型机床、大型柴油机的机体、缸盖等，也常用于制造耐热疲劳的钢锭模、金属型及要求高气密性的阀体等。

1.6 金属熔炼、浇注及清理

1.6.1 金属熔炼

1. 铸铁的熔炼

金属熔炼的质量对能否获得优质铸件有重要的影响。熔炼金属的目的是获得预定成分和温度的液态金属，减少其中的气体和非金属夹杂物。

1) 冲天炉熔炼

在铸造生产中，铸铁常用冲天炉熔炼。冲天炉熔炼具有操作方便、可连续生产、效率高、投资少、成本低等特点，被广泛应用于普通铸铁的生产中。

冲天炉结构如图 1-36 所示，其由炉体、加料系统、送风系统、出铁口和出渣口等组成。利用热对流原理，熔炼时焦炭燃烧的火焰和热炉气自下而上运动，冷炉料自上而下移动，在物、气逆向移动过程中进行热交换和冶金反应，最终将炉料熔化成合格的铁水。

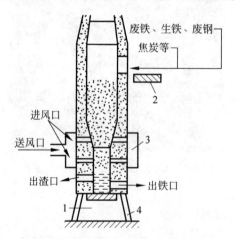

1—灰渣；2—加料台；3—风箱；4—炉脚。
图 1-36 冲天炉结构示意图

冲天炉熔炼铸铁的炉料包括金属料（如生铁、回炉料、废钢和铁合金等）、燃料（主要是焦炭）和熔剂（石灰石、氟石）等。

冲天炉熔化的铁水出炉温度一般在 1400～1550℃。熔炼铁液质量不够稳定、工作环境差。

2）感应电炉熔炼

对于质量要求高的高强度铸铁应选用感应电炉熔化。感应电炉分工频感应电炉和中频感应电炉。感应电炉铁水出炉温度高,便于铁水成分的控制和炉前处理,因此被广泛应用于球墨铸铁和合金铸铁的熔炼。

感应电炉的基本原理如图 1-37 所示。金属炉料置于坩埚中,坩埚外围绕有通水冷却的感应线圈,接通交变电流时,感应线圈周围产生交变磁场,使金属炉料中产生感应电动势并引起涡流,加热炉料使之熔化。

电炉熔炼便于控制铁水的温度和成分,有利于炉前处理和组织生产。但耗电量大,铸件成本高。生产中往往采用冲天炉和电炉双联熔化方法,即利用冲天炉熔化铁水,再通过感应电炉提高铁水的温度和调整铁水的成分,同时提高了生产率并降低了铸件的成本。

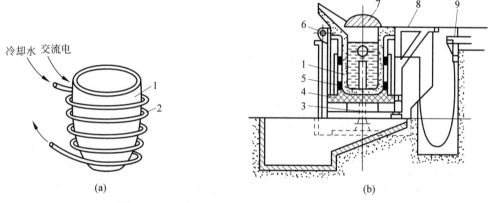

1—坩埚;2—感应线圈;3—液压倾倒装置;4—隔热砖;5—线圈;
6—转动轴;7—炉盖;8—作业板;9—水电引入系统。

图 1-37　感应电炉的原理和结构

(a)感应电炉的原理图；(b)感应电炉的结构示意图

2. 铸钢的熔炼

铸钢具有较高的强度、塑性和冲击韧性,较好的导热性、导电性、导磁性和焊接性。被广泛应用于生产性能要求较高、结构形状复杂的铸件。

铸钢的熔炼常采用电弧炉进行。电弧炉熔炼周期短,开炉和停炉方便,容易与铸造工艺配合,便于组织生产。

三相电弧炉是铸钢车间的主要设备,如图 1-38 所示。其主要由炉体、石墨电极、电极夹持装置和升降机构等组成。利用石墨电极与金属炉料之间放电产生的电弧热量,使金属炉料熔化和冶炼。

除三相电弧炉外,铸钢车间还广泛使用感应电炉熔炼钢水。

3. 有色金属合金的熔炼

常用的铸造有色金属包括铸造铝合金、铸造铜合金、铸造镁合金和铸造锌合金。

有色金属的熔点低,常用的熔炼炉有坩埚炉和反射炉两类。熔炼时用电、油、煤气或焦炭等作为燃料。其中,电坩埚炉是有色金属熔炼的主要设备,如图 1-39 所示。

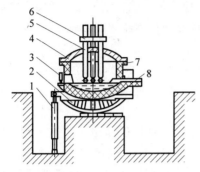

1—倾炉液压缸;2—倾炉摇架;3—炉门;4—炉盖;
5—电极;6—电极夹持装置;7—炉体;8—出钢槽。

图 1-38　三相电弧炉

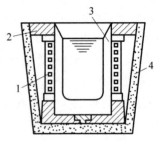

1—电炉丝;2—耐火炉圈;
3—坩埚炉;4—炉体。

图 1-39　电坩埚炉示意图

1.6.2　金属浇注及其注意事项

将液态金属从浇包注入铸型的操作过程称为浇注。浇注操作不当常会引起浇不足、冷隔、缩孔及夹砂等缺陷。浇注过程应注意以下事项:

(1) 浇注温度。金属液浇入铸型时的温度称为浇注温度。浇注温度由铸件材质、大小及形状来确定。浇注温度过低时,由于液态金属的充型能力差,易产生浇不足、冷隔和气孔等缺陷;浇注温度过高时,会使液态金属收缩量增加而产生缩孔、裂纹以及铸件粘砂等缺陷。对形状复杂的薄壁件,浇注温度应高些;对简单的厚壁件,浇注温度可低些。

(2) 浇注速度。浇注速度是单位时间内浇入铸型中的金属液质量。浇注速度应按铸件形状和大小来定。浇注速度应适中,太慢会使金属液降温过多,易产生浇不足等缺陷;太快又会使金属液中的气体来不及析出而产生气孔。由于金属液的动态压力增大,还容易造成冲砂、抬箱及跑火等缺陷。对于薄壁件,浇注速度要快一些。

(3) 正确估计金属液质量。金属液不够时应不浇注,否则得不到完整的铸件。

(4) 挡渣。浇注前应向浇包内金属液面上加些干砂或稻草灰,以使熔渣变稠便于扒出或挡住。

(5) 引气。用红热的挡渣钩及时点燃从砂型中逸出的气体,以防 CO 等有害气体污染空气及形成气孔。

1.6.3　铸件清理

铸件浇铸冷却后,从砂型中取出凝固铸件的过程称为落砂,方法有手工落砂和机械落砂两种。手工落砂是繁重的工作,费工费时,且劳动条件差,特别需要做好环境保护工作。

落砂后,从铸件上清除表面粘砂和多余金属(包括浇冒口、飞翅、毛刺和氧化皮等)的过程称为清理。清理工作主要包括下列内容:

(1) 切除浇冒口。铸铁件较脆,可用铁锤敲掉浇冒口;铸钢件要用气割切除;有色金属铸件须使用锯子锯掉。

（2）除芯。从铸件中去除芯砂和芯骨的操作称为除芯。除芯可用手工方式、振动除芯机或水力清砂装置进行。

（3）清砂。落砂后除去铸件表面粘砂的操作称为清砂。小型铸件广泛采用清理滚筒、喷砂器来清砂；大、中型铸件可用抛丸室等机器清砂；生产量不大时可手工清砂。

（4）铸件修理。铸件修理是最后磨掉在分型面或芯头处产生的飞翅、毛刺和残留的浇冒口痕迹的操作。一般采用各种砂轮、手凿及风铲等工具来进行。

（5）铸件的热处理。由于铸件在冷却过程中难免会出现不均匀组织和粗大晶粒等非平衡组织，同时又难免会存在铸造热应力，故铸件清理以后要进行退火、正火等热处理。

1.7 铸件质量、铸造安全要求及对环境的影响

1.7.1 铸件质量

铸造过程复杂，影响因素繁多，若处理不当，则影响铸件质量，会导致铸件产生各种缺陷。常见的铸件缺陷、特征及产生原因见表1-1。

表1-1 铸件缺陷及原因分析

典型铸造缺陷

缺陷名称	图例	特征	原因分析
气孔		在铸件内部或表面较为松散分布的孔洞，内壁光滑，多为水滴形或圆形	（1）炉料不干或含氧化物、杂质多。 （2）浇注工具或炉前添加剂未烘干。 （3）型砂含水过多或起模和修模时刷水过多。 （4）型芯烘干不充分或型芯通气孔堵塞。 （5）型砂透气性差。 （6）浇注温度过低或浇注速度太快
缩孔		分布于铸件最后凝固部位，形状不规则孔洞，内壁粗糙	（1）铸件结构不合理，壁厚差异过大。 （2）浇注系统和冒口位置不合理，补缩不足。 （3）浇注温度过高，金属液收缩过大。 （4）合金的化学成分不当，收缩率过高，冒口大小不合适
砂眼		铸件内部或表面有型砂充塞的孔眼，孔形不规则	（1）型砂强度不足或局部紧实度不够，型砂被金属液冲入型腔。 （2）合箱时砂型局部损坏，型砂掉入型腔。 （3）浇注系统不合理，内浇口方向不对，金属液冲坏了砂型。 （4）合箱时型腔或浇口内散砂未清理干净
渣眼		铸件孔眼内充满熔渣，孔形不规则	（1）浇注时未能挡渣。 （2）浇注时温度太低，渣子不易上浮。 （3）浇注系统设置不合理，挡渣作用差

续表

缺陷名称	图 例	特 征	原因分析
粘砂		铸件表面粗糙,粘有一层砂粒或砂粒与金属的烧结层,难以清除	(1) 原砂耐火度低或颗粒度太大,或砂型紧实度不够。 (2) 型砂含泥量过高,耐火度下降。 (3) 浇注温度过高。 (4) 湿型铸造时型砂中煤粉含量太少。 (5) 干型铸造时铸型未刷涂料或涂料太薄
夹砂		铸件表面产生的金属片状突起物,表面粗糙,边缘锐利,金属片和铸件之间夹有一层型砂	(1) 砂型受热膨胀,表层鼓起或开裂。 (2) 砂型湿态强度过低。 (3) 砂型局部紧实度过高,水分过多。 (4) 浇注位置不当,局部烘烤严重。 (5) 浇注温度过高,浇注速度过慢
错箱		铸件沿分型面有相对位置错移	(1) 模样的上半模和下半模未对准。 (2) 合型时上、下砂箱错位。 (3) 上、下砂箱未夹紧或上箱未加足够压力,浇注时产生错箱
冷隔		铸件上有未完全融合的细缝,交接处呈圆滑状	(1) 浇注温度过低,合金流动性差。 (2) 浇注速度太慢或浇注过程有断流。 (3) 浇注位置不当或内浇道截面积太小
浇不足		铸件残缺,形状不完整	(1) 浇注温度过低。 (2) 浇注时液态金属量不够,型腔未充满。 (3) 铸件壁太薄,金属液流不进去。 (4) 浇道太小,阻碍液态金属流动。 (5) 未开出气孔,型腔内压力大,金属液流动受阻
裂纹		铸件开裂,分热裂和冷裂两种。热裂时裂纹表面有氧化膜,外形曲折而不规则;冷裂时裂纹表面不氧化或微氧化,呈连续直线状	(1) 铸件壁厚不均匀,冷却不一致。 (2) 型砂和型芯退让性差,阻碍铸件收缩。 (3) 落砂过早,尚未完全冷却的铸件打开铸型后冷却速度加快。 (4) 浇口位置不当,铸件各部分收缩不均匀。 (5) 合金化学成分不合理,收缩大

1.7.2 铸造安全要求

本节以铸造过程中的造型、金属熔化、浇注三个主要环节来说明铸造的安全要求。

1. 造型安全

(1) 实习前必须整理好工作场地，并检查所用工具（如砂箱、螺丝、底板等）是否良好，如发现裂纹、损坏，须修整后方能使用。

(2) 砂箱垒放要整齐稳固，不得过高，大箱在下，小箱在上。

(3) 往模板上放砂箱时，不准用手抬扶砂箱下面。扣箱时要吊平吊稳，抬扶时要站在砂箱的两侧。

(4) 用压缩空气吹砂型或泥型的砂子时，压力不得超过 0.8 MPa。

(5) 砂型要摆放整齐，留出一定的通道，便于浇注。浇注位置一定要在同一方向并留印记。

(6) 翻箱、扣箱时要有专人指挥。

(7) 合箱后抹好箱缝，按要求压好箱，或用螺丝拧紧。同时防止箱口毛刺伤人，检查浇冒口有无砂子，气孔是否畅通。

(8) 结束前将工作场地的铁屑等杂物清理干净。

2. 金属熔化安全

(1) 实习前，应认真地对所属的机械、电器、水冷、液压（或气压）进行检查，确认正常后，方可熔炼。

(2) 实习时，应穿好工作服、防护鞋，戴好防护镜、防护帽等。不准打赤膊，以防烫伤。

(3) 炉前及实习场地要保持清洁整齐。各种材料、工具应放到指定的地点。

(4) 炉料应干燥，并有人负责检查。严禁将易爆物品（如弹头、雷管等）、密封容器及带水（或带雪）的炉料投入炉内。

(5) 样勺、样模、拨样板等要保持干燥、清洁。剩余熔液应倒在干燥的地方或干燥的料锭模内。

(6) 开炉前，必须清除炉坑前周围所有障碍物，5 m 内不准有易爆物品，炉坑及炉前地面不得有积水。

(7) 加粉散状材料时，应侧身投料，以防喷溅伤人。

(8) 出金属熔液前，使用的工具及浇包必须烘烤干燥，浇包必须放正、放稳，禁止将冷湿铁棒、工具等与熔液接触，以防喷溅伤人。

3. 浇注安全

(1) 清除通道和场地的一切障碍物。

(2) 检查盛放液态金属的容器是否烘干，包底、包耳、包杠、端把是否安全可靠，转动部分是否灵活。禁止使用未烘干的液态金属容器。

(3) 液态金属不得超过液态金属容器容积的 80%，容器运行要平稳慢行，步调一致，防止液态金属溅出伤人。

(4) 严格贯彻"六不浇"：①液态金属温度不够不浇；②液态金属牌号不对不浇；③不挡渣不浇；④砂箱不干不浇；⑤不放外浇口不浇；⑥液态金属不够不浇。

(5) 浇注时要准确平稳，不准从冒口往砂箱内倒液态金属和看液态金属。

（6）当液态金属浇入砂型时，要随时点燃出气孔、冒口、箱缝排出的废气，以免毒气和液态金属飞溅伤人。

（7）剩余的液态金属要倒在准备好的料锭模或砂坑内，不准倒在砂堆和地面上，防止液态金属爆炸伤人。因跑火或其他原因流到地面上的液态金属，在未凝固之前不得用砂覆盖，凝固后应及时清除。

（8）所有设备使用前应检查安全可靠性，使用后要清理干净。

1.7.3　铸造生产对环境的影响

落砂和清理过程是铸造车间环境污染的重要环节，本节以铸造过程中铸件的落砂、清理环节为例，来说明其对环境的影响。其主要问题及改善措施如下：

1. 粉尘问题

落砂时无论手工落砂还是机械落砂都会产生大量的粉尘，清理过程中有些方法如滚筒、喷砂、抛丸等都会引起尘土飞扬，造成严重的环境污染。生产中为改善落砂、清理条件，常采用水爆清砂方法，减少粉尘。同时，铸造车间还必须安装专用的除尘设备。

2. 噪声问题

落砂和清理过程中，手工敲击、落砂机械运转和滚筒、喷砂、抛丸等清理机构及鼓风机等运转会产生很高的噪声，影响环境。通常可通过安装消声器降噪或通过专用密闭房间隔声降噪，同时也可减少粉尘扩散。

3. 废气问题

整个铸造过程都会产生废气，一般通过安装专用废气净化装置解决。

4. 污水问题

在湿法清砂、湿法除尘、旧砂湿法再生过程中会产生大量污水。这些污水需要通过污水处理装置进行处理，实现无害排放，或实现循环利用，减排增效。

习题 1

1-1　什么是铸造？
1-2　简述砂型铸造的基本工艺过程。
1-3　铸造型砂的性能指标包括哪些？
1-4　为什么砂型铸造时砂型的强度必须合理？
1-5　砂型铸造的浇注系统由哪些部分构成？
1-6　手工造型主要有哪些方式？
1-7　常用的特种铸造方法有哪些？
1-8　说明熔模铸造的工艺过程。

1-9 说明模样、铸件、零件之间的关系和区别。
1-10 离心铸造主要适用于哪类零件的生产?
1-11 金属型铸造有哪些特点?
1-12 绘制铸造工艺图时应考虑哪些因素?
1-13 冲天炉是利用什么原理熔炼铸铁的?
1-14 有色金属合金熔炼一般采用何种电炉?
1-15 浇注时要注意哪些事项?
1-16 铸件清理主要包括哪些内容?
1-17 落砂、清理中会产生哪些环境问题?
1-18 铸造过程中铸件主要会产生哪些类型的缺陷?
1-19 铸件中产生气孔的主要原因是什么?
1-20 简述铸件落砂和清理过程对环境的影响及改善措施。

自测题

第2章 材料塑性成形

【本章导读】 塑性成形在现代工业中占有非常重要的地位。塑性成形的各种原材料、毛坯和零件,被广泛应用于精密机械、医疗设备与器械、运输车辆与交通工具、农机具、电气设备、通信设备以及日用工业、国防工业等重要领域。塑性加工已成为工业生产不可缺少的重要加工方法之一。本章主要讲解金属塑性成形的主要特点以及锻造、冲压设备、冲压基本工序、冲压模具和数控冲压等。实训环节中,学生通过亲身实践手工锻造,经历锻件加热,深入了解始锻温度、终锻温度以及锻件加热后的塑性变形、锻件塑性成形中的安全保障等。通过学习和实践,让学生能够了解和正确选择合适的塑性成形方法。

2.1 金属塑性成形

2.1.1 金属塑性成形概述

金属材料在外力作用下产生塑性变形,从而获得具有一定形状、尺寸和一定力学性能的产品的成形方法,称为塑性成形(或塑性加工)。由于外力多数是以压力的形式出现的,因此也称为"压力加工"。

塑性成形的产品主要包括原材料、毛坯和零件三大类。

用于塑性成形的材料(主要是金属材料)一般都具备良好的塑性。有些复合材料和特殊的陶瓷材料也可用于塑性成形,塑性较差的材料难以用于塑性成形。把能够用于塑性成形的材料称为塑性材料,不能够用于塑性成形的材料称为脆性材料。

塑性成形的主要特点是:

(1) 节省材料。材料在发生塑性变形时,其体积基本保持不变。对于很多精密的塑性成形方法,可以不经过切削加工直接生产出零件,实现无屑加工,从而能大大节省材料。

(2) 生产率较高。塑性成形容易实现机械化和自动化,很多塑性成形方法都可达到每台机器每分钟生产几十个甚至上百个零件。采用生产率最高的高速冲裁方法,每台机器每分钟可生产千件以上。

(3) 产品力学性能好。经过塑性成形后的金属材料,其内部原有的缺陷(如裂纹、疏松等)在压力的作用下可被压合,且形成细小晶粒,因此材料的组织致密,强度、冲击韧度等指标都能得到较大提高。

2.1.2 塑性成形的主要方法

塑性成形常用的方法有轧制、挤压、拉拔、自由锻、模锻、板料冲压等。

1. 轧制

金属材料在旋转轧辊的压力作用下,产生连续塑性变形,其截面形状和性能发生改变,这种塑性加工方法称为轧制,如图 2-1 所示。

轧制生产所用坯料主要是金属锭。坯料在轧制过程中,靠摩擦力得以连续通过轧辊孔隙而受压变形,结果坯料的截面减小、长度增加。

轧制方法主要用来生产原材料,合理设计轧辊上的各种不同孔型(与产品截面轮廓相似),可以轧制不同截面的原材料,如钢板、型材和无缝钢管等,供其他工业部门使用,也可以直接轧制出毛坯或零件。

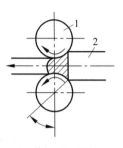

1—轧辊;2—坯料。

图 2-1 轧制示意图

2. 挤压

挤压是使坯料在挤压模中受强大压力作用而变形的加工方法,如图 2-2 所示。

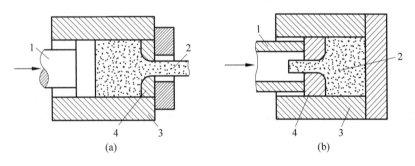

1—凸模;2—坯料;3—挤压筒;4—挤压模。

图 2-2 挤压示意图

(a) 正挤压;(b) 反挤压

挤压方法主要包括正挤压、反挤压和复合挤压等。金属坯料流出部分的运动方向与凸模运动方向相同的挤压方式称为正挤压;金属坯料流出部分的运动方向与凸模运动方向相反的挤压方式称为反挤压,反挤压可以节省挤压力。

挤压过程中,金属坯料的截面依照模孔的形状减少,坯料的长度增加。挤压可以获得各种复杂截面的型材或零件,适用于加工低碳钢、有色金属及合金。如采取适当的工艺措施,还可以对合金钢和难熔合金进行挤压生产。

3. 拉拔

坯料在牵引力作用下通过模孔拉出,使之产生塑性变形,其截面缩小、长度增加,这种塑性加工方法称为拉拔,如图 2-3 所示。

拉拔模模孔的截面形状和使用性能的好坏，对产品有决定性影响。拉拔模模孔在工作中承受强烈的摩擦作用，为保持其几何形状的准确性和使用的长久性，应选用耐磨的硬质合金，甚至聚晶金刚石材料来制作。

拉拔生产主要用来制造各种细线材（如电缆等）、薄壁管和各种特殊几何形状的型材。多数情况是在冷状态下进行拉拔加工，所得到的产品具有较高的尺寸精度和较小的表面粗糙度值，故拉拔常用于对轧制产品的再加工，以提高产品质量。低碳钢和大多数有色金属及其合金都可以用于拉拔成形。

4. 自由锻

在锻造设备的上、下砧间直接使坯料变形，而获得所需几何形状及内部质量的锻件，这种塑性成形方法称为自由锻，如图 2-4 所示。自由锻主要用于生产形状简单、小批量的锻件。对于大尺寸、大吨位的锻件，只能采用自由锻。

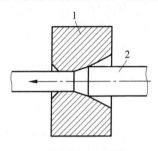

1—拉拔模；2—坯料。

图 2-3　拉拔成形示意图

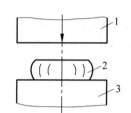

1—上砧；2—坯料；3—下砧。

图 2-4　自由锻示意图

5. 模锻

利用模具使毛坯变形获得锻件的塑性成形方法，称为模锻，如图 2-5 所示。凡承受重载荷的机器零件，如机器的主轴、重要齿轮、连杆、炮管和枪管，通常需采用锻件做毛坯，再经切削加工而制成。

6. 板料冲压

利用模具或其他工具使板料通过分离或变形得到制件的加工方法，统称为板料冲压，如图 2-6 所示。冲压件具有刚度好、结构复杂、质量轻、精度高等优点，是金属板料成形的主要方法，在各种机械、仪器、仪表、电子器件、电工器材及家用电器、生活用品制造中都占有重要的地位。

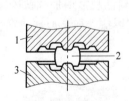

1—上模；2—坯料；3—下模。

图 2-5　模锻示意图

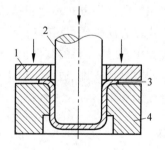

1—压板；2—凸模；3—坯料；4—凹模。

图 2-6　板料冲压（拉深）示意图

随着汽车、航空航天、电子等工业的发展,信息技术、计算机技术、数字化技术、现代测控技术等向塑性加工领域的渗透与交叉融合,对塑性成形产品的质量提出了更高的要求,塑性成形领域出现了许多新工艺,如超塑性成形、粉末锻造、内高压成形等。这些工艺的共同目的是生产出形状复杂的产品、提高产品质量和生产效率,达到优质、节材、节能的效果,同时为部分特种难加工材料和一些具有特种性能要求的产品提供有效的成形手段。

2.2 金属的加热

用于塑性成形的金属必须具有较高的塑性和较低的变形抗力,即具有良好的塑性成形性能。除少数具有良好塑性的金属可在常温下塑性加工成形外,大多数金属均须通过加热来提高其塑性变形性能。

2.2.1 加热目的及锻造温度范围

加热的目的是提高金属坯料的塑性和降低其变形抗力。一般来说,随着温度的升高,金属材料的强度降低而塑性增加。因此加热后进行塑性加工,可以用较小的力使坯料产生较大的变形而不破裂,从而获得良好的锻后组织。因此加热是锻造生产中不可缺少的重要工序之一。

锻造时各种材料所允许的最高加热温度,称为该材料的始锻温度。坯料在锻造过程中,随着热量的散失,温度不断下降,因而塑性越来越差,变形抗力越来越大。温度下降到一定程度后,不仅难以继续变形,且容易破裂,所以必须及时停止锻造,经重新加热后再锻造。各种材料停止锻造的温度,称为该材料的终锻温度。

从始锻温度到终锻温度称为锻造温度范围。几种常用材料的锻造温度范围见表2-1。

表 2-1 常用材料的锻造温度范围

材 料 种 类	始锻温度/℃	终锻温度/℃
低碳钢	1200~1250	800
中碳钢	1150~1200	800
合金结构钢	1100~1180	850
铝合金	450~500	350~380
铜合金	800~900	650~700

锻造时金属的温度可用测温仪表测量,常用的测温仪表有热电偶测温仪、光学高温计和红外线测温仪等。锻工也可根据坯料颜色和明亮度不同来判别温度,即用火色鉴别法。

2.2.2 加热产生的缺陷及其预防措施

加热过程中,若控制不当,会产生一些加热缺陷,这些缺陷不但会增大材料损耗,而且造成产品质量降低,甚至造成废品。所以,应对加热过程中可能产生的缺陷加以重视。加热时可能出现的加热缺陷如下。

1. 氧化和脱碳

钢是铁与碳组成的合金。采用一般方法加热时,钢料的表面不可避免地要与高温的氧气、二氧化碳及水蒸气等接触,发生剧烈的氧化,使坯料的表面产生氧化皮(氧化)和因表面碳质量分数的降低而形成的脱碳层(脱碳)。若上述氧化现象过于严重,则会产生较厚的氧化皮和脱碳层,甚至造成锻件的报废。

减少氧化和脱碳的措施有:

(1) 每炉加热坯料不要太多,采用快速加热,以减少高温下坯料在炉内停留的时间。

(2) 控制炉内加热气氛,使之为弱还原性气氛,避免供氧过量。

(3) 采用少氧化、无氧化加热。

2. 过热及过烧

加热一般钢料时,如果在接近始锻温度下保温过久,内部的晶粒会变得粗大,这种现象称为过热。在随后的锻造过程中,可以将过热的钢料中粗大的晶粒打碎,也可以在锻造以后进行热处理,将晶粒细化。

如果将钢料加热到更高温度或将过热的钢料长时间在高温下停留,则会造成内部晶粒的边界氧化甚至局部熔化现象,削弱了晶粒之间的联系,这种现象称为过烧。过烧的钢料是无可挽回的废品,锻打时必然开裂。

为防止过热和过烧,要严格控制加热温度和加热时间,保持炉内坯料加热温度的均匀性,尽量缩短坯料在高温下停留的时间。

3. 开裂

大型锻件、复杂锻件和导热性较差的高合金钢坯料在加热过程中,如果加热速度过快、装炉温度过高,则可能造成各个部分之间温差较大,会因膨胀不一致形成热应力,严重时会产生裂纹。

低碳钢和中碳钢塑性好,一般不易产生裂纹。高碳钢及某些高合金钢产生裂纹的倾向较大,加热时要严格遵守加热规范,即低温装炉、分段加热、分段保温,使锻件温度均匀后再快速加热到始锻温度。

2.2.3 加热方法和设备

1. 加热方法

根据热源不同,在锻压生产中金属的加热方法可分为两大类。

1) 火焰加热

火焰加热是利用燃料(煤、油、煤气等)燃烧所产生的热能直接加热金属的方法。由于燃料来源方便,炉子修造较容易,费用较低,加热的适应性强等原因,所以应用较为普遍。缺点是劳动条件差,加热速度较慢,加热质量较难控制等。

2）电加热

电加热是利用电能转换为热能来加热金属的方法。与火焰加热相比，电加热具有很多优点：升温快（如感应加热和接触加热），炉温易于控制（如电阻炉），氧化和脱碳少，劳动条件好，便于实现机械化和自动化。缺点是对坯料尺寸、形状变化的适应性不够强，设备结构复杂，投资费用较大。

2. 加热设备

加热炉是用来加热金属坯料的设备。根据所用能源和结构形式的不同，实际生产中使用的加热炉可以有多种分类。锻造车间的加热炉有反射炉、重油炉、煤气炉和电阻炉等。其中电阻炉是目前最常用的加热设备之一。

电阻炉是利用电阻进行加热的加热设备。电阻加热是利用电流通过电阻元件（金属电阻丝、片或硅碳棒）时产生的电阻热来加热坯料，炉子通常做成箱形，故又称为"箱式电阻炉"。电阻炉分为中温电炉（加热元件为电阻丝，最高工作温度为950℃）和高温电炉（加热元件为硅碳棒，最高工作温度为1300℃）两种，图 2-7 所示为箱式电阻丝加热炉。

电阻炉结构简单、操作简便、炉温易于控制、升温慢、温度控制准确。可通入保护性气体控制炉内气氛，以防止或减少坯料加热时的氧化。电阻炉劳动条件好，是一种较先进的加热设备。

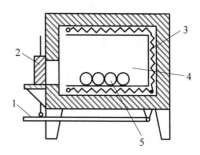

1—踏杆；2—炉门；3—电阻丝；
4—炉膛；5—工件。

图 2-7 箱式电阻丝加热炉示意图

电阻炉主要用于精密锻造及耐热合金、高合金钢、有色金属的加热。

2.3 自由锻

自由锻

根据外力的作用方式，自由锻分为手工锻造和机器锻造两种。根据使用的设备类型，机器锻造分为锤上自由锻和压力机上自由锻。手工锻造只能生产小型锻件，生产率也较低。机器锻造则是自由锻的主要生产方法。锤上自由锻用于生产中、小型自由锻件。压力机上自由锻用于生产大型自由锻件。自由锻所用的工具简单，具有较大的通用性，应用较为广泛。与模锻相比，自由锻的生产效率和锻件的尺寸精度均较低，不适于大批量生产，但是在单件、小批量生产中，特别是大型锻件生产中，仍是一种最有效的成形方法。自由锻可锻造的锻件质量从不及一千克到二十万千克都有，用自由锻方法制造的毛坯，力学性能都较高。所以，自由锻在重型机械制造中具有特别重要的作用，如水轮机主轴、多拐曲轴、大型连杆等在工作中都承受很大的载荷的机械，要求具有较高的力学性能，都是采用此方法锻造。

2.3.1 自由锻设备

根据设备对坯料作用力的性质，自由锻所用的设备有锻锤和压力机两大类。锻锤产生冲击力,生产中使用的自由锻锤主要是空气锤、蒸汽-空气锤。压力机产生压力使金属坯料变形,用于锻造的压力机包括液压机和机械压力机。

1. 空气锤

空气锤是生产中、小型锻件的通用设备,其结构及工作原理如图2-8所示。

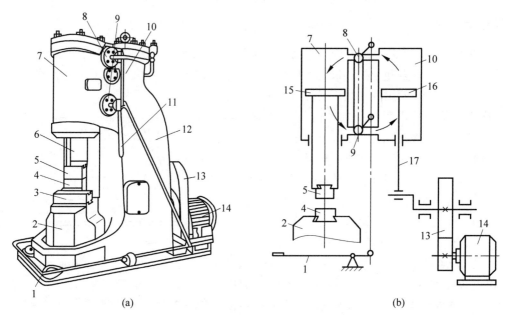

1—踏杆;2—砧座;3—砧垫;4—下砧;5—上砧;6—锤杆;7—工作缸;8—上旋阀;9—下旋阀;10—压缩缸;11—手柄;12—锤身;13—减速机构;14—电动机;15—工作活塞;16—压缩活塞;17—连杆。

图2-8 空气锤结构示意图
(a)外观图;(b)原理图

1) 空气锤结构

空气锤由锤身、压缩缸、工作缸、传动机构、落下部分及砧座等几个部分组成。

锤身和压缩缸及工作缸铸成一体。传动机构包括减速机构、曲柄和连杆等。操纵机构包括踏杆(或手柄)、旋阀及其连接杠杆。

落下部分包括工作活塞、锤杆和上砧。空气锤的规格(吨位)就是以落下部分的总质量来表示的。锻锤产生的打击力与锤头的打击能量有关,打击能量与落下质量成正比,相同打击能量下,锻件变形量越大打击力越小,一般估算打击力为落下部分所受重力的1000倍左右。例如,150 kg空气锤是指其落下部分的质量为150 kg,所能产生的最大打击力约是1500 kN。

2) 空气锤工作原理及基本动作

空气锤靠自身携带的电动机通过减速机构和曲柄-连杆机构,推动压缩气缸中的压缩活塞往复运动,产生压缩空气,再通过上、下旋阀的配气作用,使压缩空气进入工作缸的上部、下部,或直接与大气连通,从而使工作活塞连同锤杆和上砧一起,实现上悬、下压、单次打击和连续打击等动作。这些动作是通过手柄或踏杆控制的。

2. 蒸汽-空气锤

蒸汽-空气锤既可利用压缩空气也可利用压力蒸汽作为工作动力,与空气锤的主要区别是以滑阀取代压缩气缸,并且所需的压缩空气或压力蒸汽由另外的压气机或蒸汽锅炉供应。图 2-9 为双柱拱式蒸汽-空气自由锻锤,锤身由两立柱组成拱形形状,刚性好,目前在锻造车间中应用极为普遍,是生产中、小型锻件的主要设备。

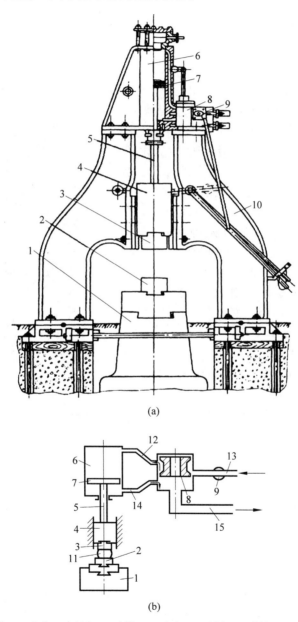

1—砧座;2—下砧;3—上砧;4—锤头;5—锤杆;6—气缸;7—活塞;8—滑阀;9—节气阀;10—锤身;11—坯料;12—上气道;13—进气管;14—下气道;15—排气管。

图 2-9 双柱式蒸汽-空气自由锻锤
(a) 外观示意图;(b) 原理图

蒸汽-空气锤的工作原理是蒸汽(或压缩空气)从进气管经过节气阀进入,通过滑阀与阀套壁所形成的气道,从上气道进入气缸的上部作用在活塞的顶面上,使落下部分向下运动,完成打击动作。此时,气缸下部的蒸汽(或压缩空气)由下气道从排气管排出。反之,滑阀下行,蒸汽(或压缩空气)便通过滑阀与阀套壁所形成的气道由下气道进入气缸的下部,作用在活塞的底面上,使落下部分向上运动,完成提锤动作。此时,气缸上部的蒸汽(或压缩空气)从上气道经滑阀的内腔由排气管排出。通过改变节气阀的开口面积来调节进入气缸的蒸汽(或压缩空气)压力。由人工操纵手柄,使滑阀处于不同的位置或上下运动,从而使锻锤完成上悬、下压、单次打击、连续打击以及轻打、重打等动作。

3. 液压机

液压机是自由锻的常用设备之一,它是以液体为介质传递能量的锻压设备,包括水压机和油压机两类。水压机主要用来锻造大型、重型锻件。液压机的规格用其所能产生的最大压力来表示。

图2-10为YH32-200型通用液压机,其由机身、主缸、充液装置、顶出缸、液压动力机构及电控装置等组成,用液压管道及电线、电缆等连接。

机身为三梁四柱式,利用四根立柱及锁紧螺母与上横梁、下横梁(工作台)、活动横梁(滑块)组成一个封闭的刚性框架。主缸装于上横梁上,主缸活塞与活动横梁紧固连接,以四根立柱导向,可做上下运动,活动横梁及下横梁(工作台)表面均开有T形槽,以安装模具。工作台下部装有顶出缸,用来顶出工件。当高压液体进入主缸上腔,主缸下腔回油,活塞及上横梁向下运动。回程时,主缸上腔回油,高压液体进入主缸下腔,推动主缸活塞及上横梁向上运动。

与锻锤相比,液压机的工作平稳,撞击、振动和噪声较小,对工人健康、厂房基础、周围环境及设备本身有很大好处。

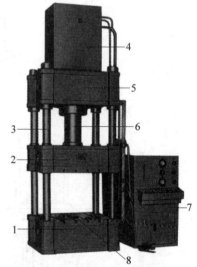

1—下横梁(工作台);2—活动横梁;3—立柱;
4—充液装置;5—上横梁;6—主缸;7—液压及电控装置;8—顶出缸。

图2-10 YH32-200型通用液压机

2.3.2 自由锻基本工序

自由锻不使用特殊的工具,所以坯料在上、下砧间受到锻打时,金属向四周自由变形。有时也采用简单的通用工具,辅助或限制金属向某些方向变形,使锻件成形。各种锻件的自由锻成形过程都由一个或几个工序组成。根据变形性质和程度的不同,自由锻工序可分为基本工序、辅助工序和精整工序三类。变形量较大、改变坯料形状和尺寸、实现锻件基本成形的工序称为基本工序,如镦粗、拔长、冲孔、扩孔、弯曲、扭转、错移及切割等,其中又以前三种工序应用最多。为便于实施基本工序而预先使坯料产生少量变形的工序称为辅助工序,如切肩、压印等。为提高锻件的形状精度和尺寸精度,在基本工序之后进行的小量修整工序称为精整工序,如滚圆、平整等。

1. 镦粗

镦粗是使坯料高度减小、横截面增大的锻造工序,有整体镦粗和局部镦粗两种,如图 2-11 所示。在坯料上某一部分进行的镦粗,称为局部镦粗。镦粗操作的工艺要点如下:

1) 坯料尺寸

坯料的原始高度 H_0 与直径 D_0(或边长)之比应小于 2.5~3.0,否则会镦弯,如图 2-12(a) 所示,镦弯后应将工件放平,轻轻锤击矫正,如图 2-12(b)所示。

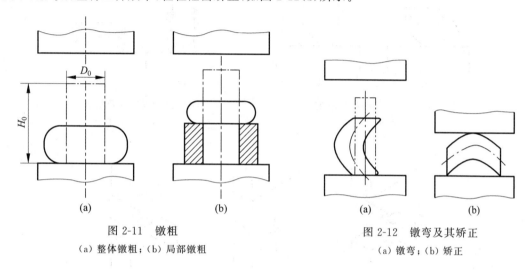

图 2-11 镦粗
(a) 整体镦粗;(b) 局部镦粗

图 2-12 镦弯及其矫正
(a) 镦弯;(b) 矫正

2) 局部镦粗

局部镦粗时要采用具有相应尺寸的漏盘,使漏盘外的金属变形。漏盘上口应加工出圆角,孔壁最好有 3°~5° 的斜度,以便于取出锻件。局部镦粗时,镦粗部分坯料的高度与直径之比也应小于 2.5~3.0。

3) 防止镦歪及矫正

为了防止产生镦歪,坯料的端面应平整,并且和中心线垂直,坯料平放在下砧上,加热后各部分的温度要均匀,否则可能出现如图 2-13 所示的现象。矫正镦歪的锻件时应在较高的温度下进行,并要特别注意夹牢锻件,防止飞出伤人。

4) 防止折叠

如果坯料的高度和直径之比较大,或锤击力量不足,就可能产生双鼓形,如图 2-14(a)所示。如不及时纠正,继续锻打则可能形成折叠,使锻件报废,如图 2-14(b)所示。

2. 拔长

拔长是使坯料截面减小、长度增加的锻造工序。拔长主要用于轴、杆类及长筒类锻件的成形,也可用于和镦粗工序一起增大变形量,改善锻件的内部质量。

拔长工序是自由锻的一个非常重要的基本工序,也是使用最多的基本工序。根据统计,在自由锻生产中,拔长操作占整个自由锻工时的 70%。拔长的操作工艺要点如下:

1) 送进

锻造时,工件应沿砧座的宽度方向送进,每次的送进量 L 应为砧座宽度 B 的 0.3~0.7 倍

(见图 2-15(a))。送进量太大,锻件主要向宽度方向流动,反而降低拔长效率(见图 2-15(b)),送进量太小,容易产生夹层(见图 2-15(c))。同样,锻打时,每次的压下量也不宜过大,否则也会产生夹层。

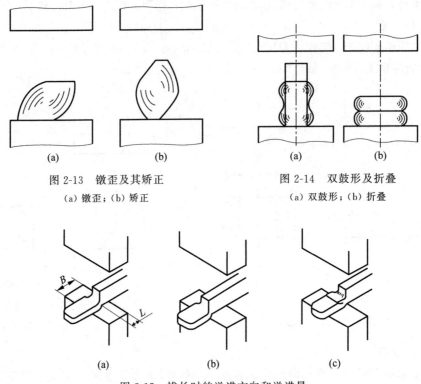

图 2-13　镦歪及其矫正
(a) 镦歪；(b) 矫正

图 2-14　双鼓形及折叠
(a) 双鼓形；(b) 折叠

图 2-15　拔长时的送进方向和送进量
(a) 合理的送进量；(b) 送进量太大；(c) 送进量太小

2) 锻打

将圆截面的坯料拔长成直径较小的圆截面锻件时,必须先把坯料锻成方形截面。在拔长到边长接近锻件的直径时,锻成八角形,然后滚打成圆形,如图 2-16 所示。

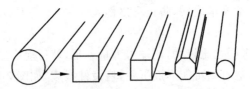

图 2-16　圆截面坯料拔长的变形过程

3) 翻转

拔长过程中应不断翻转锻件,使其截面经常保持接近于方形。翻转的方法如图 2-17 所示。采用图 2-17(b)的方法翻转时,应注意工件的宽度与厚度之比不要超过 2.5,否则再次翻转后继续拔长容易形成折叠。

4) 锻台阶

锻制台阶轴或带有台阶的方形、矩形截面的锻件时,要先在截面分界处压出凹槽,称为

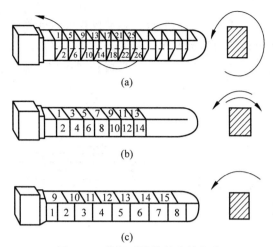

图 2-17　拔长时锻件的翻转方法

压肩。方形截面锻件与圆形截面锻件的压肩方法及其压肩时所用的工具不同,如图 2-18 所示。圆料也可用压肩摔子压肩,压肩后对一端局部拔长,即可将台阶锻出。

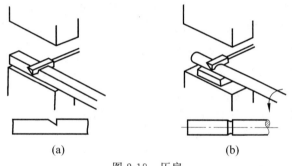

图 2-18　压肩
(a)方料的压肩；(b)圆料的压肩

5) 修整

锻件拔长后须进行修整,以使其尺寸准确、表面光洁。方形或矩形截面的锻件修整时,将工件沿下砧长度方向送进(见图 2-19(a)),以增加锻件与砧座间的接触长度。修整时应轻轻锤击,可用钢直尺的侧面检查锻件的平直度及表面是否平整。圆形截面的锻件使用摔子修整(见图 2-19(b))。

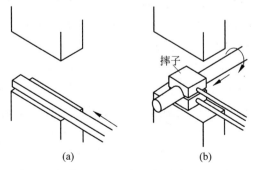

图 2-19　拔长后的修整
(a)方形、矩形截面锻件的修整；(b)圆形截面锻件的修整

属于拔长类的基本工序还有芯轴上拔长。芯轴拔长的目的是减少空心坯料的壁厚而增加长度。芯轴拔长应用于锻造长筒形锻件。芯轴拔长的过程如图 2-20 所示,将空心坯料套在芯轴上,然后一起拔长。为了使锻件壁厚均匀,拔长时应将芯轴连同坯料一起慢慢转动。坯料的孔径应比芯轴直径稍大一些。

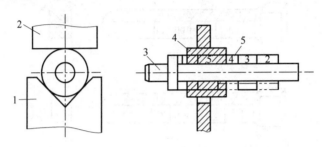

1—V 形砧;2—上砧;3—芯棒;4—锻件;5—拔长次序示意。

图 2-20 芯轴上拔长

为保证锻件质量和提高拔长效率,对不同尺寸的锻件应采用不同的方法和工具:对壁厚小于孔径 1/2 的薄壁空心件,应在上、下 V 形砧中锻造;壁厚大于孔径 1/2 的厚壁空心件,可在上平、下 V 形砧中锻造;当锻件长度小于其孔径的 1.5 倍时,拔长变形量不大,可直接用冲孔后留在坯料中的冲子拔长,称为冲子拔长。

芯轴拔长时,若操作速度过慢,芯轴在坯料中停留时间过长,温度升高、体积膨胀,则使其难以与锻件脱离。故操作应迅速,且芯轴工作部分应有 1/100~1/150 的锥度,表面要光滑,使用时涂上润滑油。如拔长时加热不均匀或锻造温度过低,还会产生裂纹和壁厚不均等缺陷。

3. 冲孔

冲孔是在坯料上冲出通孔或不通孔的锻造工序。所用工具称为冲子,按其截面分为圆形冲子、方形冲子等。冲孔的操作工艺要点如下:

(1) 准备。冲孔前坯料须先镦粗,以尽量减少冲孔深度并使端面平整。由于冲孔时锻件的局部变形量很大,为了提高塑性、防止冲裂,应将工件加热到始锻温度。

(2) 试冲。为了保证孔位正确,应先试冲。即先用冲子轻轻冲出孔位的凹痕,并检查孔位是否正确。如有偏差,可将冲子放在正确的位置上再试冲一次,加以纠正。

(3) 冲深。孔位检查或修正无误后,向凹痕内撒放少许煤粉(其作用是便于拔出冲子),再继续冲深。此时应注意保持冲子与砧面垂直,防止冲歪。

(4) 冲透。一般锻件采用双面冲孔法。将孔冲到锻件厚度的 2/3~3/4 深度时,取出冲子,翻转锻件,然后从反面将孔冲透,如图 2-21 所示。较薄的工件可采用单面冲孔,如图 2-22 所示。单面冲孔时应将冲子大头朝下,漏盘的孔直径不宜过大,且须仔细对正。

4. 扩孔

扩孔是减小空心坯料的壁厚而增加其内径和外径或者只增加内径的锻造工序。其用来制环形锻件,如轴承环等。扩孔的基本方法是:

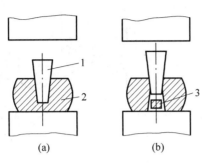
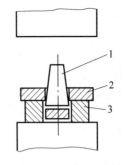

1—冲子；2—坯料；3—冲孔余料。

图 2-21 双面冲孔

（a）冲到坯料的 2/3～3/4 深度；（b）翻转坯料从反面冲穿

1—冲子；2—坯料；3—漏盘。

图 2-22 单面冲孔

1）冲头扩孔

先在坯料上冲出较小的孔，然后用直径较大的扩孔冲头依次将孔径扩大到所要求的尺寸，如图 2-23 所示。采用冲头扩孔，每次孔径增大量不宜太大，锤上扩孔为 15～30 mm，否则沿切向容易胀裂。冲头扩孔适用于锻件外径与内径之比大于 1.7 的情况。

2）芯轴扩孔

将已冲好孔的坯料套在芯轴上，芯轴放置在支撑架上，围绕圆周进行锤击，每锤一次、两次，必须旋转送进坯料。多次锤击后，壁厚减薄，内、外径增大，最后达到所需的锻件尺寸，如图 2-24 所示。用芯轴扩孔可以锻制大孔径的薄壁锻件。

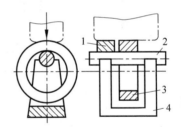

1—扩孔冲头；2—坯料；3—漏盘。

图 2-23 冲头扩孔

1—挡铁；2—芯棒；3—坯料；4—马架。

图 2-24 芯轴扩孔

用芯轴扩孔时，如果坯料加热不均匀，锤击力度不均匀，或转动送进量不均匀，都会出现锻后坯料壁厚不均匀的现象。为了防止出现上述现象，当批量生产时，可在芯轴上焊一块挡铁，限制锤击变形。挡铁的厚度等于锻件的壁厚。

5. 弯曲

弯曲是利用一定的工模具将坯料弯成所规定的外形的锻造工序，如图 2-25 所示。

6. 扭转

扭转是将坯料的一部分相对于另一部分绕其轴线旋转一定角度的锻造工序，如图 2-26 所示。扭转时，应将工件加热到始锻温度，受扭曲变形的部分必须表面光滑，面与面的相交处过渡均匀，以防扭裂。

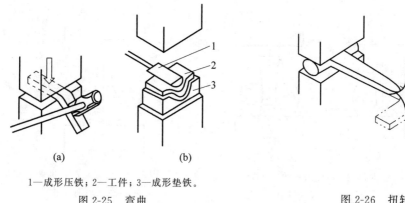

1—成形压铁；2—工件；3—成形垫铁。

图 2-25　弯曲

(a) 角度弯曲；(b) 成形弯曲

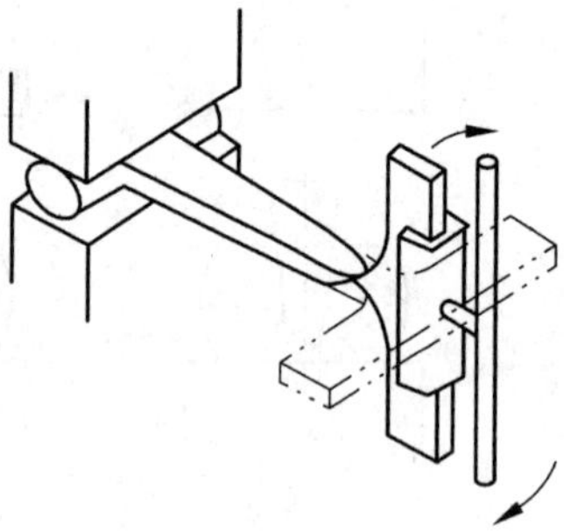

图 2-26　扭转

7. 错移

错移是将坯料的一部分相对另一部分平移错开的工序，如图 2-27 所示。先在错移部位压肩，然后加垫板及支撑，锻打错开，最后修整。

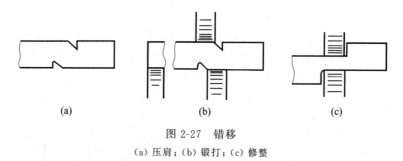

图 2-27　错移

(a) 压肩；(b) 锻打；(c) 修整

8. 切割

切割是分割坯料或切除锻件余量的工序。方形截面锻件的切割如图 2-28(a) 所示，先将剁刀垂直切入锻件，至快断开时，将锻件翻转，再用剁刀或克棍截断。

切割圆截面锻件时，要将其放在带有圆凹槽的剁垫中，边切割边旋转锻件，操作方法如图 2-28(b) 所示。

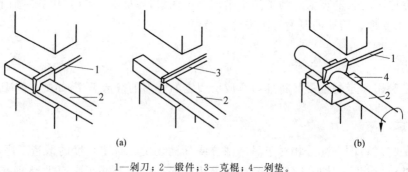

1—剁刀；2—锻件；3—克棍；4—剁垫。

图 2-28　切割

(a) 方料的切割；(b) 圆料的切割

2.3.3 自由锻典型工艺过程

自由锻变形工艺的安排主要取决于锻件的形状,不同形状类别锻件的主要变形工艺方案见表 2-2。

表 2-2 自由锻锻件的变形工艺方案

序号	类别	图例	变形工艺方案	实例
1	盘类		镦粗 局部镦粗	圆盘、小齿轮、模块等
2	轴类	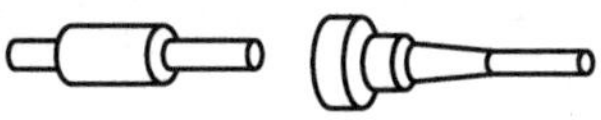	拔长 镦粗-拔长(用钢锭作为坯料时,增大锻造比) 局部镦粗-拔长(横截面相差较大的台阶轴)	传动轴、主轴、立柱、连杆、锤杆等
3	空心类		镦粗-冲孔 镦粗-冲孔-扩孔 镦粗-冲孔-芯轴拔长	圆环、法兰、齿圈、圆筒、空心轴等
4	弯曲类		轴类工序-弯曲	吊钩、弯杆、轴瓦盖等
5	复杂形状类	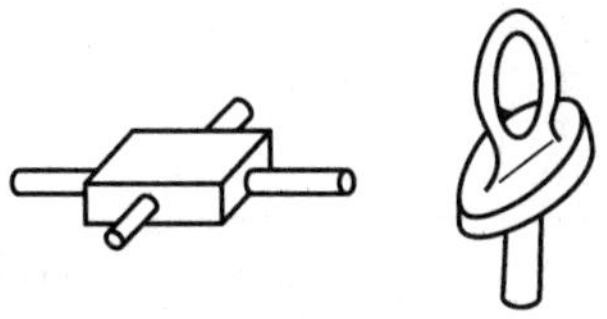	上几类锻件变形工序的组合	阀杆、叉杆、十字轴等

表 2-3 列出锤头的自由锻变形工艺过程,表中"工序简图"栏内所标注的尺寸是各工序中有关的工艺尺寸。

表 2-3 锤头自由锻的工艺过程

锻件名称	锤头	工艺类别	自由锻
材料	45	锻造设备	65 kg 空气锤
加热次数	2	锻造温度范围/℃	1200~800

锻件图:62±3, 20×20±2, 115±5, 6±1.5

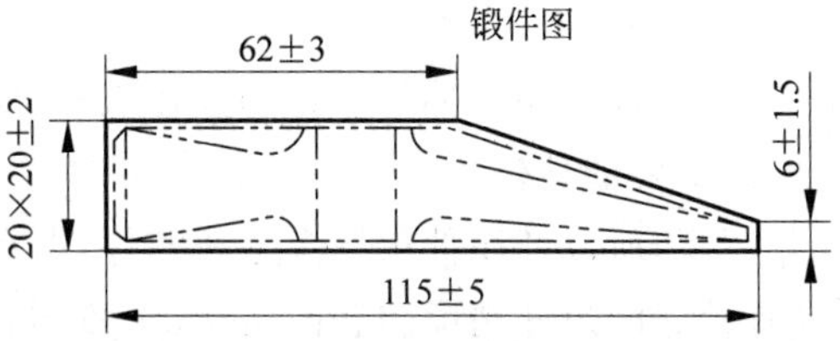

坯料图:φ25, 75

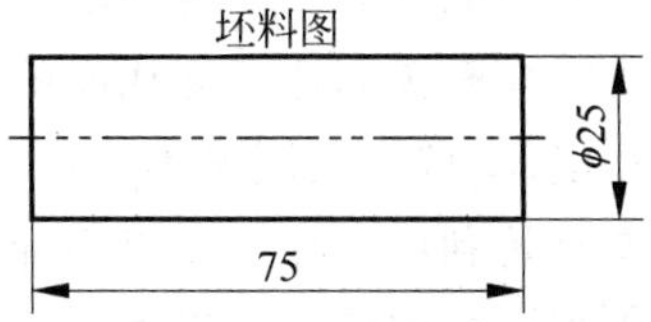

续表

序号	工序名称	工序简图	使用工具	操作要点
1	镦粗	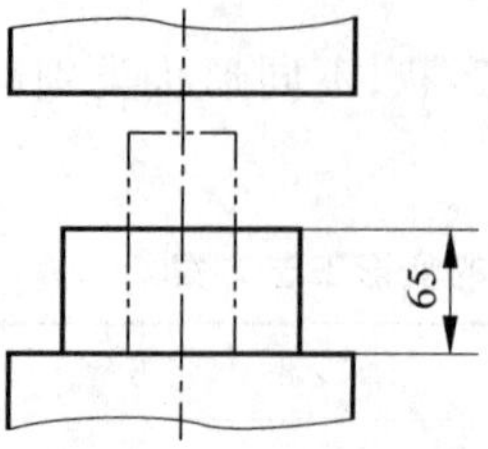	火钳	镦粗后高度为 65 mm
2	拔长	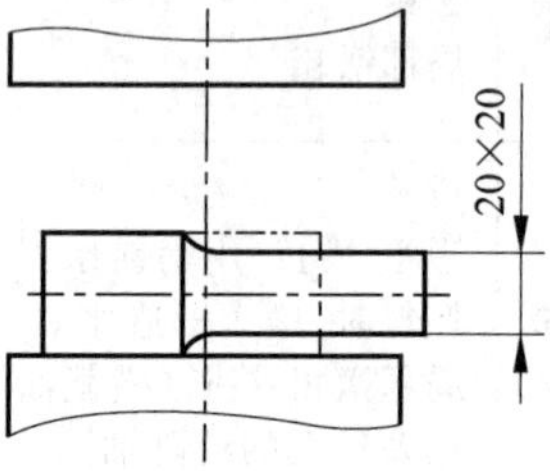	火钳	整体拔长至 20×20±2 mm
3	镦粗	略	火钳	两端镦平
4	拔长	同工序2	火钳	整体拔长至 20×20±2 mm
5	打斜面	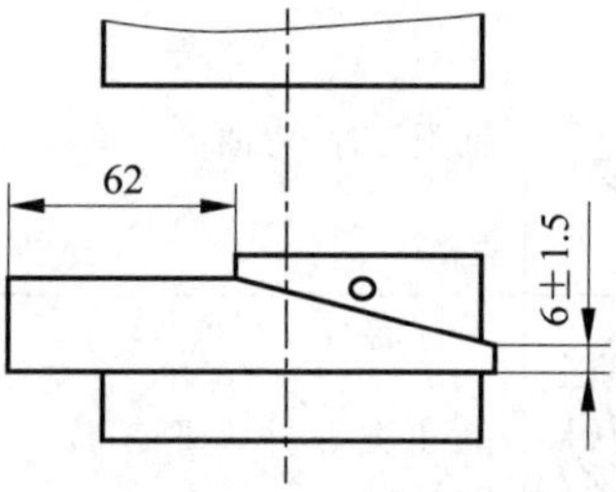	火钳 斜铁	用压铁在 63 mm 处压印，然后垫斜铁打斜面，使端部达到 (6±1.5) mm
6	修平面	略	火钳	锻件沿砧铁纵向放置，轻打至 20×20±2 mm

2.4 板料冲压

利用模具或其他工具使板料通过分离或变形而得到制件的加工方法统称为板料冲压。它主要用于加工板料零件。这种加工方法通常是在冷状态下进行的，所以又称为"冷冲压"。只有当板料厚度超过 8～10 mm 时，才采用热冲压。板料冲压常用的材料有低碳钢、低合金钢、奥氏体不锈钢、铜和铝等低强度高塑性材料。

几乎在一切有关制造金属成品的工业部门中，都广泛地应用着冲压。特别是在汽车、拖拉机、航空、电器、仪表及国防等工业中，冲压占有极其重要的地位。

冷冲压有效利用了冷变形提高冲压件的强度和刚度，所以冲压件虽然多是薄壁件，但在使用中也表现出较好的抗变形能力，而且冲压件具有较好的尺寸精度和表面质量，一般不需进行机械加工或只需进行少量机械加工即可直接使用。冲压生产具有下列特点：

(1) 可以冲压出形状复杂的零件,废料较少。
(2) 产品具有足够高的精度和较小的表面粗糙度,互换性能好。
(3) 能获得质量轻、材料消耗少、强度和刚度较高的零件。
(4) 冲压生产设备比较简单,操作也简单,工艺过程便于机械化和自动化,生产率很高,故零件成本低。

2.4.1 冲压设备

常用的冲压设备主要有剪板机、冲床和板料折弯机等。

1. 剪板机

剪板机是完成剪切工序的主要设备。图 2-29 为 Q11-6.3 型剪板机的外观图和原理图。电动机驱动飞轮轴,通过联轴器、离合器和齿轮减速系统驱动偏心轴,然后通过连杆带动上刀架,使其做上、下往复运动,进行剪切工作。偏心轴左端的凸轮驱动压料油箱内的柱塞,将压力油送向压料脚,在剪切之前压紧板料,回程时由弹簧张力使压料脚退回。

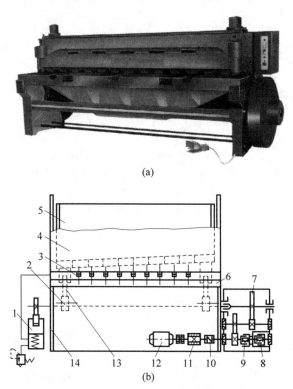

1—压料油箱;2—偏心轴;3—压料脚;4—压料梁;5—上刀架;6—下刀架;7—齿轮传动系统;
8—制动器;9—离合器;10—联轴器;11—飞轮;12—电动机;13—连杆;14—机身。

图 2-29 Q11-6.3 型剪板机结构示意图
(a) 外观图;(b) 原理图

2. 冲床

冲床是进行冲压加工的基本设备。J23-400型冲床如图2-30所示。电动机通过带传动减速系统带动大带轮转动。踩下踏板后,离合器闭合并带动曲轴旋转,再经过连杆带动滑块沿导轨做上、下往复运动,进行冲压加工。如果将踏板踩下后立即抬起,滑块冲压一次后便在制动器的作用下停止在最高位置上。如果踏板不抬起,滑块就进行连续冲压。

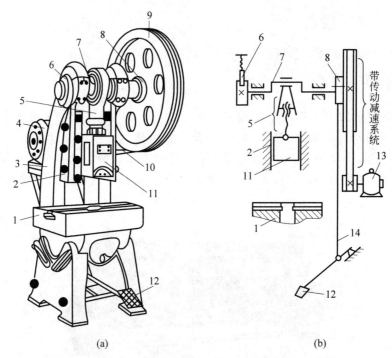

1—工作台;2—导轨;3—床身;4—电动机;5—连杆;6—制动器;7—曲轴;8—离合器;
9—带轮;10—传动皮带;11—滑块;12—踏板;13—电动机;14—拉杆。

图2-30 J23-400型冲床结构示意图
（a）外观图；(b) 原理图

3. 板料折弯机

板料折弯机是将金属板料在冷态下弯曲成形的加工机械。图2-31为WC67Y型液压板料折弯机,其主要部分是左、右两块立板,凸模固定在滑块上,两个液压缸安置于左、右两边,用来驱动滑块及凸模做上、下往复运动,凹模固定在工作台上。在机架后侧均装有后挡料系统,用来确定板料折弯处的精确位置。在折弯过程中,后挡料板的调整最为频繁,其精确定位直接影响到工件折弯边的尺寸精度。

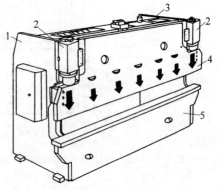

1—左立板；2—液压缸；3—右立板；
4—滑块；5—工作台。

图2-31 WC67Y型板料折弯机结构示意图

2.4.2 冲压的基本工序

冲压生产有很多种工序,各种工序的区别主要表现在坯料的受力情况和变形特征上。其基本工序可分为分离工序和成形工序两大类。

1. 分离工序

分离工序是指使毛坯的一部分与另一部分产生分离的工序,如剪切、落料、冲孔等,其工序定义及应用见表 2-4。

表 2-4 分离工序

工序	定义	简图	应用
剪切	用剪刃或冲模将板料沿不封闭轮廓分离的工序	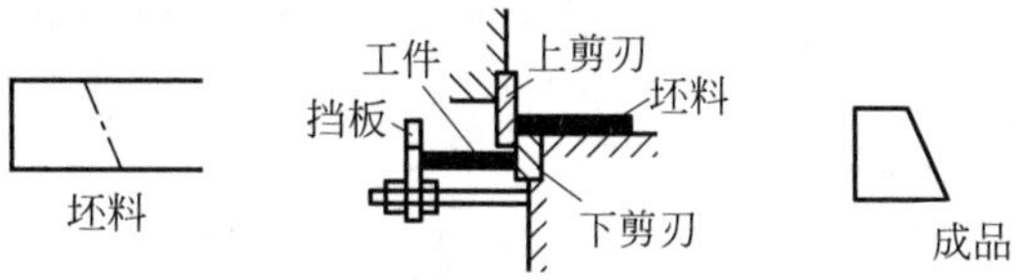	用于加工形状简单的钢板或作为其他工序的坯料
落料	用冲模使坯料沿封闭轮廓分离的工序。冲下部分是成品,剩下部分是废料。凸模和凹模间的间隙很小,刃口锋利	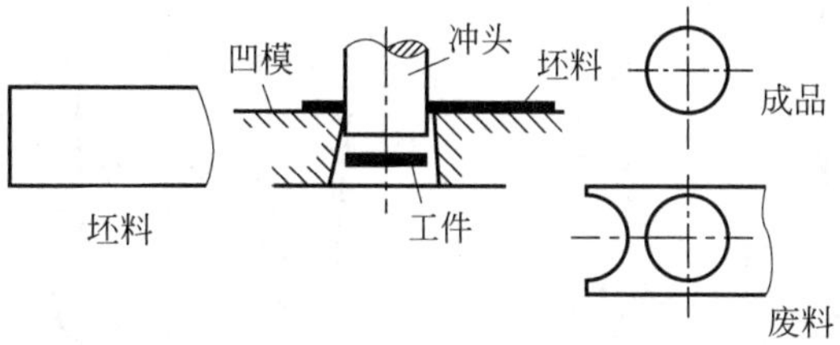	制造各种具有一定平面形状的产品或为后续变形工序准备坯料
冲孔	用冲模使坯料沿封闭轮廓分离的工序。冲下部分是废料,剩下部分是成品。凸模和凹模间的间隙很小,刃口锋利	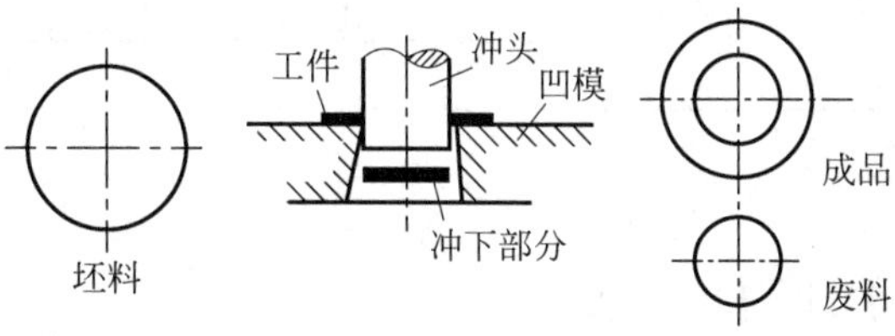	制造各种具有一定平面形状的产品或为后续变形工序准备坯料

2. 成形工序

成形工序是指坯料的一部分相对另一部分产生位移而不破裂的工序,如弯曲、拉深、翻边和胀形等。成形工序的定义及应用见表 2-5。

表 2-5 成形工序

工序	定义	简图	应用
弯曲	坯料一部分相对另一部分弯成一定角度的工序。凸模的端部和凹模的边缘必须做成圆角,以防止工件弯裂	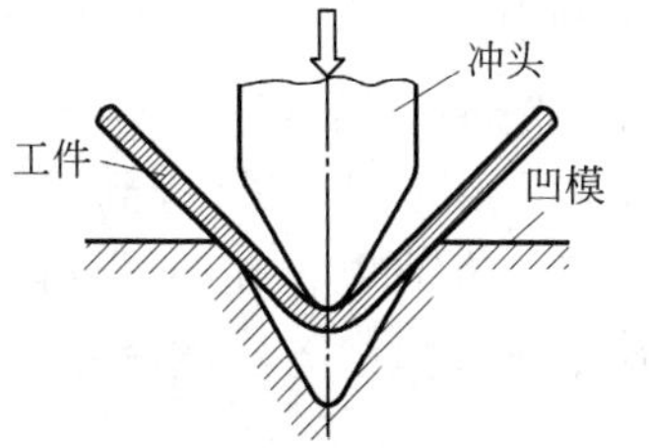	制造各种形状的弯曲件

续表

工序	定 义	简 图	应 用
拉深	把平板坯料制成中空形状零件的工序。凸模与凹模的工作部分做成圆角,凸模与凹模之间的间隙等于板厚的 1.1~1.2 倍	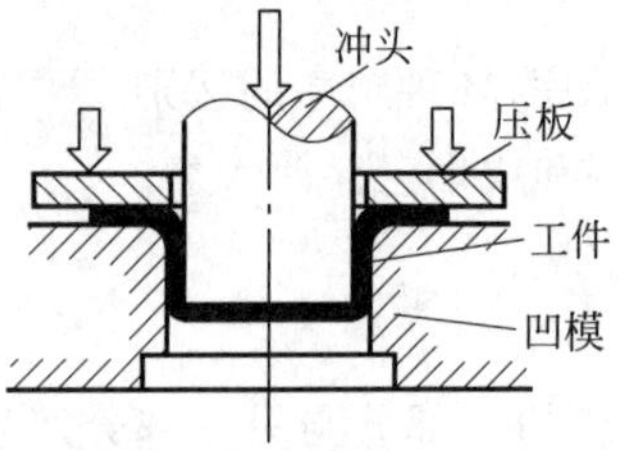	制造各种形状的中空件
翻边	在带孔的平板坯料上用扩孔的方法获得凸缘的工序。凸模圆角半径为 4~9 倍板料厚度。翻边孔的直径,要根据翻边系数来计算,否则孔的边缘会产生裂纹	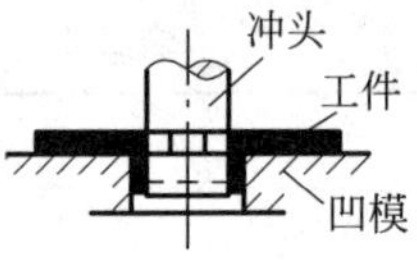	制造带凸缘或具有翻边的制件以增加产品的强度或美观度
胀形	利用坯料局部变薄形成零件的成形工序	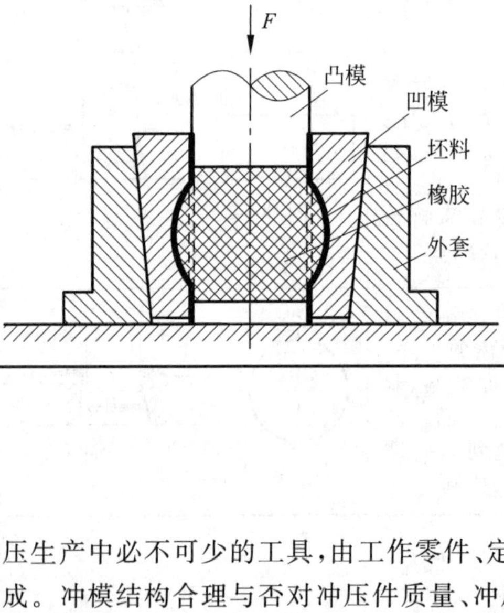	制造具有局部凸起的冲压件

2.4.3 冲压模具

冲压模具简称为"冲模",是冲压生产中必不可少的工具,由工作零件、定位零件、取料零件、导向零件和安装紧固零件等组成。冲模结构合理与否对冲压件质量、冲压生产的效率及模具寿命等都有很大的影响。常见的冲模按其结构特点分为简单模、连续模和复合模三种。

1. 简单模

简单冲模结构及工作原理

在压机一次行程中只完成一道工序的模具称为"简单模"。图 2-32 所示为落料用的简单冲模。凹模用压板固定在下模板上,下模板用螺栓固定在冲床的工作台上;凸模用压板固定在上模板上,上模板则通过模柄与冲床的滑块连接。因此,凸模可随滑块做上下运动。为了使凸模向下运动能对准凹模孔,并在凸凹模之间保持均匀间隙,通常用导柱和导套的结构。条料在凹模上沿两个导板之间送进,碰到定位销为止。凸模向下冲压时,冲下的零件(或废料)进入凹模孔,而条料因回弹夹住凸模并随凸模一起回程向上运动。条料碰到卸料板时(固定在凹模上)被推下,这样,条料继续在导料板间送进,重复上述动作,冲下第二个零件。

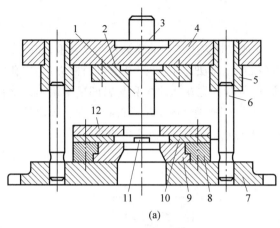
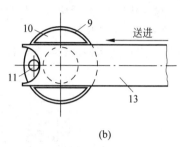

1—凸模；2—压板；3—模柄；4—上模板；5—导套；6—导柱；7—下模板；
8—压板；9—凹模；10—导料板；11—定位销；12—卸料板；13—条料。

图 2-32　简单模
（a）模具结构图；（b）送料示意图

简单模的结构简单，制造和调整方便，造价较低，生产率和产品的精度也较低，但适用面较广。其多用于形状简单、尺寸精度要求不高的小批量冲压件的生产。

2. 连续模

压机的一次行程中，在模具的不同部位上同时完成数道冲压工序的模具称为连续模，如图 2-33 所示。工作时，定位销对准预先冲出的定位孔，上模向下运动，落料凸模进行落料，冲孔凸模进行冲孔。当上模回程时，卸料板从凸模上推下残料。这时再将坯料向前送进，执行第二次冲裁。如此循环送行，每次送进距离由挡料销控制。

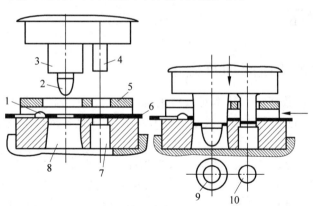

1—挡料销；2—定位销；3—落料凸模；4—冲孔凸模；5—卸料板；
6—坯料；7—冲孔凹模；8—落料凹模；9—成品；10—废料。

图 2-33　连续模

连续模生产率高、操作简单，且安全性较好，易于实现机械化和自动化，但要求坯料的定位精度高，制造麻烦，造价也高，多用于大批量冲压件的生产。

3. 复合模

在压机的一次行程中，在模具同一部位上完成二道以上工序的模具称为复合模，如图 2-34 所示。复合模的最大特点是模具中具有一个凸凹模。凸凹模的外圆是落料凸模刃口，内孔则成为拉深凹模。当滑块带着凸凹模向下运动时，条料首先在凸凹模和落料凹模中落料。落料件被下模当中的拉深凸模顶住，滑块继续向下运动，凹模随之向下运动进行拉深。顶出器和卸料器在滑块的回程中将拉深件推出模具。复合模适用于产量大、精度高的冲压件。

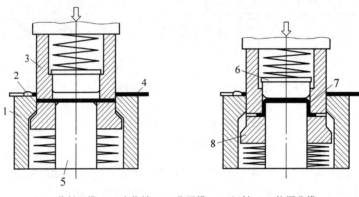

1—落料凹模；2—定位销；3—凸凹模；4—坯料；5—拉深凸模；
6—顶出器；7—拉深件；8—拉深压板（卸料板）。

图 2-34　复合模

复合模的生产率较高，产品的尺寸精度和位置精度都较高，但制造复杂，造价较高，安全性不如连续模。复合模多用于精度要求较高的大批量冲压件的生产。

2.5　数控冲压

2.5.1　数控冲压原理及应用

数控冲压是利用数字控制技术对板料进行冲压的加工方法。根据冲压件的结构和尺寸，按规定的格式、标准代码和相关数据编写出程序，冲压设备按程序顺序实现指令内容，自动完成冲压工作。

数控冲压设备称为数控冲床（或称为数控步冲压力机），如图 2-35 所示。其由控制台、工作台、夹钳送料机构（定位精度为 ±0.01 mm）和装有多套模具的回转盘（转塔模具）组成。回转盘中模具的套数称为工位数。工位数越多，数控冲床的工作能力（适应性）就越强。

1. 数控冲床工作原理

板材通过气动系统由夹钳夹紧，并由工作台上的滚珠托住，以减小板料沿工作台在 X、Y 轴方向移动时的阻力。在控制台发出的指令控制下，板材待冲部位准确移动至冲压工作位置，同时控制回转盘转动，使选定的模具也到达冲压工作位置。此时，数控系统控制机床进行冲压加工，并按加工程序进行冲压工作，直到整个工件加工完成。

1—控制台；2—工作台；3—夹钳；4—转塔模具。

图 2-35　数控步冲压力机

2. 数控冲压的特点及应用

1）数控冲压的特点

（1）可以减少专用模具的数量，从而节省工艺装备的准备时间和制造费用，缩短产品的生产周期，适应灵活多变的市场要求。

（2）减少模具的安装调试时间，提高了生产效率。

（3）产品精度高，孔距误差为±0.1 mm，重复定位精度小于±0.04 mm。

（4）减少工人的体力劳动，提高冲压加工水平。

（5）数控冲床还可以与激光切割机、等离子切割机等设备相结合，进而组成冲压加工中心，提高冲压加工自动化程度，进一步发展板材的柔性制造系统。

2）数控冲压的应用

数控步冲压力机不仅可以进行单冲（冲孔、落料）、浅成形（压印、翻边、开百叶窗等）；也可以采用步冲方式，用简单的小冲模冲出大的圆孔、方孔、任意形状的曲线孔及轮廓（见图 2-36），还可以利用组合冲裁法冲出较复杂的孔（见图 2-37 孔 1、孔 2）。数控冲床具有较强的通用性，特别适合多品种的中、小批量或单件的板料冲压，广泛应用于航空、航海、汽车、仪表、电器、计算机、纺织机械等行业。

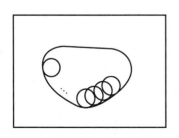

图 2-36　轮廓步冲

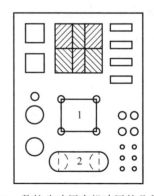

图 2-37　数控步冲压力机冲压的几种方式

2.5.2　数控冲压编程方法

不同控制系统的数控步冲压力机其数控编程格式、功能字含义会有部分不同。下文以

8025PG 数控系统为例介绍数控冲压编程方法。

1. 数控冲压编程格式

常规加工程序由程序号、程序主体和程序结束功能字组成。程序号必须在 0～9998,置于第一个程序段之前,作为一个程序的开始。如果从外部设备(计算机)输入程序,在程序号前要使用符号%(如%O0003),单列一段。程序结束功能字可用 M02 或 M30。

程序主体由一些程序段组成。程序段格式见表 2-6。

表 2-6 程序段格式

程序段号字	准备功能字	尺寸字		模具功能字	辅助功能字
		X 坐标	Y 坐标		
N××	G××	±X××××	±Y××××	T××	M××

程序段号字由地址符 N 和随后的 0～9999 之间的数字构成。程序段必须从小到大排列,但是程序段号可以不连续,以便于程序的插入和修改。

准备功能字用 G 和其后 2 位正整数数字(包括 00)表示。它用来确定 CNC 的工作状态。各数控系统的 G 准备功能字含义相差很大,编程时必须按所使用数控系统的编程规定进行编程。

尺寸字在程序段中主要用来表示数控压力机的模具运动到达的坐标位置。数控压力机常用的尺寸字地址符有:X、Y 常用于表示直角坐标系下指令到达点的直角坐标尺寸。

模具功能字用地址符 T 和随后的 1～2 位数字表示,它代表所使用模具的几何尺寸。辅助功能字由地址符 M 及随后的 2 位数字组成,用来表示数控压力机辅助装置的接通和断开,表示压力机各种辅助动作及其状态。

2. 常用的功能字及其含义

数控冲压常用功能字及其含义见表 2-7。

表 2-7 数控冲压常用的功能字及其含义

功能字	功能含义	功能字	功能含义
M00	程序暂停	G81	点冲
M02	程序结束	G90	绝对坐标方式编程
M30	返回程序起点的程序结束	G91	增量坐标方式编程
G40	取消半径补偿	G92	将当前点定义为编程坐标原点
G41	左侧半径补偿	G93	极坐标原点的预选
G42	右侧半径补偿	G99	刀具停在程序中间
G53	恢复机床坐标	T	刀具号

3. 数控冲床编程坐标系的设定

1) 工件坐标和编程坐标

坐标系分为工件坐标系和编程坐标系。工件坐标系是假定工件(板材)不运动,回转头

上的冲压工作点 P 运动，X、Y 轴在水平面上，Z 轴与 X、Y 轴水平面垂直，向上运动为 $+Z$ 方向(见图 2-38)。坐标原点选择在板材的左下角点。圆冲头的 P 点在圆心上，方冲头的 P 点在两对角线的交点上。图中所示的安全区是为了避免刀具冲压到固定工件用的夹具而设定的。为简化编程，预先定义 Y 轴 0～100 mm 范围内禁止冲压。

数控编程时还需要建立编程坐标系。编程坐标系 X、Y、Z 轴与工件坐标系方向相同，坐标原点可以选择在工件坐标系原点。但是实际冲压时常在同一张板材上冲压几个相同图形。如果几个工件的编程坐标原点都选在工件坐标原点上，各个相同的图形其加工程序相同，而因在板材上的位置不同，所以需要重新分别编写尺寸字。

G92 功能可以移动编程坐标原点，将 G92 后输入的坐标值作为新的编程坐标原点，建立分坐标。这样做使板材内各相同的局部图形在各分坐标内，加工程序保持一致，从而简化了编程工作。G53 功能则用来取消分坐标，恢复工件坐标原点。

2) 绝对坐标方式编程和增量坐标方式编程

G90 为绝对坐标方式编程，程序中尺寸字是以相对编程坐标原点的坐标值写入，开机后，CNC 系统默认为绝对坐标方式编程；G91 为增量坐标方式编程，程序中尺寸字是以相对上一点的坐标增量值写入。

4. 点、圆弧及直线综合图形编程实例

如图 2-39 所示，XOY 表示工件坐标系，$X_G O_G Y_G$ 表示编程坐标系。

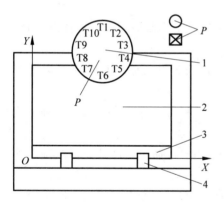

1—回转头；2—板材；3—安全区；4—夹钳。

图 2-38 编程坐标

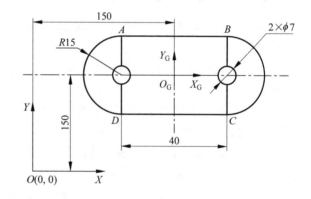

图 2-39 点、圆弧及直线综合图形

加工程序如下：

```
% O0003;              (程序号)
N0    G90X150Y150;    (绝对坐标编程,当前点为 X=150,Y=150)
N10   G92X0Y0;        (将当前点 X=150,Y=150 定义为编程坐标系坐标原点)
N20   T2;             (选择 φ7 圆形模具)
N30   G81X20Y0;       (点冲右侧 φ7 圆孔)
N40   X-20Y0;         (点冲左侧 φ7 圆孔)
N50   G80;            (取消 G81 点冲模态)
N60   X20Y0;          (指定右侧弧形步冲圆心为 X=20,Y=0)
N70   G83X20Y18.5B-180I2;  (弧形步冲 BC 段圆弧,起始点为 B 点,Y=18.5 为 15 加圆冲头半径
```

```
N80    X-20Y0;                  (指定左侧弧形步冲圆心 X=-20,Y=0)
N90    G83R18.5A90B180I2;       (弧形步冲 AD 段圆弧,起始点为 A 点,极径 R=18.5,极角 A=90°,圆
                                 弧中心角为逆时针180°,步距为2)
N100   T4;                      (选择4×4方形模具)
N110   X20Y17;                  (定义直线步冲起始点为 B 点,X=20,Y=17)
N120   G82X-20Y17I4;            (直线步冲结束点为 A 点,X=-20,Y=17,步距为4)
N130   X20Y-17;                 (定义直线步冲起始点为 C 点 X=20,Y=-17)
N140   G82X-20Y-17I4;           (直线步冲结束点为 D 点 X=-20,Y=-17,步距为4)
N150   G53;                     (恢复机床坐标原点)
N160   M30;                     (程序结束)
```

(上接：3.5,圆弧中心角为顺时针180°,步距为2)

2.6 塑性成形加工安全要求

在材料成形工艺中,塑性成形是相对危险的工艺方法,尤其以锻造成形和冲压成形更为显著。工程训练中的塑性成形安全操作规程,是工程训练安全保障体系的重要内容。本节重点介绍塑性成形时锻造安全操作规程和冲压安全操作规程。

2.6.1 锻造安全操作规程

(1) 锻造操作前,要穿好工作服,戴好安全帽和护目镜。工作服应当很好地遮蔽身体,以防烫伤。

(2) 检查所用的工具、模具是否牢固、良好、齐备;气压表等仪表是否正常,油压是否符合规定。

(3) 设备开动前,应检查电气装置、防护装置,接触器等是否良好,空车试运转,确认无误后,方可进行工作。

(4) 使用的风冷设备(如轴流风机等)使用前一定要检查,以防风机叶片脱落或漏电伤人。移动时叶片应完全停止转动。

(5) 工作中应经常检查设备、工具、模具等,尤其是受力部位是否有损伤、松动、裂纹等问题。发现问题要及时修理或更换,严禁机床带病作业。

(6) 锻件在传送时不得随意投掷,以防烫伤、砸伤。锻件必须用钳子夹牢后再进行传送。

(7) 掌钳人员在操作时,钳柄应在人体两侧,不要将钳柄对准人体的腹部或其他部位,以免钳子突然飞出。造成伤害。

(8) 在工作中,操作者不得用手或脚直接清除锻件上的氧化皮或推传工件。

(9) 锻件及工具不得放在人行通道上或靠近机械传送带旁,以保持道路畅通。锻件应平稳地放在指定地点。堆放不能过高,以防突然倒塌,砸伤、压伤人。

(10) 易燃易爆物品不准放在加热炉或热锻件近旁。

(11) 除工作现场操作人员外,严禁无关人员近距离观看,防止工件飞出击伤人。

(12) 工作完毕后,关闭液压、气压装置,切断电源。清理现场,保持环境整洁。

2.6.2 冲压安全操作规程

（1）操作前应穿戴好劳动护具。

（2）开车前应详细检查机床各转动部位安全装置是否良好，主要紧固螺钉有无松动，模具有无裂纹，工作机构、自动停止装置、离合器、制动器是否正常，润滑系统有无堵塞或缺油，并进行空车试验，如有迟滞、连冲现象或其他故障时要及时排除，禁止带病作业。

（3）安装模具，必须将滑块开到下死点，闭合高度必须正确，尽量避免偏心载荷，模具必须紧固，并通过试压检查。

（4）使用的工具零件要清理干净，冲压工具应按规定使用。

（5）工作中注意力要集中，严禁将手和工具等物伸进危险区域内，取放小工件要用专用工具操作。

（6）工作中冲床的转动部位和模具不准用锤打或用手去擦。工件如黏在模具上、模具上有脏物、往模具上注油时，必须用专用工具进行。

（7）发现冲床运转或声响异常（如连击爆裂声）应停止送料，检查原因，如果是冲模有毛病或零件堵塞在模具内，均需清理。转动部件松动、操作装置失灵等均应停车检修。

（8）每次冲完一个工件时，手和脚必须离开按钮或踏板，以防误操作。凡有脚踏板的冲床，须有脚踏板垫铁，不操作或工作完毕时，一定要将垫铁垫在闸板上。

（9）如发现冲头有自动落下，或有连冲现象时，应立即停车检查修理，决不准带病运行。

（10）机床在运转过程中，严禁到转动部位检查与修理。需到机床顶部工作时，必须停车关闭电源，下边有人监护才可进行。

（11）两人以上操作时，应定人开车，要相互配合协调一致。

（12）液压冲床的各种仪表要保持正确灵敏。

（13）工作完毕滑块应在落下位置，将模具落靠好，然后断开电源（或水源），并进行必要的清扫。

习题 2

2-1 什么是塑性成形？其产品主要包括哪几类？

2-2 塑性变形主要有哪些特点？

2-3 塑性成形主要有哪些方法？

2-4 锻造前加热的目的主要是什么？

2-5 什么是始锻温度？什么是终锻温度？低碳钢的始锻温度和终锻温度是多少？

2-6 加热过程中主要会出现哪些缺陷？

2-7 加热的主要方法有哪些？

2-8 自由锻的主要设备有哪些？锤和压力机吨位（公称压力）的定义有何不同？

2-9 自由锻的基本工序主要包括哪些？

2-10 镦粗时常出现什么缺陷？如何预防和矫正？

2-11 拔长时的操作要点有哪些？

2-12 锻件冲孔不用漏盘时,为什么不能一次将锻件冲透?
2-13 板料冲压具有哪些特点?
2-14 冲压的基本工序有哪些?
2-15 说明分离工序和成形工序的区别。
2-16 冲压模具分哪几类?如何区分?
2-17 什么是数控冲压?与普通冲压的本质区别是什么?
2-18 数控冲压有哪些优点?
2-19 锻造操作时应注意哪些方面的安全?
2-20 冲压加工时,操作冲床应注意哪些方面的安全?

自测题

第3章

材料连接成形

【本章导读】 在机械设备、机车车辆、飞机与航天器、工程结构(如桥梁、塔吊)等的设计制造中,经常需要将由各种材料加工成形的、处于分离状态的工件,通过一定的方法连接成为一个整体,使之成为具有预定设计功能的零部件或产品,可见,材料连接成形是工业生产中一项基本的工程技术。本章对机械制造与工程结构建造中的材料连接成形方法进行简要介绍,主要讨论材料连接成形方法中的焊接成形技术与工艺方法。实践教学环节中,学生亲身实践焊条电弧焊操作,对焊条、弧焊机、焊接参数调整、焊接操作方法和焊接过程有深入了解,也可以在操作之前进行焊接虚拟操作训练,同时在现场了解或体验CO_2气体保护焊、氩弧焊、钎焊、气焊气割、等离子弧焊与切割、激光焊、机器人焊接等,深入认识焊接过程的环境污染问题及改善焊接安全与环保的措施。

3.1 材料连接成形概述

3.1.1 材料连接成形方法分类

在机械设备和工程结构的制造加工过程中,材料的连接成形有很多种方法,常见的材料连接成形方法一般分为可拆卸连接和不可拆卸连接。

1. 材料的可拆卸连接

在制造加工过程中,若工件在连接成形之后,将其拆卸时不破坏连接中的任何工件,且重新连接起来后其功能也不会受到影响,这种连接方法称为可拆卸连接。常见的可拆卸连接有螺栓连接、键连接、销连接等,如图3-1所示。

2. 材料的不可拆卸连接

在制造加工过程中,若工件在连接成形之后,拆卸时至少会损伤连接中的一个工件,且重新连接起来后其使用性能一般会受到影响,则这种连接方法称为不可拆卸连接。常见的不可拆卸连接有焊接连接、铆钉连接、胶粘连接等,如图3-2所示。

 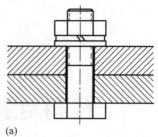

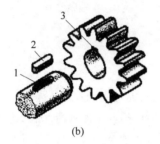

1—轴上的键槽；2—平键；3—轮上的键槽。

图 3-1　可拆卸连接方法

(a) 螺栓连接；(b) 键连接；(c) 销连接

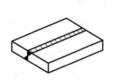

平板焊接　　　　管道焊接

(a)

 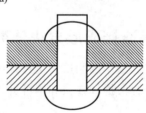

(b)

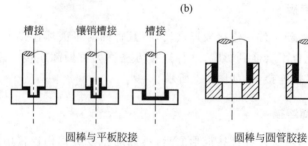 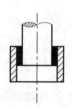

圆棒与平板胶接　　　　圆棒与圆管胶接

(c)

图 3-2　不可拆卸连接方法

(a) 焊接连接；(b) 铆钉连接；(c) 胶粘连接

3.1.2 焊接连接

1. 焊接的概念

焊接是采用加热或加压,使用(或不使用)填充材料,借助于材料原子(分子)的结合与扩散作用,使分离的两部分固态材料产生原子(分子)间的结合而牢固地连成一体的加工方法。焊接是一种不可拆卸的连接。

2. 焊接的特点与应用

焊接有连接性能好、省工省料、成本低、质量轻、工艺简单、焊缝密封性好,便于实现自动化、智能化与焊接计算机集成制造系统(CIMS)等优点。

在机械制造工业中,焊接广泛应用于制造各种金属结构,如厂房屋架、桥梁、船体、机车车辆、汽车、飞机、火箭、锅炉、压力容器、管道、起重机等;焊接也常用于制造机器零件(或零件毛坯),如重型机械设备的机架、底座、箱体、轴、齿轮等;焊接还常用于修补铸件、锻件缺陷和局部受损坏的零件;对于一些单件生产的特大型零件或毛坯,可通过焊接以小拼大,从而简化工艺。

焊接不仅适应于金属材料,同样适应于非金属材料。焊接在工业生产中的技术、经济意义十分显著。

3. 焊接的分类

焊接的方法有很多,按照焊接过程的特点,可以分为熔化焊、压力焊和钎焊三类。

熔化焊:熔化焊是将焊件的连接部位局部加热至熔化状态,加入填充金属,随后冷却凝固连成一体。常用的熔化焊有电弧焊、气焊等。

压力焊:压力焊是对焊件施加压力,使两个接合面紧密地接触并产生一定的塑性变形,使两个接合面连接成为一体。常用的压力焊有摩擦焊、冷压焊、超声波焊等。

钎焊:钎焊是采用低熔点的填充金属为钎料,同时将被焊件和钎料加热,钎焊过程中被焊件不熔化,钎料熔化填充到焊缝中,冷却凝固后使工件连接成为一体。常用的钎焊有软钎焊、硬钎焊等。

常用的焊接方法分类如图 3-3 所示。

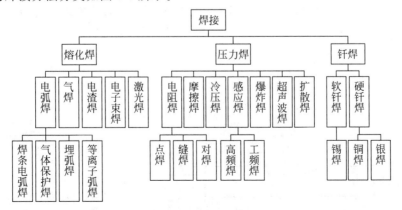

图 3-3 焊接方法分类

3.2 常用工业焊接方法

工业生产中常用的焊接方法有焊条电弧焊、CO_2 气体保护焊、钎焊、电阻焊、氩弧焊、埋弧焊、等离子弧焊与切割等。

3.2.1 焊条电弧焊

焊条电弧焊是利用焊条与工件间产生的电弧热,将工件和焊条熔化而进行焊接的一种焊接方法。

焊条电弧焊可以在室内、室外、高空和各种焊接场地进行,设备简单,容易维护,焊钳小,使用灵活、方便。焊条电弧焊适宜于焊接厚度为 2 mm 以上各种形状结构的高强度钢、铸钢、铸铁和非铁金属,其焊接接头可与工件(母材)的强度相近,是焊接生产中应用最广泛的一种焊接方法。

焊接电弧

1. 焊接电弧

焊接电弧是两个电极间的气体在电压或热的作用下被电离而产生持久放电的现象。

焊接时,将焊条与焊件接触后很快拉开(相距 2~6 mm),在焊条端部和焊件之间立即产生明亮的电弧。焊接电弧不但能量大,而且连续持久。因此,焊接电弧是"由焊接电源供给的、具有一定电压的两电极间或电极与焊件间,在气体介质中产生的强烈而持久的放电现象"。

焊接电弧不同于一般电弧,它有一个从点到面的几何轮廓,点是电极电弧的端部,面是电弧覆盖工件的面积,电弧由电极(如电焊条)端部扩展到工件。如图 3-4 所示,电弧分为三部分,即阴极区、弧柱区和阳极区,其中弧柱区压降最大,长度最长。

2. 焊接接头与焊缝

熔化焊的焊接接头如图 3-5 所示。被焊的工件材料称为母材;焊接过程中局部受热熔化的金属冷却凝固后形成焊缝;焊缝两侧的母材受焊接加热的影响,引起金属内部组织和力学性能变化的区域,称为焊接热影响区;焊缝和热影响区的分界线称为熔合线;焊缝和热影响区一起构成焊接接头。

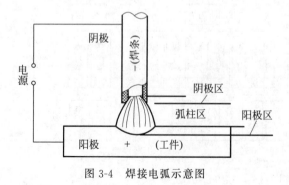

图 3-4 焊接电弧示意图

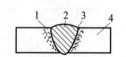

1—热影响区;2—焊缝金属;
3—熔合区;4—母材。

图 3-5 熔化焊焊接接头

焊缝各部分的名称如图 3-6 所示。焊缝表面上的鱼鳞状波纹为焊波；焊缝表面与母材的交界处称为焊趾；超出母材表面焊趾连线上面的那部分焊缝金属的高度称为余高；单道焊缝横截面中，两焊趾之间的距离称为焊缝宽度，也叫"熔宽"；在焊接接头横截面上，母材熔化的深度称为熔深。

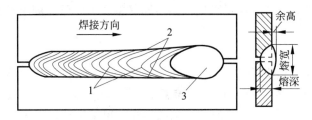

1—焊波；2—焊趾；3—弧坑。

图 3-6　焊缝各部分的名称

3. 焊接过程

焊条电弧焊的焊接过程如图 3-7 所示。焊接前，把焊钳和焊件分别接到弧焊机输出端的两极，并用焊钳夹持焊条；焊接时，在焊条与焊件之间引出电弧，由于电弧产生高温（弧柱区温度可达 5000～8000℃）而使焊条和焊件同时熔化，形成熔池。随着电弧沿焊接方向移动，熔池金属迅速冷却而凝固成焊缝。

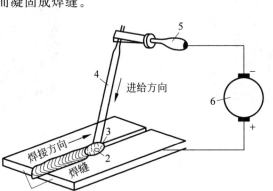

1—工件；2—熔池；3—电弧；4—焊条；5—焊钳；6—弧焊机。

图 3-7　焊条电弧焊过程示意图

4. 弧焊机

1）弧焊机的要求

为了便于焊接操作，弧焊机必须满足下列要求：

（1）容易引弧。弧焊机的空载电压（未焊接时的输出端电压）有一定的要求，对于交流弧焊机应为 $U_{交}=60\sim80$ V、直流焊弧机应为 $U_{直}=50\sim90$ V，以便于引燃电弧。

（2）提供焊接工作电压。焊接过程中，电弧长度不断变化，电弧电压也随之不断产生变化，为使焊接电弧连续燃烧，应提供适当的电弧工作电压。电弧电压与电弧长度密切相关，正常焊接条件下，焊接电弧工作电压保持在 15～35 V 范围内。

(3) 焊接过程稳定。焊接过程中,频繁地出现短路和弧长变化现象,所以要求弧焊机在焊接短路时迅速引燃电弧,而在弧长不断变化时能够自动而迅速地恢复到稳定燃烧的状态。这就要求焊接电源的外特性是陡降的。

(4) 短路电流不能太大。以免引起弧焊机过载和金属飞溅严重。

(5) 焊接电流能够调节。这样可以根据不同材料和不同厚度的工件选择所需的焊接电流大小。

2) 弧焊机的种类

(1) 交流弧焊机。交流弧焊机实际上是一种有一定特性的降压变压器,因此又称为"弧焊变压器"。图3-8所示是一种常用的交流弧焊机,其型号为BX1-500。型号中"B"表示弧焊变压器,"X"表示下降外特性(电源输出端电压与输出端电流的关系称为电源的外特性),"1"为系列品种序号,"500"表示弧焊变压器的额定焊接电流为500 A。

(2) 直流弧焊机。直流弧焊机是供给焊接用直流电的电源设备,图3-9所示为常用的逆变式直流弧焊机ZX7-200,型号中的"Z"表示输出电流为直流,"X"表示电源是下降外特性,"7"表示逆变技术,"200"表示该直流弧焊机的额定焊接电流为200 A。

图3-8 交流弧焊机

图3-9 逆变式直流弧焊机

3) 弧焊机的选用

选用弧焊机时,首先根据焊条药皮类型选择弧焊机种类。低氢型碱性焊条必须选用直流弧焊机,以保证电弧能稳定燃烧。酸性焊条既可使用交流弧焊机也可使用直流弧焊机,但从经济方面考虑,一般选用结构简单、价格较低的交流弧焊机。其次,根据焊接产品所需要的焊接电流范围和实际负载持续率选择弧焊机额定电流。最后,根据工作条件和节能要求选择弧焊机。另外,在维修性的焊接工作条件下,由于焊缝不长,连续使用电源的时间较短,可选用额定负载率较低的弧焊机;在需要经常移动的场合,最好选用体积小、质量轻的弧焊机。

5. 焊条

焊条是焊条电弧焊的焊接材料,它由焊芯和药皮组成,如图3-10所示。

焊芯是专门用于焊接的金属丝,具有一定的直径和长度,直径有$\phi 1.6$、$\phi 2.0$、$\phi 2.5$、$\phi 3.2$、$\phi 4.0$、$\phi 5.0$、$\phi 6.0$等几种,长度为250 mm、300 mm、350 mm、400 mm、450 mm等几种。焊芯的直径与长度即是焊条的直径与长度。

焊条有十大类,分别用于焊接不同的金属焊件,常用的有结构钢焊条、不锈钢焊条、铸铁

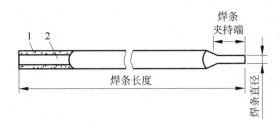

1—药皮；2—焊芯。

图 3-10 电焊条的组成

焊条、镍和镍合金焊条、铜和铜合金焊条、铝和铝合金焊条等。焊芯的材料与被焊件的材料（母材）必须相同或相近，焊芯材料的杂质含量要低，质量要高。例如，常用的结构钢焊条的焊芯是专门冶炼的优质或高级优质钢，常用牌号有 H08、H08A 等。

焊芯在焊接时有两个作用：一是作为电极产生电弧和传导焊接电流；二是熔化后作为填充焊缝的金属材料，与熔化的母材一起凝固后形成焊缝。

药皮是焊芯表面上的涂料层，它由一定成分的矿石粉和铁合金粉按比例配制而成。药皮的作用为：

（1）改善焊接工艺性能。使电弧易于引燃，保持电弧稳定燃烧，减少飞溅和有利于焊缝成形。

（2）保护熔池。由于电弧的高温作用，药皮分解产生大量气体并形成熔渣，能保护熔化的金属不被氧化，并去除有害的氢、磷、硫等杂质。

（3）向焊缝渗入有益合金元素。如向焊缝渗入锰、铬、钨等，提高焊缝力学性能。

按照焊条药皮焊接后形成的熔渣性质，可以将焊条分为酸性焊条和碱性焊条两个类别。酸性焊条形成的熔渣以酸性氧化物（如 SiO_2 等）为主，碱性焊条形成的熔渣以碱性氧化物（如 CaO 等）为主。

常用的酸性焊条有 E4303（旧牌号为 J422）、E5001（J503）等；常用的碱性焊条有 E4315（J427）、E5015（J507）等。型号中 E 表示焊条，后面的第一、二位数字代表焊缝金属的抗拉强度大小，第三位数字代表焊接空间位置。如 E4303 表示为结构钢焊条，焊接后焊缝强度可达 430 MPa，"0"表示可全方位焊接，第三位和第四位数字组合起来表示焊接电流种类及药皮类型，03 表示药皮为钛钙型（属酸性），可以是交流、直流两用。

6. 焊接参数与电弧焊工艺

1）焊接参数

焊接参数包括选择合适的焊条直径、焊接电流、焊接速度和电弧长度，焊接参数的正确调节是获得良好焊接质量的基础。

（1）焊条直径。焊条直径是根据焊件的厚度来选择的，表 3-1 是平焊时板厚与焊条直径的关系。立焊、横焊或仰焊时，焊条直径应比平焊小一些。

表 3-1 平焊时根据板厚选择焊条直径

焊件厚度/mm	2	3	4～5	6～12	＞12
焊条直径/mm	2	3.2	3.2 或 4	4 或 5	4～6

(2) 焊接电流。焊接电流要根据焊条直径来确定。在焊接低碳钢与低合金钢时,焊接电流与焊条直径在数值上(即不考虑等式两边的单位)的关系为

$$I = (30 \sim 50)d$$

式中,I 为焊接电流,A;d 为焊条直径,mm。

在实际施焊时,要根据焊件厚度、焊条种类、焊接位置等因素,通过试焊来调整焊接电流的大小。焊接电流太小,电弧不易引燃,燃烧不稳定,熔宽与熔深减小,焊缝成形不良;焊接电流太大,则燃烧剧烈,飞溅增多,熔宽与熔深增加,焊薄件时容易烧穿。焊接电流的大小通过弧焊机的调节手柄在施焊前调节。

(3) 焊接速度。焊接速度是指单位时间内完成的焊池长度。焊条电弧焊中,焊接速度由焊工凭经验来掌握。焊接速度太慢时,熔宽与熔深增加,焊薄板时容易烧穿;焊接速度太快时,熔宽与熔深减小,焊缝成形不良。

(4) 电弧长度。电弧长度是焊芯端部与熔池之间的距离。一般要求电弧长小于或等于焊条直径。电弧过长,燃烧不稳定,熔深减小,容易产生焊接缺陷。

2) 焊接操作

(1) 引弧。引弧时,将焊条末端与工件表面接触形成短路,然后迅速将焊条向上提起,电弧即引燃。引燃方法有敲击法和摩擦法两种,如图 3-11 所示。初学者在引弧时,常会出现黏条现象,此时应将焊条左右摆动,然后立即拉开,使焊条与焊件脱离。

(2) 运条。初学焊接,要掌握好焊条角度(见图 3-12)和运条基本动作(见图 3-13)。焊条有三种运动:焊条下降、前进和横向摆动。图 3-14 是焊条前进和横向摆动的几种运条方式。

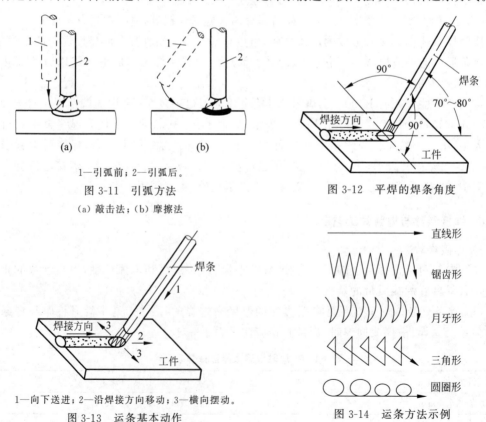

1—引弧前;2—引弧后。

图 3-11 引弧方法
(a) 敲击法;(b) 摩擦法

图 3-12 平焊的焊条角度

1—向下送进;2—沿焊接方向移动;3—横向摆动。

图 3-13 运条基本动作

图 3-14 运条方法示例

(3) 多层焊。焊接较厚的焊件时,焊缝不可能一次成形,需要采用多层焊(见图3-15)。图中数字(1,2,…,9)表示施焊时工序层次(道次)的顺序。多层焊时,每焊完一道焊波,必须仔细清理后再继续施焊下一道焊波,否则易形成夹渣等焊接缺陷。

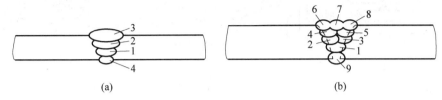

图 3-15　对接平焊的多层焊

(a)多层焊;(b)多层多道焊

3) 接头形式与坡口形状

(1) 接头形式。焊条电弧焊可以采用不同的接头形式,常见的有对接接头、搭接接头、角接接头与T形接头等。

(2) 坡口形状。为了保证焊透,大于6 mm厚度的焊件都要开坡口,即将待焊工件接头处加工成一定的几何形状。为了便于施焊和防止烧穿,坡口的下部要留有2 mm的直边,称为钝边。图3-16是常见的接头形式与坡口形状。

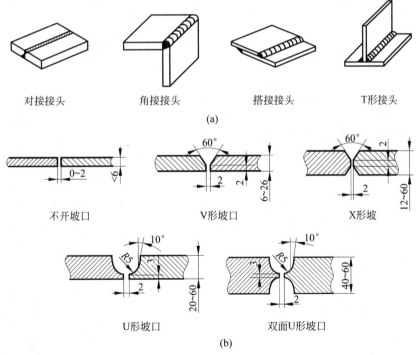

图 3-16　焊条电弧焊的接头形式与坡口形状

(a)接头形式;(b)坡口形状

7. 焊接的空间位置

焊接的空间位置有平焊、立焊、横焊和仰焊,如图3-17所示。其中平焊操作最方便,容易获得优质焊缝。立焊和横焊操作较难,而仰焊操作最难。

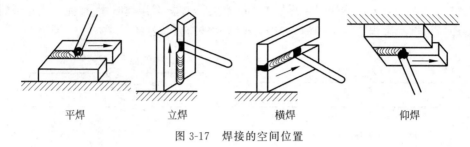

平焊　　　立焊　　　横焊　　　仰焊

图 3-17　焊接的空间位置

8. 焊接工序

表 3-2 列出了钢板对接平焊操作的工序安排,可供参考。

表 3-2　钢板对接平焊工序

步　骤	说　明	附　图
备料	划线,用剪切或气割方法下料,调直钢板	
坡口准备	钢板厚 4~6 mm,可采用 I 形坡口双面焊,接口必须平整	第一面 / 第二面
焊前清理	清除铁锈、油污等	三面平、直、垂直；20~30；清除干净
装配	将两板水平放置,对齐,留 1~2 mm 间隙	1~2 mm
点固	用焊条点固,固定两工件的相对位置,点固后除渣。如工件较长,可每隔 30 mm 左右点固一次	30 mm；30 mm；10~15 mm
焊接	(1) 选择合适的工艺参数; (2) 先焊点固面的反面,使熔深大于板厚(δ)的一半,焊后除渣; (3) 翻转工件,焊另一面	飞溅；$>\delta/2$
焊后清理	用钢丝刷等工具把焊件表面的飞溅等清理干净	
检验	用外观方法检查焊缝质量,若有缺陷,应尽可能补焊	

3.2.2 CO_2 气体保护焊

CO_2 气体保护焊是以 CO_2 (或采用 CO_2 + Ar 的混合气体)为保护气体进行焊接的一种电弧焊方法,如图 3-18 所示。CO_2 气体保护焊按操作方法不同可分为自动焊及半自动焊两种,生产上应用最多的是半自动焊;按照焊丝直径可分为细丝焊和粗丝焊两种。细丝焊的焊丝直径小于 $\phi 1.6$ mm,工艺比较成熟,适于薄板焊接;粗丝焊采用的焊丝直径大于或等于 $\phi 1.6$ mm,适于中厚板的焊接。

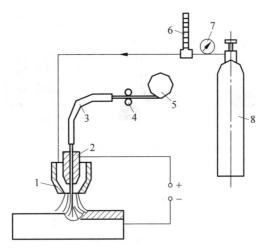

1—焊炬喷嘴;2—导电嘴;3—送丝软管;4—送丝机构;5—焊丝卷;6—流量计;7—减压器;8—CO_2 气瓶。

图 3-18 CO_2 气体保护焊示意图

1. CO_2 气体保护焊的工艺方法

1) CO_2 气体保护焊的熔滴过渡形式

在 CO_2 保护焊中,焊丝的作用与焊条一样:一是焊丝作为电极产生电弧和传导焊接电流;二是焊丝熔化后填充到熔池中,与熔化的母材一起凝固后形成焊缝。焊丝熔化后的熔滴过渡分为短路过渡、颗粒状过渡两种形式,实际生产中有效应用的是短路过渡与细颗粒状过渡。

(1) 短路过渡。CO_2 气体保护焊采用小电流、低电压焊接时,熔滴呈短路过渡。由于电压低,电弧较短,熔滴尚未长大成形即与熔池接触发生短路,此时电弧熄灭,而形成短路液体过道,在焊丝熔滴自身重力、表面张力和电磁收缩力等力的作用下过渡到熔池,之后电弧重新引燃,重复上述过程,这样的熔滴过渡形式称为短路过渡,如图 3-19 所示。

短路过渡时,熔滴细小而过渡频率高,此时焊缝成形美观,适于焊接薄板焊件。由于熔滴过渡的形式不同,需采用不同的焊接工艺参数。

(2) 细颗粒状过渡。在采用较粗焊丝($\geqslant \phi 1.6$ mm)、焊接电流大于 400 A 和较高电弧电压焊接时,会出现细颗粒状熔滴的过渡形式。由于焊接电流大,电磁收缩力较大,熔滴表面张力减小,熔滴细化,并使熔滴过渡频率增加,这种过渡形式称为细颗粒状过渡,如图 3-20 所示。生产中常用的是大电流并采用直流反接的细颗粒状过渡,熔滴直径相当于焊丝直径的 1/3~1/2。细颗粒状过渡飞溅少,电弧稳定,焊缝成形良好,在生产中被广泛应用。

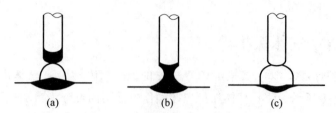

图 3-19 熔滴短路过渡示意图

(a) 短路过渡前；(b) 短路过渡时；(c) 短路过渡后

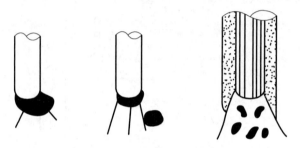

图 3-20 细颗粒状过渡示意图

2) CO_2 气体保护焊的工艺参数

(1) 短路过渡时的工艺参数。短路过渡焊接采用细丝焊，常用焊丝直径为 $\phi 0.6 \sim 1.2\ mm$，随着焊丝直径增大，飞溅颗粒都相应增大。短路过渡焊接时，焊接工艺参数有电弧电压、焊接电流、焊接速度、气体流量及焊丝伸出长度。

(2) 细颗粒状过渡时的工艺参数。细颗粒状过渡大都采用较粗的焊丝（$\geqslant \phi 1.6\ mm$）。实际操作中，焊丝直径为 $\phi 1.6\ mm$、$\phi 2.0\ mm$ 时，相应的最低电流应为 400 A、500 A，电弧电压 34～45 V。

2. CO_2 气体保护焊的应用

CO_2 气体保护焊主要适用于低碳钢、低合金钢的焊接，一般不宜用于焊接有色金属和高合金钢。

3.2.3 钎焊

钎焊是利用熔点比母材低的填充金属（称为钎料）熔化后填充到被焊件的焊缝之中，并使之连接起来的一种焊接方法。钎焊的特点是焊接过程中钎料熔化填充焊缝，而被焊件只加热到高温而不熔化。

1. 钎焊的分类

按钎焊过程中加热方式不同，钎焊可分为烙铁钎焊、火焰钎焊、电阻钎焊、感应钎焊和炉中钎焊等。根据钎料熔点的不同，钎焊分为硬钎焊和软钎焊两类。

(1) 硬钎焊。钎料熔点高于 450℃ 的钎焊称为硬钎焊。常用钎料有铜基钎料和银基钎料等。硬钎焊接头强度较高（>200 MPa），适用于焊接受力较大、工作温度较高的焊件。

(2) 软钎焊。钎料熔点在450℃以下的钎焊称为软钎焊。常用钎料是锡铅钎料。软钎焊接头强度低(<70 MPa)，主要用于焊接受力不大、工作温度较低的焊件。

2. 钎剂

钎焊时，一般要使用钎剂。钎剂能去除钎料和母材表面的氧化物，保护母材连接表面和钎料在钎焊过程中不被氧化，并改善钎料的润湿性（钎焊时液态钎料对母材浸润和附着的能力）。硬钎焊时，常用钎剂有硼砂、硼砂和硼酸的混合物等；软钎焊时，常用钎剂是松香、氯化锌溶液等。

3. 钎焊的工艺方法

钎焊过程的主要工艺参数是钎焊温度、保温时间及吸收的热量大小。钎焊温度通常选为高于钎料液相线温度25~60℃，以保证钎料能填满间隙。钎焊保温时间与工件大小及钎料和母材相互作用的剧烈程度有关。一般情况下，大件的保温时间较长，以保证加热均匀。若钎料和母材作用强烈，则保温时间较短。合适的保温时间可促使钎料与母材相互扩散而形成牢固结合。

钎焊常用的工艺方法较多，按钎焊热源区分有电阻、红外、电子束、激光、等离子、辉光放电钎焊等。几乎所有的加热热源都可以用作钎焊热源。

1) 烙铁钎焊

烙铁钎焊利用烙铁的电阻热源进行焊接，用于细小简单或很薄零件的软钎焊，如图3-21所示。

烙铁钎焊

2) 火焰钎焊

火焰钎焊采用可燃气体与氧气或压缩空气混合燃烧的火焰作为热源，如图3-22所示。火焰钎焊设备简单、操作方便，适用于自行车架、铝水壶嘴、导管等中、小件的焊接。

火焰钎焊

图3-21 烙铁钎焊

图3-22 火焰钎焊

3) 波峰钎焊

波峰钎焊是将锡焊料熔化，经电动泵或电磁泵使液态锡喷流形成一道道类似于波浪的焊料波，预先装有电子元器件的印制板经过焊料波，完成元器件焊端或引脚与印制板焊盘间机械与电气衔接的软钎焊，图3-23是波峰钎焊原理图。

波峰钎焊

图3-24是波峰钎焊使用的波峰焊机，用于大批量印制电路板和电子元件的组装焊接，一般采用生产流水线进行焊接。波峰钎焊操作时，240℃左右的熔融焊锡在泵的压力下通过窄缝形成波峰，工件经过波峰实现焊接，这种方法生产效率很高。

1—检测器；2—传送导轨；3—电路板；4—排风系统；5—检测器；
6—风扇；7—锡槽；8—红外线热管或热板；9—助焊剂喷嘴。

图 3-23　波峰钎焊原理图

图 3-24　波峰焊机

感应钎焊

4）感应钎焊

感应钎焊是利用高频、中频或工频感应电流作为热源的钎焊方法，如图 3-25 所示。感应钎焊广泛用于钎焊结构钢、不锈钢、铜和铜合金、高温合金等金属焊接。常用高频感应加热来焊接薄壁管件，例如火箭上需要拆卸的管道接头的焊接等。

5）真空钎焊

真空钎焊工件加热在真空室内进行，如图 3-26 所示，主要用于质量要求高的产品和易氧化材料的焊接。

图 3-25　感应钎焊

图 3-26　真空钎焊加热炉

6）浸沾钎焊

浸沾钎焊施焊时,将工件部分或整体浸入覆盖有钎剂的钎料浴槽或只有熔盐的盐浴槽中进行焊接。浸沾钎焊加热均匀、迅速、温度控制较为准确,常用于大批量生产和大型构件的焊接。

4. 钎焊的应用

钎焊在航空、航天、核能、电子等新兴行业中应用广泛,如钻探与采掘用的钻具、硬质合金刀具、各种导管、容器、汽车水箱、换热器、汽轮机的叶片、医疗器械、金属植入假体、吹奏乐器、家用电器、炊具、自行车,以及电子工业和仪表制造业中元器件生产中大量涉及的金属与陶瓷、玻璃等非金属的连接等。在核电站和船舶核动力装置中,燃料元件定位架、换热器、中子探测器等重要部件均常采用钎焊结构。

3.2.4 电阻焊

电阻焊又称"接触焊",是利用电流通过焊件接头的接触面及邻近区域产生的电阻热,把焊件加热到塑性状态或局部熔化状态,再在压力作用下形成牢固接头的一种压力焊方法。电阻焊方法主要有电阻点焊、电阻缝焊、电阻对焊等。

1. 电阻点焊

电阻点焊常用的有点焊与凸焊两种方法。

1）点焊

点焊

点焊的原理如图 3-27 所示。图 3-28 是一种小型点焊机,点焊在施焊时,将焊件搭接并压紧在两个柱状电极之间,然后接通电流,焊件间接触面的电阻热使该点熔化形成熔核,同时熔核周围的金属也被加热产生塑性变形,形成一个塑性环,以防止周围气体对熔核的侵入和熔化金属的流失。断电后,在压力下凝固结晶,形成一个组织致密的焊点。由于焊接时有分流现象,故两个焊点之间应有一定的距离。

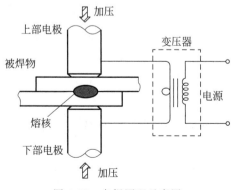

图 3-27 点焊原理示意图

图 3-28 点焊机

点焊按照供电方向和在一个焊接循环中所能形成焊点数的不同,可分为双面单点焊、单面双点焊、双面多点焊等。其中双面单点焊质量高,应用较多;单面双点焊生产率高,适合于焊接大型、移动困难的工件；双面多点焊适合于大批量生产。

点焊采用搭接式接头，主要适用于焊接厚度为 4 mm 以下的薄板结构和钢筋构件，也可以焊接不锈钢、钛合金和铝镁合金等金属的薄板件，在汽车、机车、飞机等制造业应用广泛。

2）凸焊

凸焊是在点焊基础上发展起来的一种电阻焊接方法，焊接时在一焊件的结合面上预先加工出一个或多个凸点，然后与另一焊件表面相接触并施加压力，通电加热，凸点压塌后使凸点形成焊点。凸点形成焊点的机理与点焊相似。图 3-29(a)为带一个凸点的工件与不带凸点的工件相接触；图 3-29(b)为电流流过凸点从而将其加热至焊接温度；图 3-29(c)为电极的压力将已加热的凸点迅速压塌发生熔合形成核心；图 3-29(d)为完成后的焊点。凸焊的凸点能够提高接合面的压强和电流密度，有利于接合面氧化膜破裂且热量集中，迅速形成熔核，而后冷却成为牢固焊点。

凸焊主要用于焊接低碳钢和低合金钢的冲压件，除板件凸焊外，还有螺帽、螺钉类零件凸焊、线材交叉凸焊、管件凸焊和板材 T 形凸焊等。凸焊焊件的适宜厚度为 0.5～4 mm。

缝焊

2. 电阻缝焊

电阻缝焊的焊接过程与点焊相似，工件在两个旋转的盘状电极(滚盘)间通过，以圆盘形电极代替点焊的圆柱形电极，与工件做相对运动，焊件装配成搭接并置于两滚轮电极之间，滚轮加压焊件并转动，连续或断续送电，形成一条前后熔核相互搭叠的连续密封焊缝的电阻焊方法。缝焊焊接的工艺原理与设备如图 3-30、图 3-31 所示。缝焊焊接分流现象较严重，故同等条件下焊接电流较大，应用于有密封性要求的薄板焊接件。

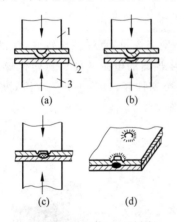

1—上电极；2—工件；3—下电极。

图 3-29 凸焊焊点的形成示意图

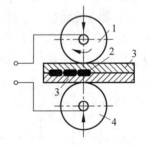

1—上电极；2—焊点；3—工件；4—下电极。

图 3-30 缝焊原理示意图

按照滚轮转动与馈电方式的不同，缝焊可分为连续缝焊、断续缝焊与步进缝焊。

对焊

3. 电阻对焊

电阻对焊常用的方法有对焊和闪光对焊。

1）对焊

对焊是将焊件装配成对接接头，使其端面紧密接触，利用电阻热将其加热至热塑性状态，然后迅速施加顶锻力完成焊接的方法。焊接时，把需要连接的两部分工件对接到电路中,并施加轴向初压力(P_1),使工件互相压紧。因两个工件的接触处具有最大的电阻,因此,当通过较大的电流时,接触处就会产生大量的电阻热,很快就把接触处的金属加热到稍低于它的熔化温度(高塑性状态)。这时在顶锻压力(P_2)的挤压下,焊件就被焊接在一起,如图3-32所示,图3-33是UN-25对焊机。

图3-31 缝焊机

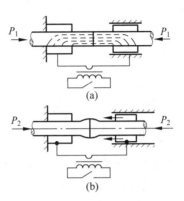

图3-32 对焊原理示意图
(a) 加初压力、通电加热;(b) 断电、顶锻

对焊操作简单,焊接接头表面光滑,但内部质量不高。焊前必须将焊件的焊接端面仔细地平整和清理,除锈去污。否则会造成加热不均匀或接头中残留杂质等缺陷,影响焊接质量。

对焊的优点是焊接接头的外观比较光滑、无毛刺,常用于焊接直径不大于20 mm的低碳钢工件,如钢筋、钢轨、链条等。

2) 闪光对焊

闪光对焊是在焊接过程中,焊件装配成对接接头,接通电源,使焊件两端面缓慢地移近到局部接触,利用产生的电阻热使接触点很快被加热至高温,产生强烈的金属飞溅,形成闪光(即烧化过程),焊件两端面继续靠近,使之进一步闪光和加热,直至两端面的整个面在一定深度范围内达到预定温度时,则迅速施加顶锻力完成焊接的方法。闪光对焊和对焊是电阻焊接的不同方法,对焊的被焊表面要求平整光洁,焊接时没有闪光;闪光对焊的被焊表面则要求不高,比较粗糙,因此,两个刚接触工件的突出的小截面在强大的电流下,会迅速产生电阻热至高温,并产生强烈的金属飞溅,形成闪光,如图3-34所示。

1—电流调级盘;2—按钮开关;3—挂钩;4—压力调整钮;
5—压把;6—下钳口;7—行程开关。

图3-33 UN-25对焊机

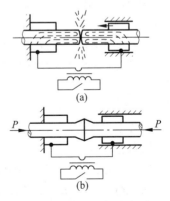

图3-34 闪光对焊示意图
(a) 通电、闪光加热;(b) 顶锻断电、继续顶锻

闪光对焊适用范围十分广泛，原则上能铸造的金属材料都可以用闪光对焊焊接，低碳钢、高碳钢、合金钢、不锈钢、铝、铜、钛等有色金属及合金都可以使用闪光对焊进行焊接。所以，闪光对焊广泛应用于焊接各种板件、棒材、管件、型材、实心件、刀具等，并且可以进行异种金属与合金的焊接，是一种工艺成本低、焊接效率高、应用范围广的焊接方法。

3.2.5 氩弧焊

氩弧焊全称为氩气保护焊，是在电弧焊熔池的周围通上氩气作为保护气体，将空气隔离在熔池之外，防止熔池氧化的一种焊接技术，是一种高质量的焊接方法。

1. 氩弧焊的分类

氩弧焊按照所用电极的差异，可以分为熔化极（以焊丝为电极）氩弧焊（见图 3-35(a)）和非熔化极（钨极）氩弧焊（见图 3-35(b)）。

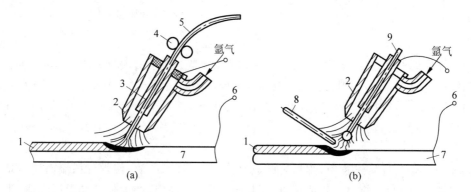

1—焊缝；2—喷嘴；3—导电嘴；4—送丝轮；5—焊丝；6—电源；7—工件；8—填充焊丝；9—电极（钨棒）。

图 3-35 氩弧焊示意图
(a) 熔化极氩弧焊；(b) 非熔化极氩弧焊

（1）熔化极氩弧焊。熔化极氩弧焊使用氩气保护熔池，氩气在焊接电弧周围流过，在熔池周围形成一个保护气罩，使焊丝端部、电弧和熔池及邻近热影响区的高温金属不与空气接触，防止氧化和有害气体的侵入。熔化极氩弧焊焊接时，焊丝作为电极通过丝轮送进并熔化填入熔池，导电嘴导电，在母材与焊丝之间产生电弧，使焊丝和母材熔化，冷凝后形成焊缝。

（2）非熔化极氩弧焊。非熔化极氩弧焊同样是使用氩气保护熔池，焊接电弧在非熔化极和工件之间燃烧，焊丝通过丝轮连续送进并熔化填入熔池，冷凝后形成致密的焊接接头。

2. 氩弧焊的应用

氩弧焊设备由焊接电源、焊枪、供气和供水系统组成。图 3-36 是手工钨极（非熔化极）氩弧焊机结构示意图。

氩弧焊具有许多优点，几乎能焊接所有金属，特别是一些难熔金属、易氧化金属，如镁、钛、钼、锆、铝等及其合金，完全能够保证焊接质量。

但因氩弧焊设备较复杂，且氩气价格高，所以目前主要应用于焊接不锈钢、耐热钢和有色金属等要求高质量的焊件。

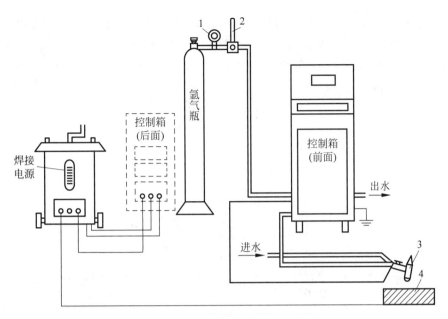

1—减压器;2—流量计;3—焊枪;4—焊件。

图 3-36　手工钨极氩弧焊机结构示意图

埋弧焊

3.2.6　埋弧焊

1. 焊接过程

埋弧焊是电弧在焊剂层下燃烧,并利用机械自动控制焊丝送进和电弧移动的一种电弧焊方法。

埋弧焊焊缝形成过程如图 3-37 所示。焊丝由焊机自动送进(图中焊丝右侧所示箭头方向),焊丝末端与焊件之间产生电弧之后,电弧热量使焊丝、焊件和焊剂熔化,有一部分甚至蒸发,金属和焊剂的蒸发气体将电弧周围已熔化的焊剂排开,形成一个封闭的空间,将电弧和熔池与外界空气隔绝。随着电弧向前移动(图中左侧所示箭头方向),电弧不断熔化前方的母材、焊丝和焊剂,而熔池后部边缘开始冷却凝固形成焊缝。与此同时,质量较轻的熔渣浮在熔池表面,冷却后形成渣壳。

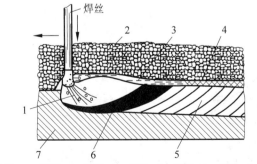

1—电弧;2—焊剂;3—熔渣;4—渣壳;5—焊缝;6—熔池;7—焊件。

图 3-37　埋弧焊焊缝形成过程

埋弧焊如图 3-38 所示。焊接过程中,引燃电弧、送进焊丝、保持弧长一定和电弧在焊接方向的移动等全部是由焊机自动进行的。焊接时,可以利用控制箱选择焊接电流、电弧电压和焊接速度,还可以调节焊丝上下位置,也可以在焊接过程中调节焊接参数,调节之后能自动保持焊接参数不变。

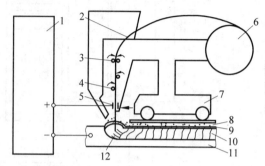

1—焊接电源;2—焊丝;3—送丝轮;4—校正轮;5—导电轮;6—送丝盘;
7—小车;8—焊剂;9—渣壳;10—焊缝金属;11—工件;12—电弧。

图 3-38 埋弧焊示意图

2. 埋弧焊工艺

埋弧焊要求更仔细地下料,并准备好焊接坡口,焊接时,应将焊缝两侧 50~60 mm 内的一切污垢与铁锈清除掉,以免产生气孔。

埋弧焊一般在平焊位置焊接。焊接厚度 20 mm 以下工件时,可以采用单面焊。如果设计上有要求(如锅炉或容器)也可双面焊接。当厚度超过 20 mm 时,可进行双面焊接,或采用开坡口单面焊接。由于引弧处和断弧处质量不易保证,焊前应在接缝两端焊上引弧板与引出板,如图 3-39 所示,焊后再去掉。为了保持焊缝成形和防止烧穿,生产中常采用各种类型的焊接垫板,如图 3-40 所示,或者先用焊条电弧焊封底。

如图 3-41 焊接筒体对接焊缝时,工件以一定的焊接速度旋转,焊丝位置不动。为防止熔池金属流失,焊丝位置应逆旋转方向偏离焊件中心线一定距离 a,其大小视筒体直径与焊接速度等而定。

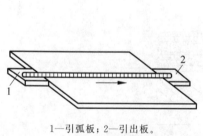

1—引弧板;2—引出板。
图 3-39 埋弧焊引弧板与引出板

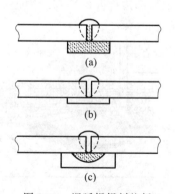

图 3-40 埋弧焊焊剂垫板
(a)焊剂垫;(b)钢垫板;(c)铜垫板

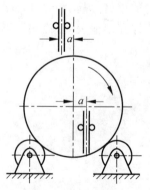

图 3-41 焊接筒体对接埋弧焊

3.2.7 等离子弧焊与切割

1. 等离子弧

图 3-42 所示为等离子弧发生装置。在钨极与喷嘴之间或钨极与工件之间加一较高电压,经高频振荡使气体电离形成自由电弧,在机械压缩效应、热压缩效应、电磁收缩效应三个压缩效应的作用下,电弧能量高度集中在直径很小的弧柱中,弧柱中的气体被充分电离成等离子体,故称为等离子弧。

2. 等离子弧焊接

图 3-43 为一台等离子弧焊机。等离子弧具有很强的可调节性,当采用较大直径喷嘴、较小的气体流量和较小电流时,等离子焰自喷嘴喷出的速度较低,冲击力较小,这种等离子弧称为"柔性弧",柔性弧主要用于焊接。等离子弧可以高速施焊,可焊接极薄的金属,生产率高。但当金属厚度超过 8～9 mm 时,采用等离子弧焊在经济上不划算。表 3-3 是小孔型等离子弧焊的一次焊透厚度。

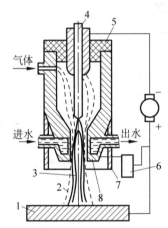

1—焊件;2—保护气体;3—等离子弧;
4—电极;5—陶瓷垫圈;6—高频振荡器;
7—同轴喷嘴;8—水冷喷嘴。

图 3-42 等离子弧发生器原理及其焊接示意图

图 3-43 等离子弧焊机

表 3-3 小孔型等离子弧焊的一次焊透厚度

材料种类	材料厚度/mm
不锈钢	≤8
钛及钛合金	≤12
镍及镍合金	≤6
低合金钢	≤7
低碳钢	≤8

等离子弧焊特别适宜于各种难熔、易氧化及热敏感性强的金属材料(如钨、钼、铜、镍、钛

等)的焊接。航空航天等军工和尖端工业技术所用的铜及铜合金、钛及钛合金、合金钢、不锈钢、钼等金属的焊接,如钛合金的导弹壳体,飞机上的一些薄壁容器等,多采用等离子弧焊。

3. 等离子弧切割

等离子弧的温度可达 24000~50000 K,能量密度可达 100000~1000000 W/cm^2,弧焰流速可达数倍声速,表现出强大的冲击力,所以可以应用于等离子弧切割。当采用小直径喷嘴、大的气体流量和增大电流时,等离子焰自喷嘴喷出的速度很高,具有很大的冲击力,这种等离子弧称为"刚性弧",刚性弧主要用于切割。等离子弧切割是利用等离子弧的高温将被割件熔化,并借助弧焰的机械冲击力把熔融金属强制排除,从而形成割缝以实现切割,如图 3-44 所示。

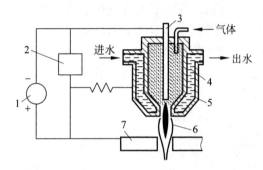

1—电源;2—振荡器;3—钨极;4—冷却水;5—喷嘴;6—弧焰;7—工件。

图 3-44 等离子弧切割示意图

等离子弧既可切割不锈钢、高合金钢、铸铁,也可切割铝、铜、钛、镍及其合金等,还可切割非金属材料,如矿石、水泥板和陶瓷等。等离子弧切割的切口细窄、光洁而平直,质量与精密气割质量相似。同样条件下等离子弧的切割速度大于气割,且切割材料范围也比气割更广。

3.3 气焊与气割

气焊与气割是利用可燃性气体燃烧的热能进行金属的焊接与切割。工业生产中可使用乙炔、天然气、煤气等作为热源气体,通常情况下使用最普遍的是乙炔。

3.3.1 气焊

利用可燃性气体火焰作热源来熔化母材与填充金属并形成焊缝的焊接方法称为气焊,如图 3-45 所示。气焊中常用的是氧-乙炔焊。氧-乙炔焊中氧气与乙炔混合燃烧形成的火焰称为氧-乙炔焰,其温度可达 3150℃左右。

气焊时火焰加热容易控制熔池温度,易于实现均匀焊透和单面焊双面成形,而且,气焊不需要电源,适用于野外作业。气焊一般应用于焊接厚度 3 mm 以下的低碳钢板、铸铁管等焊件,也可以用于焊接铝、铜及其合金。

但是,由于气焊火焰的温度比电弧温度低,热量分散,故加热较为缓慢,生产率低,焊接变形严重;气焊火焰有使熔融金属氧化或增碳的缺点,其熔池保护效果较差,焊缝质量不高。

1. 气焊设备

气焊所用的设备与工具主要有乙炔瓶、氧气瓶与焊炬等。

(1) 乙炔瓶。现在,一些工厂使用瓶装乙炔代替乙炔发生器,乙炔瓶的结构如图 3-46 所示。乙炔瓶外面用漆涂成白色,用红漆写上"乙炔"和"火不可近"字样。

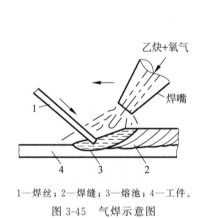

1—焊丝;2—焊缝;3—熔池;4—工件。

图 3-45 气焊示意图

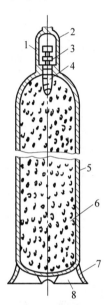

1—瓶口;2—瓶帽;3—瓶阀;4—石棉;5—瓶体;
6—多孔性填料;7—瓶座;8—瓶底。

图 3-46 乙炔瓶

乙炔瓶内装多孔性填料(如活性炭、木屑、硅藻土等),同时注入丙酮,以溶解乙炔,灌注乙炔的压力一般为 1.5 MPa,此时丙酮的溶解度可达 400 g/L 以上。

使用时,溶解在丙酮内的乙炔分解出来,通过乙炔瓶阀流出,阀下面的长孔内放着石棉,其作用是帮助乙炔从多孔填料中分解出来。

乙炔气通过乙炔减压器(见图 3-47)减压之后供气焊使用。当乙炔瓶内气体耗尽之后,剩下丙酮,可供再次灌气时使用。

乙炔瓶使用时不得靠近气焊工作场地,也不能与高温热源(如火炉等)接近。瓶体温度必须在 40℃以下,乙炔瓶只能直立,不能卧放,不得遭受剧烈振动和撞击,瓶体上严禁沾染油脂。

(2) 氧气瓶。氧气瓶是储存和运输氧气的高压容器,如图 3-48 所示,其工作压力为 15 MPa,容积为 40 L。氧气瓶的外表面规定涂上天蓝色漆,并用黑漆写上"氧气"二字。氧气瓶不能与其他气瓶混放在一起,不得靠近气焊工作场地,不得接近火炉等热源,夏天要防止曝晒,氧气瓶在冬季冻结时只能用热水解冻,不能用火烤,氧气瓶上严禁沾污油脂。

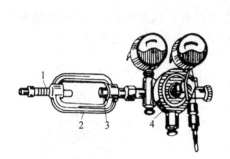

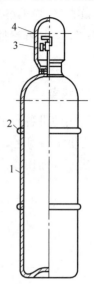

1—紧固螺丝;2—夹环;3—连接管;4—乙炔减压器。
图3-47 带夹环的乙炔减压器

1—瓶体;2—防震圈;3—瓶阀;4—瓶帽。
图3-48 氧气瓶

(3)减压器。减压器的作用是将高压气体降为低压气体,供气焊使用。如气焊时氧气压力只需0.2~0.3 MPa,乙炔压力必须小于0.15 MPa。图3-49是一种常用的氧气减压器,图3-50为其工作原理图。

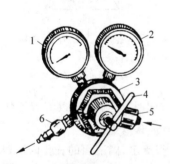

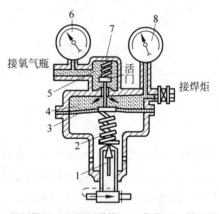

1—低压表;2—高压表;3—外壳;4—调节螺丝;
5—进气接头;6—出气接头。
图3-49 氧气减压器外形

1—调压螺丝;2—调压弹簧;3—薄膜;4—低压室;
5—高压室;6—高压表;7—活门弹簧;8—低压表。
图3-50 氧气减压器构造与工作原理示意图

(4)焊炬。焊炬的作用是使氧气与乙炔均匀混合,并能调节其混合比例,以形成适合焊接要求的火焰。

射吸式焊炬的外形如图3-51所示,打开焊炬上的氧气与乙炔阀门,两种气体便进入混合室内均匀地混合,从焊嘴喷出点火燃烧,焊嘴可根据工件厚度不同而调换,一般备有5种直径不同的焊嘴,常用的型号有H01-2、H01-6等。型号中"H"表示焊炬,"0"表示手工,"1"表示射吸式,"2"或"6"表示可焊接低碳钢件的最大厚度为2 mm或6 mm。

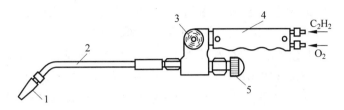

1—焊嘴；2—混合管；3—乙炔阀门；4—手柄；5—氧气阀门。
图 3-51 射吸式焊炬

2. 焊丝与焊剂

(1) 焊丝。焊丝是气焊的填充金属，焊接低碳钢时，常用 H08A 焊丝，重要焊接件可用 H08MnA 焊丝；焊接有色金属时，选用与该合金成分相同或含有少量脱氧元素的合金焊丝。焊丝的直径一般为 2～6 mm，气焊时根据焊件厚度来选择，焊丝的直径与焊件厚度相差不宜太大。

(2) 焊剂。焊剂的作用是保护气焊熔池金属，去除焊接过程中形成的氧化物，增加熔融金属的流动性。

我国焊剂的牌号有 CJ101、CJ201、CJ301 和 CJ401 四种。其中 CJ101 为不锈钢和耐热钢焊剂，CJ201 用于焊接铸铁，CJ301 用于焊接铜及铜合金，而 CJ401 则用于焊接铝及铝合金。

低碳钢在气焊时，因火焰本身对熔池有较好的保护作用，所以一般不需要使用焊剂。

3. 氧-乙炔焰

改变氧气和乙炔的混合比例，可获得三种不同性质的火焰，如图 3-52 所示。

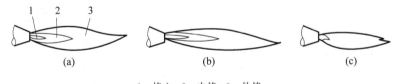

1—焰心；2—内焰；3—外焰。
图 3-52 氧-乙炔火焰
(a) 中性焰；(b) 碳化焰；(c) 氧化焰

(1) 中性焰。氧气和乙炔的混合体积比为 1.1～1.2 时，燃烧区内形成既无过量氧又无游离碳的火焰称为中性焰，又称为"正常焰"。中性焰由焰心、内焰和外焰三部分组成。焰心呈尖锥状，色白明亮，轮廓清楚；内焰颜色发暗，轮廓不清楚，与外焰无明显界限；外焰由里向外逐渐由淡紫色变为橙黄色。中性焰在距离焰心前面 2～4 mm 处温度最高，可达 3150℃左右。中性焰的温度分布如图 3-53 所示。中性焰适宜于焊接低碳钢、低合金钢、铝和铝合金以及青铜等。

(2) 碳化焰。碳化焰是指氧与乙炔的混合体积比小于 1.1 时燃烧所形成的火焰。由于氧气不足，燃烧不完全，过量的乙炔分解为碳和氢，火焰中含有游离碳，故碳会渗到熔池中造成焊缝增碳。碳化焰比中性焰长，其结构也分为焰心、内焰和外焰三部分。焰心呈白色，内焰呈淡白色，外焰呈橙黄色。乙炔量多时还会带黑烟。碳化焰的最高温度为2700～3000℃。碳化焰适用于焊接高碳钢、铸铁、硬质合金和高速钢等材料。

(3) 氧化焰。氧和乙炔的混合体积比大于1.2时燃烧所形成的火焰称为氧化焰。整个火焰比中性焰短，分为焰心和外焰两部分。由于火焰中有过量的氧，故对熔池金属有强烈的氧化作用，一般气焊时不宜采用。只有在气焊黄铜时才采用轻微氧化焰，利用其氧化性，在熔池表面形成一层氧化物薄膜，从而减少低沸点的锌的蒸发。氧化焰的最高温度为3100～3300℃。

4. 气焊基本操作技术

1) 点火、调节火焰与灭火

点火时，先微开氧气阀门，再打开乙炔阀门，随后点燃火焰。这时的火焰是碳化焰。然后，逐渐开大氧气阀门，将碳化焰调整成为中性焰。灭火时，应先关乙炔阀门，后关氧气阀门。

2) 气焊的平焊操作

气焊时，一般用左手拿焊丝，右手拿焊炬，两手的动作要协调，沿焊缝向左或向右焊接。焊嘴轴线的投影应与焊缝重合，同时要注意掌握好焊炬与工件的夹角α，如图3-54所示。工件越厚，夹角α越大。在焊接开始时为了较快地加热工件和迅速形成熔池，夹角α应大些。正常焊接时，一般保持夹角α在30°～50°范围内。当焊接结束时，夹角α应适当减小，以便更好地填满熔池和避免焊穿。焊炬向前移动的速度应能保证焊件熔化并保持熔池具有一定的大小。工件熔化形成熔池后，再将焊丝适量地点入熔池内熔化。

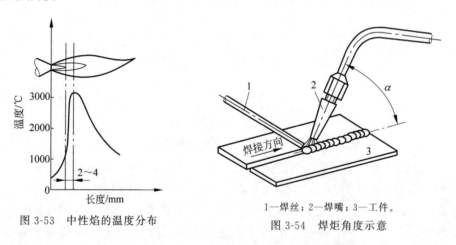

图3-53 中性焰的温度分布

1—焊丝；2—焊嘴；3—工件。

图3-54 焊炬角度示意

3.3.2 气割

氧气切割简称为"气割"，是利用某些金属在纯氧中燃烧的原理来实现金属切割的方法。气割时用割炬代替焊炬，其余设备与气焊相同。割炬的外形如图3-55所示。常用的割炬有G01-30、G01-100等几种型号。型号中"G"表示割炬，"0"表示手工，"1"表示射吸式，

"30""100"表示最大的切割低碳钢厚度为 30 mm 和 100 mm。

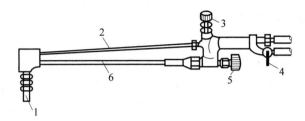

1—割嘴；2—切割氧管；3—切割氧阀门；4—乙炔阀门；5—预热氧气阀门；6—预热焰混合气体管。

图 3-55　割炬

1. 氧气切割过程

氧气切割的过程如图 3-56 所示。开始时，用氧-乙炔火焰将切口始端附近的金属预热到燃点（约 1300℃，呈黄白色）。然后打开切割氧阀门，氧气射流使高温金属立即燃烧，生成氧化物（呈熔融状态的氧化铁），同时被氧气流吹走。金属燃烧时产生的热量和氧-乙炔火焰一起又将邻近的金属预热到燃点，沿切割线以一定的速度移动割炬，即可形成切口。

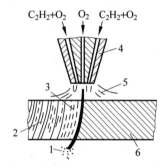

1—氧化物；2—切口；3—氧气流；4—嘴；
5—预热火焰；6—待切割金属。

图 3-56　氧气切割过程

2. 金属氧气切割的条件

金属材料只有满足下列条件才能采用氧气切割：

（1）金属材料的燃点必须低于其熔点。这是保证切割在燃烧过程中进行的基本条件。否则，切割时金属先熔化变为熔割过程，使切口过宽，而且不整齐。

（2）燃烧生成的金属氧化物的熔点应低于被切割金属的熔点。燃烧生成的金属氧化物的熔点应低于被切割金属本身的熔点，同时流动性要好。否则，就会在切口表面形成固态氧化物，阻碍氧气流与下层金属的接触，使切割过程不能正常进行。

（3）金属燃烧时能放出大量的热。金属燃烧时能放出大量的热，而且金属本身的导热性要低。这是为了保证下层金属有足够的预热温度，使切割过程能连续进行。

满足上述条件的金属材料有纯铁、低碳钢、中碳钢和低合金结构钢。而高碳钢、铸铁、高合金钢及铜、铝等有色金属及其合金，均难以进行氧气切割。

3.4　常见焊接缺陷与焊接后处理

焊接质量的优劣直接影响到焊接结构的安全使用，因此，在焊接生产中应该高度重视焊接质量，并且要做好焊件质量的检验工作，采取措施防止出现焊接缺陷，切实保证焊接件达到使用性能要求，避免发生质量事故。

焊接应力与变形

减少焊接变形的措施

3.4.1 焊接应力与变形

1. 焊接应力与变形产生的原因

焊接过程中,由于焊件局部加热温度高,加热速度快,且高温停留时间短、冷却速度快,是一种不均匀的加热过程,使得焊缝及其附近区域的组织和性能发生很大的变化,由此引起不均匀的膨胀与收缩,使焊件不可避免地产生应力,从而导致其形状与尺寸改变,甚至产生焊接裂纹。

2. 防止和减少焊接变形的措施

防止和减少焊接变形,主要从两个方面采取措施,一是合理设计焊接结构,二是采用合理的焊接工艺。表 3-4 列出了一些常用的防止焊接应力与变形的工艺措施,可供参考。

表 3-4 减少焊接应力与变形的工艺措施

名称	图例	说明
合理选择焊接顺序	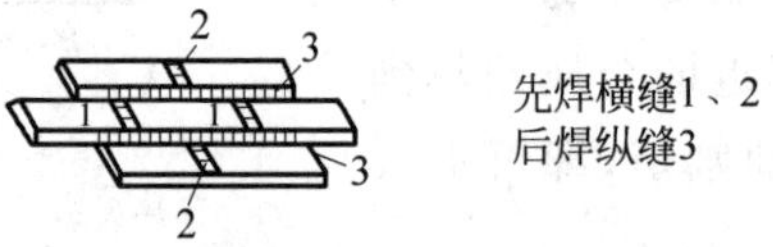 先焊横缝1、2 后焊纵缝3	应使焊件能自由地膨胀和收缩,而不受约束
对称焊、跳焊	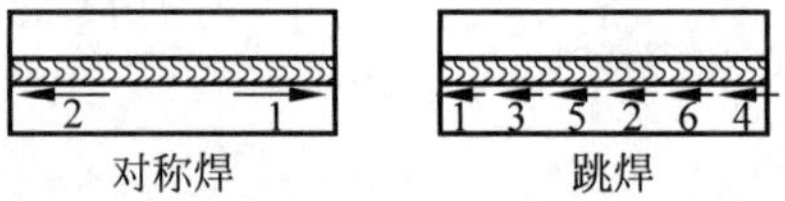 对称焊　跳焊	长焊缝变为短焊缝,使变形量限制到最低值,但焊接应力较大
反变形	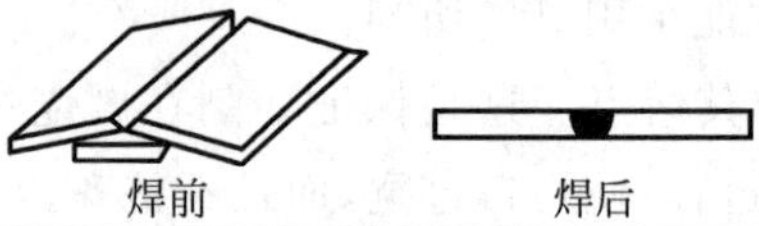 焊前　焊后	用相反方向的变形来抵消焊后变形
刚性固定	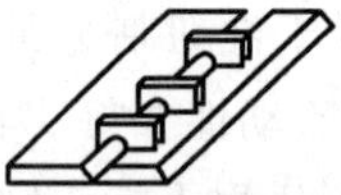	用强制方法来减少焊接变形,但应力较大
焊后锤击	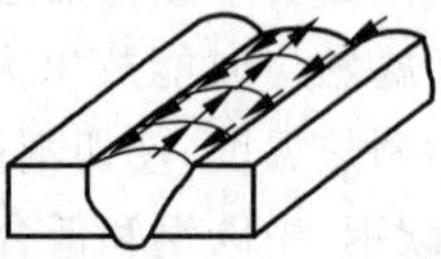	使焊缝延伸,以补偿其缩短,从而减少变形和应力
对称焊	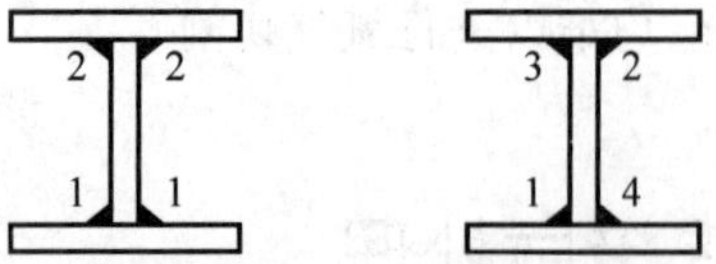	(1) 两位焊工同时从两面施焊;(2) 一名焊工施焊,可使产生的变形相互抵消
选择能使裂纹张开的加热区	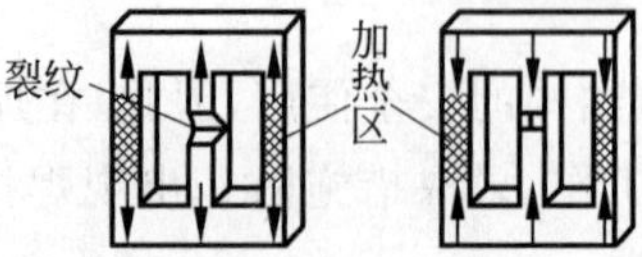 裂纹　加热区	使焊接区和加热区同时受热和冷却以减少焊接应力

对于已经产生了焊接应力或焊接变形的焊件可以采用机械矫正(见图 3-57)或火焰加热矫正(见图 3-58)等方法来矫正变形。为了防止重要的焊件产生变形和焊接裂纹,可以用退火的方法消除焊接应力,以避免发生质量事故。焊件去应力退火工艺是焊件焊接后即装入退火炉中,加热到去应力温度,为 500～550℃保温 2～4 h,随炉冷却至 300℃以下,再出炉。

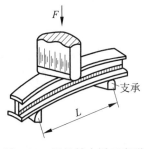

图 3-57 用机械力矫正变形

图 3-58 用火焰加热矫正变形

3.4.2 焊接缺陷与质量检验

1. 焊缝缺陷的产生及原因分析

焊缝缺陷常见的有外形尺寸不合格、焊瘤、夹渣、咬边、裂纹、气孔、未焊透等。其中焊接裂纹、未焊透等缺陷的危害最严重。表 3-5 列出了焊缝缺陷及其原因分析。

表 3-5 焊缝缺陷及其产生原因

缺陷名称	图 例	说 明	产生原因
未焊透		焊接时接头根部未完全焊透的现象	装配间隙太小、坡口太小或钝边太大;焊接速度太快;电流过小;焊条未对准焊缝中心;电弧过长
焊瘤		焊接过程中,熔化金属流淌到焊缝之外未熔化的母材上所形成的金属瘤	焊条熔化太快;电弧过长;运条不正确;焊速太慢
咬边		沿焊趾的母材部位产生的沟槽或凹陷	电流太大;焊条角度不对;运条方法不正确;电弧过长;焊速太快
凹坑		焊后在焊缝表面或焊缝背面形成的低于母材表面的局部低洼部分	坡口尺寸不当;装配不良;电流与焊接速度选择不当;运条不正确
气孔		焊接时,熔池中的气泡在凝固时未能逸出而残留下来所形成的空穴	焊件不洁;焊条潮湿;电弧过长;焊速太快,电流过小;焊件含碳、硅量高

续表

缺陷名称	图 例	说 明	产 生 原 因
裂纹	（裂纹示意图）	在焊接应力及其他致脆因素共同作用下，焊接接头中局部地区的金属原子结合力遭到破坏而形成的新界面产生的缝隙	焊件含碳、硫、磷量高；焊缝冷速太快，焊接程序不正确，焊接应力太大
夹渣	（夹渣示意图）	焊后在焊缝中的熔渣残留	焊件不洁；电流过小；焊缝冷却太快，多层焊时各层熔渣未除干净

2. 焊缝质量检验

对焊接接头进行检验是保证焊接质量的重要措施，尤其是锅炉、化工设备、压力容器以及重要的机器零件等焊接结构，必须根据产品的技术要求，按照相应的国家标准严格进行检验，以保证产品的力学性能与使用性能符合要求。

焊缝质量检验的方法有以下几种：

（1）外观检查。外观检查是用肉眼或借助放大镜观察焊缝表面，检查可见的缺陷；用卡尺测量焊缝形状和尺寸是否符合有关标准以及图纸要求。

焊缝目视检验

（2）致密性检查。为了保证受压容器和管道不渗漏，常用水压试验、气压试验和煤油试验来检查。

焊缝射线检验

（3）射线探伤。射线探伤是用穿透力很强的 X 射线或 γ 射线，通过被检查的焊缝，有缺陷的焊缝比无缺陷的焊缝的能量被吸收的少，因此使胶片受到不同程度的感光，显示焊缝中的缺陷。

焊缝超声检验

（4）超声波探伤。超声波能在金属内进行传播，遇到不同介质的界面时会产生反射。当有缺陷的焊缝通入超声波后，根据反射波在示波器荧光屏上的反映，即可确定缺陷的大小、性质和位置。超声波适用于厚大工件的探伤，厚度几乎不受限制。

焊缝磁粉检验

（5）磁粉探伤。磁粉探伤是用于探测铁磁性材料的表面和近表面缺陷的一种无损探伤方法。探测时，先将工件磁化，如果工件中没有缺陷，则磁力线分布均匀；若工件有缺陷，则缺陷中大多是空气和夹渣，其导磁率远小于工件金属的导磁率。由于缺陷的磁阻大，产生漏磁场吸附磁粉，从而使缺陷显示出来。

除上述检验方法外，对于某些重要的焊件，还要进行化学成分、金相组织、力学性能等方面的取样检验。

焊缝渗透检验

3.5　先进焊接方法

随着科学技术的发展，先进的技术方法在连接成形工艺中得到广泛应用，涌现出许多种新技术连接成形方法。本节简述激光焊、摩擦焊与搅拌摩擦焊、超声波焊的基本原理、工艺方法及其在工业上的应用。

3.5.1 激光焊

激光焊接

1. 激光焊接的原理

激光焊接简称"激光焊",是指以高能量密度的激光作为热源,熔化金属后形成焊接接头的焊接方法。激光焊施焊时利用高辐射强度的激光束经过光学系统聚焦后,其激光焦点的功率密度为 $10^5 \sim 10^7$ W/cm^2,工件置于激光焦点附近进行加热熔化形成焊接接头,如图 3-59 所示。熔化现象能否产生和产生的强弱程度主要取决于激光作用材料表面的时间、功率密度和峰值功率。控制上述各参数,就可利用激光进行各种不同材料的焊接。

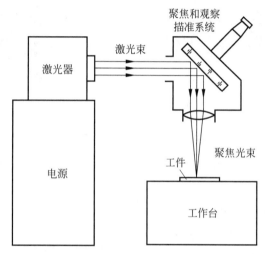

图 3-59 激光焊接原理示意图

2. 激光焊的分类

激光焊一般分为激光热导焊和激光深熔焊两种基本类别。

1) 激光热导焊

激光热导焊所用激光功率密度为 $10^5 \sim 10^6$ W/cm^2,工件吸收激光后使表面熔化,然后依靠热传导向工件内部传递热量,通过控制激光脉冲的宽度、能量、峰值功率和重复频率等参数,使工件熔化,形成特定的熔池。这种焊接模式熔深较浅,熔宽比较小。激光热导焊主要应用于微、小型零件的精密焊接。

2) 激光深熔焊

激光深熔焊采用连续激光光束完成工件的焊接,激光功率密度可达 $10^6 \sim 10^7$ W/cm^2。工件吸收激光后迅速熔化乃至汽化,熔化的金属在蒸汽压力作用下形成小孔,热量从高温小孔腔的外壁传递出来,使孔腔四周的金属熔化。随着光束移动,小孔始终处于向前稳定流动的状态,小孔和孔壁的熔融金属随着前导光束前进速度向前移动,小孔内的蒸气压力与液体金属的表面张力和重力达到平衡状态。小孔随着激光束沿焊接方向移动时,小孔前方的熔融金属填充小孔移开后留下的空隙并随之冷凝,凝固后形成焊缝,如图 3-60 所示。这种焊接模式熔深大,熔宽比也大。在机械制造领域,除了那些微薄零件以外,一般选用深熔焊。

3. 激光焊的应用

激光焊最先主要用于焊接薄壁材料和低速焊接。随着激光技术的发展，适应于不同条件下的激光焊接设备也不断推出，如图3-61所示。激光焊可实现传统焊接技术所无法施焊的领域，从军事领域逐步扩展到民用领域，应用范围十分广泛。

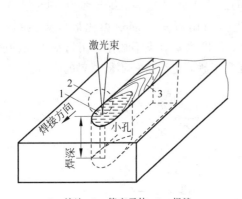

1—熔池；2—等离子体；3—焊缝。
图3-60 激光深熔焊焊缝的形成

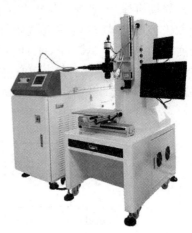

图3-61 激光焊机

现代制造业中，轿车车身、仪器仪表、飞机制造等的激光焊接，以及船舶制造与海洋工程的光纤激光焊已经成为非常成熟的应用技术。

激光焊在神经医学、生殖医学等临床诊治领域同样得到广泛应用。由于激光焊是用激光来加热，所以它可以穿透透明介质，能够焊到透明介质容器的里边，这是其他焊接方法所无法做到的。这种技术在患者视网膜脱落的治疗中得到应用，视网膜脱落以后眼睛就会失明，而视网膜是在眼球的后面，将激光透过眼球到达眼球后面，将脱落的视网膜和眼球焊接起来，这种造福人体治疗的激光焊手术已普遍应用于视网膜脱落的连接治疗中。

摩擦焊

3.5.2 摩擦焊

1. 摩擦焊过程

摩擦焊是利用工件接触面摩擦所产生的热量作为热源，把工件加热到热塑性状态或半熔化状态，然后迅速施加外力，完成焊接的一种压力焊方法。如图3-62所示，焊接时，先将焊件的两部分夹在焊机上，施加一定压力，使之紧密接触，然后使焊件的一端作高速旋转，焊件接触面相对摩擦产生热量，待工作端面加热到高温塑性状态时，焊件1停止旋转，并使焊件2的一端增加压力，从而使接触部分产生塑性变形而焊接成一整体。

摩擦焊操作简单，生产率高，既可进行同种材料焊接，也可焊接异种材料，还可对不同形状焊件施焊，所以应用较为广泛。图3-63是摩擦焊的几种接头形式。

2. 摩擦焊的分类及应用

摩擦焊可分为相位摩擦焊、线性摩擦焊、径向摩擦焊、搅拌摩擦焊等。

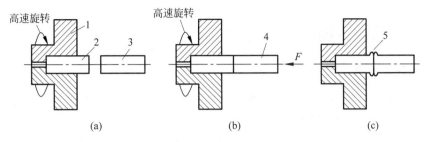

1—夹具；2—焊件1；3—焊件2；4—轴向移动施加力；5—连接成形。

图 3-62　摩擦焊过程示意图

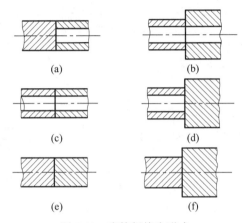

图 3-63　摩擦焊接头形式

(a) 杆—管；(b)、(c) 管—管；(d) 管—板；(e) 杆—杆；(f) 杆—板

(1) 相位摩擦焊。相位摩擦焊可实现有相位要求的工件的焊接，主要应用于六方形断面的零件、八方钢、汽车操作杆、花键轴、拨叉、两端带法兰的轴等零件的摩擦焊接。

(2) 线性摩擦焊。线性摩擦焊是将两个工件以一定的频率和振幅进行往复运动产生热量而实现焊接，使工件的两部分连接形成一整体。它可以将方形、圆形、多边形截面的金属或塑料焊接在一起，还可以焊接不规则截面的构件，如叶片与涡轮等。

(3) 径向摩擦焊。径向摩擦焊是在摩擦焊装置中引入中间旋转加压圆环，在改变摩擦面方向的同时，焊件也由相对旋转加压改变为相对固定加压。这种摩擦焊方法适合于长管类工件的焊接。

(4) 搅拌摩擦焊。搅拌摩擦焊是利用一种特殊形式的搅拌头边旋转边前进，通过搅拌头与工件的摩擦产生热量，使该部位金属处于热塑性状态，并在搅拌头的压力作用下从其前端向后部塑性流动，使工件压焊为一整体。搅拌焊适用于铝合金、钛合金、镁合金、铜合金、铁合金等材料的焊接，而目前主要用于对轻金属及其合金的焊接，特别是铝及铝合金材料的搅拌焊在各制造业领域得到了成功的应用。

搅拌摩擦焊在宇航工业、船舶制造工业、高速列车制造等制造领域得到了非常成功的应用。随着搅拌摩擦焊技术深入研究与应用工艺的发展，完全可以预计，铝合金材料的工业连接应用将主要由搅拌摩擦焊进行，特别是在运载火箭、高速铝合金列车、铝合金高速快艇、全铝合金汽车等项目中搅拌摩擦焊技术将会占到十分重要的地位。

3.5.3 超声波焊

1. 超声波焊原理

超声波焊是利用高频振动波传递到两个需焊接的物体表面,施加适当的压力,使两个物体表面相互摩擦转换为热能,形成原子(分子)之间的熔合。超声波焊设备的主要组件包括超声波发生器/换能器/变幅杆/焊头三联组/模具和机架,如图3-64所示。

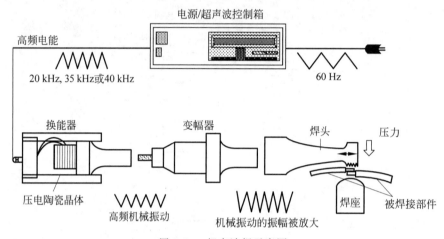

图 3-64 超声波焊示意图

超声波发生器将50/60 Hz的电流转换成15 kHz、20 kHz、30 kHz或40 kHz的高频电能;高频电能通过换能器再次被转换成为同等频率机械振动;高频机械振动通过一套可以改变振幅的变幅杆装置传递到焊头;焊头将接收到的振动能量传递到待焊接工件的接头部位;振动能量在接头部位通过摩擦方式转换成热能,将接头部位焊合。

2. 超声波焊的应用

超声波焊可以连接金属、热塑性塑料,也可以连接织物和薄膜。超声波焊在车辆制造、电工电子、通信器材、打印设备、包装行业、玩具制造等许多制造业中得到广泛应用。

1) 超声波金属焊接

超声波金属焊接原理是利用超声频率的机械振动能量,将15 kHz以上的高频振动波的机械振动能量传递到焊接金属的接头表面,施加适当的压力,使工件接头处的两部分金属表面相互摩擦转换为热能,使接头处温度达到再结晶温度,使两接头金属原子或分子之间发生再结晶,从而成牢固的固相连接。图3-65是一种大功率超声波金属焊机。

超声波焊既可焊接同种金属,也可以焊接异种金属。金属在进行超声波焊接时,既不需要向工件输送电流,也不需施以高温热源,只是在静压力之下,将机械能转变为振动能、形变能,使局部温度升高,两工件接头达到再结晶温度发生固相连接。超声波焊有效地克服了电阻焊接时所产生的飞溅和氧化等现象。

超声波金属焊接具有接头母材不熔融、接头不出现脆性组织、接头熔合强度高、导电性好、无火花飞溅、安全环保、焊接效率高、能耗低等优点。超声波焊焊接金属件一般小于或等于5 mm厚度、焊点位不能太大。超声波金属焊接适宜于焊接铜、银、铝、镍等有色金属的细丝或薄片材料进行单点焊接、多点焊接和短条状焊接,可广泛应用于镍氢电池镍网与镍片互熔、可控硅引线、熔断器片、电器引线、锂电池极片、聚合物电池铜箔与镍片互熔,铝箔与铝片互熔、电线互熔、极耳的焊接,等等。

2) 超声波热塑性塑料焊接

超声波热塑性塑料焊接技术是利用高频振动波传递到两个需焊接的物体表面,施加适当的压力使两个物体表面相互摩擦而形成分子之间的熔合,图3-66是一种超声波塑料焊机。

图3-65 大功率超声波金属焊机

图3-66 超声波塑料焊机

超声波热塑性塑料焊接具有能耗低、成本低、效率高、易于实现自动化生产等优点,是一种快捷、洁净、有效的装配工艺,不但具有牢固的连接装配功能,而且具有优异的防潮、防水、密封效果。

超声波热塑性塑料焊接广泛用于装配处理热塑性塑料配件与合成构件,如塑胶制品的黏结,塑胶制品与金属配件的黏结、与其他非塑胶材料之间的黏结等。超声波热塑性塑料焊接技术作为一种先进的装配技术,在塑胶、电子、电器、汽车配件、包装、环保、医疗器械、无纺布、玩具、通信器材等行业得到普遍应用,已基本取代了溶剂黏胶、机械固定及其他的黏结工艺。

为净化超声波塑料焊接工作环境,在超声波热塑性塑料焊接的场所,需要安装散烟、散热通风装置。

3.6 焊接自动化与智能化

3.6.1 焊接自动化的基本概念

焊接自动化是指在焊接过程中,焊接设备或焊接系统机械装置在不需要人工直接参与的情况下,按照程序发出的指令完成焊接的过程。焊接自动化包含单一焊缝焊接工艺过程中的自动化和产品在焊接生产中的自动化。产品焊接自动化包括由备料、切割、装配、焊接、检验等工序组成的产品生产全过程自动化。

焊接自动化技术是使用系统技术将焊接自动化设备体系分解成若干个相互关联的功能模

块,如机械技术、传感技术、自动控制技术和伺服传动技术等多个功能模块。利用传感技术检测焊接过程各功能模块的运动,将检测信息输入控制器,通过信号处理,得到能够实现预期运动的控制信号,由此来控制焊接执行装置,实现焊接自动化,图3-67所示为焊接自动化设备。

(a)   (b)

图 3-67　焊接自动化设备

(a) 龙门式自动焊机;(b) 焊接自动化装置

随着现代科学技术的不断进步,焊接自动化技术不断向智能化方向推进。由于自动控制理论与计算机技术的发展以及视觉、激光、传感、图像处理、自动检测等一系列新技术的应用,使得焊接自动化在质量、效率、精准度等方面得到迅速提升。

现代焊接自动化技术的研究与推广应用,能够提高焊接生产效率、稳定产品质量、降低生产成本、减轻工人劳动强度、保障生产安全,使焊接操作者从繁重的体力劳动及恶劣的生产环境中解放出来。

我国在三峡工程、西气东输工程、航天工程、海洋工程等超大型基础工程的建设中,大量地使用了焊接自动化与智能化技术,汽车、船舶、家电、飞机与航天器等制造业以及其他工业产品制造的焊接正在朝着自动化、智能化方向快速前进。

3.6.2　焊接机器人工作站

1. 焊接机器人与焊接机器人工作站

1) 焊接机器人

在工业自动化与智能制造高速发展的今天,工业机器人已成为高端制造领域不可或缺的基本技术支撑。工业机器人是自动执行工作的机器装置,机器人靠自身动力和控制能力来实现各种功能。在工业机器人的机械接口装接焊接机构,使之能够从事焊接操作的工业机器人称为焊接机器人。

焊接机器人有弧焊机器人、点焊机器人。专业人员可以根据不同的场合,选用不同形式的焊接机器人来完成相应的焊接任务。实际生产中,模仿人手臂功能的多关节焊接机器人可以在空间自由度内完成任意动作,手臂灵活性大,能够使焊枪的空间位置和姿态调至任意状态,以满足焊接的需要,应用最为广泛。图3-68是一种常见的点焊机器人。

2) 焊接机器人工作站

焊接机器人可以独立完成产品的焊接工序,也可以将焊接机器人安装在产品的自动化生产线上,成为产品生产线上完成产品焊接工序的一个工作站,称为焊接机器人工作站,如图 3-69 所示。焊接机器人工作站在产品自动生产线上完成产品的焊接工序时,接受产品生产线主系统的控制。但焊接机器人工作站本身具有一个相对独立的控制系统,产品自动完成生产线上焊接工序的全部焊接工艺,由焊接机器人通过本身控制系统的控制来完成。产品生产线主控系统和工作站之间通过信号、数据交换进行生产线的协调工作。

图 3-68　点焊机器人示意图

图 3-69　焊接机器人工作站

2. 弧焊机器人构成

弧焊机器人单体主要由机器人本体、示教器、弧焊机、变压器、控制箱构成,如图 3-70 所示。

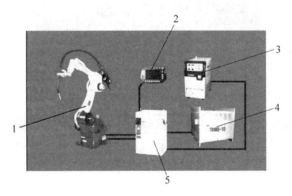

1—机器人本体；2—示教器；3—弧焊机；4—变压器；5—控制箱。
图 3-70　弧焊机器人构成

3. 焊接机器人的应用

焊接机器人在工业制造业领域得到了广泛的应用,据有关统计,全球工业领域使用的工业机器人中,焊接机器人约占 50%。

在现代汽车制造业中,焊接机器人从原来比较单一的汽车装配点焊发展到汽车零部件和装配过程中的电弧焊,汽车制造中的汽车车体、汽车底盘、座椅骨架、导轨、消声器以及液力变矩器等零部件的焊接均由焊接机器人来完成。图 3-71 是一种轿车车身焊接机器人工作站。

在船舶工业、海洋资源开发和海洋工程建设中,焊接机器人已经成为我国海洋工程装备

图 3-71 轿车车身焊接机器人工作站

制造技术的重要组成部分,在海上采油平台、港珠澳大桥等海洋工程中发挥了极其重要的作用。随着海洋工程装备焊接材料与水下焊接技术的快速发展,海洋焊接机器人技术将成为海洋资源开发和海洋工程建设不可缺少的基础支撑技术。图 3-72 所示是一种船舶制造焊接机器人工作站。

图 3-72 船舶制造焊接机器人工作站

在混凝土泵车、挖掘机、盾构机等工程机械制造与高速列车、机车车辆、石油化工、塑料工业、搬运机械、医疗器械、发电机和飞机制造,以及其他工业制造业的生产线上,焊接机器人工作站同样已经成为不可或缺的基本制造技术装备。图 3-73 是一种挖掘机制造生产线上的焊接机器人工作站。

图 3-73 挖掘机制造生产线上的焊接机器人工作站

3.7 焊接的安全技术与环境保护

3.7.1 焊接过程中的触电因素

电能是焊接的主要能源,焊接操作过程中发生触电事故是主要危险之一,触电事故有直接触电和间接触电两种情况。

1. 焊接操作中的直接触电

直接触电事故主要有如下三种情形:更换焊条、电极时,操作者的手或身体某部接触到焊条、焊钳或焊枪的带电部分,而脚或身体其他部位接触地面或无绝缘保护的工件;在焊接操作接线、调节焊接电流和移动焊接设备时,手或身体某部接触到接线柱等带电体;在高空焊接作业时,触及低压线路或靠近高压电路引起的触电事故。

2. 焊接操作中的间接触电

焊接过程中的间接触电事故有如下三种情形:焊接设备的绝缘保护遭受烧损、振动或机械损伤,使绝缘损坏部位接触到机壳,而操作者碰触机壳引起触电;焊机的火线和零线接线出现错误,使外壳带电而触电;焊接操作人员身体接触绝缘已被损坏的电缆、胶木电闸带电部分而触电。

3.7.2 焊接过程中的火灾与爆炸因素

焊接中,电弧及气体火焰的温度很高并有大量的金属火花飞溅物,此时与易燃、易爆的气体、液体以及可燃性粉尘等接触,都有可能引起火灾甚至发生爆炸。

1. 可燃气体的燃烧或爆炸

焊接中使用的可燃气体如乙炔、天然气等,与氧气或空气混合达到一定限度时,遇到火源便会产生燃烧或发生爆炸。

2. 可燃液体的燃烧或爆炸

在焊接场地或附近存放有可燃液体时,可燃液体或可燃液体的蒸汽(如汽油蒸汽等)达到一定浓度,遇到焊接火花会产生燃烧或发生爆炸。

3. 可燃性粉尘的燃烧或爆炸

在焊接场地或附近存在有可燃性粉尘如镁粉、铝粉、纤维素粉尘等,悬浮于空气中的可燃性粉尘达到一定浓度限度时,遇到焊接火花也会产生燃烧或发生爆炸。

4. 密闭容器内部的爆炸

在密闭容器或受压容器内部进行焊接时,如果未能采取通风、减压等良好的安全措施,就有可能产生燃烧或发生爆炸的危险。

3.7.3 焊接过程对环境的污染因素

焊接过程对环境的影响和污染因素主要有：

1. 焊接烟尘

焊接中，由于焊条药皮或覆盖剂的燃烧熔融会产生烟尘，液态熔池也会产生金属蒸汽。焊接粉尘的成分比较复杂，通常含有铁、硅、锰、铝、钼、氧化锌等细小尘埃，具有一定的毒性。使用碱性低氢型焊条时，粉尘中还含有强毒性的可溶性氟。操作人员长时间呼吸这些粉尘，会损害呼吸系统，引起头痛、恶心等现象，甚至引起尘肺及锰中毒等疾病。

2. 弧光辐射

焊接中的弧光辐射包括可见光、红外线和紫外线。强烈的可见光耀眼刺目，红外线引起眼部灼伤，出现闪光幻觉，长时间重复的紫外线辐射可引起睑缘炎和角膜炎、皮炎。皮炎往往表现为皮肤红斑或伴有水泡，若结缔组织损害可能造成皮肤弹性丧失、老化甚至诱发皮肤癌。

3. 有害气体

在各种熔焊中，焊接工作区会产生各种有害气体，在电弧焊中焊接电弧的高温和强烈的紫外线作用，产生有害气体的程度更高。焊接过程中产生的臭氧、一氧化碳、氮氧化物、氟化氢等有害气体，可经呼吸道进入人体进而损害神经系统，影响身体健康，重者出现中毒现象。例如出现头晕头痛、口干舌燥、烦躁胸闷等现象，重度者出现呼吸困难、咽喉肿痛、口唇青紫等现象。吸入高浓度有害气体可出现步态不稳、意识不清，重者甚至昏迷或窒息。

4. 高频电磁场

焊接生产需要使用电能，当交流电的频率达到每秒振荡 10 万 Hz 以上时，周围将形成高频率的电磁场。如使用等离子弧焊割、钨极氩弧焊高频振荡器引弧等，会形成高频电磁场。焊工长期接触高频电磁场，会影响神经系统功能，如出现神经衰弱现象等。

5. 噪声污染

焊接生产中的噪声污染主要出现在等离子弧切割、碳弧气刨等工作过程中，其噪声声强可高达 120 dB 以上，强烈的噪声可以引起听觉障碍、耳聋等现象。（注：碳弧气刨是指使用石墨棒或碳棒与工件间产生的电弧将金属熔化，并用压缩空气将其吹掉，实现在金属表面上加工沟槽的方法。）

3.7.4 改善焊接安全与环保的措施

保证焊接生产的安全，保护焊接生产的环境，获得高质量的焊接产品，是焊接生产管理与焊接操作最基本的目标。实现焊接生产安全和环境保护，主要依靠强化焊接生产的安全、环保意识，制定并严格执行焊接安全生产、环境保护的规章制度，排除焊接生产安全的隐患，减少和避免发生安全事故,减少和避免环境污染。

1. 强化焊接安全环保意识,建立健全规章制度

建立健全焊接生产安全与环境保护的制度体系,强化焊接安全生产、环境保护的全过程管理。要制定严格的焊接安全、环保操作规程,焊接操作人员必须严守焊接安全、环保操作规程。

2. 改善安全环保条件

采取强力通风条件,及时抽排焊接过程中的粉尘和有害气体,减少或避免人体对焊接粉尘与有害气体的吸入量。焊接作业现场周围规定范围内不得堆放易燃易爆物品,严禁在易燃易爆气体或液体扩散区域内进行焊接操作,严禁在装有易燃易爆物品的容器内进行焊接操作,严禁在受力构件上进行焊接操作。

3. 严格实施焊接操作技术培训

焊接操作人员必须接受严格的焊接技术与安全技术培训,并经严格考核取得上岗资格后方可持证上岗进行焊接作业。焊接操作人员必须强化个人安全防护意识,按照不同焊接作业要求使用相应的防护面罩、眼镜、口罩、手套、安全带、绝缘鞋、防护服等。

4. 焊接作业前严格进行检查

焊接操作场所必须进行严格清理,仔细检查供电线路、焊接设备和焊接工具的绝缘状态、保护接地、设备完好程度等,确认安全合格后方可进行焊接作业。

5. 特殊作业环境的焊接安全

在压力容器、管道、锅炉或封闭式结构内部等通风条件差的情况下进行焊接操作,或在高空、水下等特殊环境下进行焊接作业,必须在焊接操作之前按照规定设置必备的安全设施,设立专人负责监护,焊接操作人员必须采取特殊焊接作业的相应防护措施,焊接过程中必须实行间歇作业和严格执行工间休息制度。

6. 焊接作业后避免安全隐患

焊接操作完毕后要切断焊接电源或关闭气阀,仔细清理焊接现场,打扫场地卫生。焊接后要设置必要的安全警示,避免焊后未完全冷却的焊件引发火灾或造成不知情人员的烫伤等。

习题 3

3-1 你在工业实际生产中见到过哪些材料连接方法?
3-2 你在大学生学科竞赛的创新作品设计制作过程中,使用了哪种焊接方法?
3-3 焊条电弧焊机有什么要求?常用的焊条电弧焊设备有哪几种?如何选用?
3-4 焊条由哪几部分组成?各部分有何作用?
3-5 使用厚度 12 mm 的钢板,焊接一个容积为 3 m^3 的高压密封水箱,如何选择焊条直径?

3-6 引弧的方法有几种？引弧时黏条怎么办？
3-7 钎焊的应用范围如何？
3-8 硬钎焊与软钎焊的主要区别是什么？将碳钢刀体与硬质合金刀片焊接成为车刀，选用硬钎焊还是选用软钎焊？
3-9 钎焊有哪几种工艺方法？应用范围如何？
3-10 电阻点焊有哪几种方法？各适应于焊接哪些金属？
3-11 电阻缝焊有哪几种方法？
3-12 电阻对焊有哪几种方法？各适应于焊接哪些金属？
3-13 氩弧焊有几种焊接方法？
3-14 为了保证焊接质量，焊接铝合金高速列车零件，应选择焊条电弧焊还是选择氩弧焊？
3-15 等离子弧焊适宜于焊接哪些材料？
3-16 等离子弧切割适宜于切割哪些材料？
3-17 何谓气焊？氧-乙炔焊有哪些优点和缺点？应用范围如何？
3-18 在野外施工，维修焊接一根小直径铸铁管，选用焊条电弧焊？还是选用氧-乙炔焊。
3-19 氧气切割的金属材料应具备哪几个条件？低碳钢、中碳钢和低合金结构钢能够气割吗？铝合金、镁合金、铜合金、钛合金材料适合气割吗？为什么？
3-20 产生焊接应力的原因是什么？焊接应力有什么危害？防止变形的措施有哪些？
3-21 常见的焊接缺陷有哪些？是什么原因引起这些焊接缺陷？如何防止产生焊接缺陷？
3-22 焊缝质量检验的方法有哪些？
3-23 激光焊接分为哪几种类型？激光焊接应用范围如何？
3-24 摩擦焊分为哪几类？应用范围如何？
3-25 搅拌焊的基本原理是什么？
3-26 搅拌摩擦焊主要焊接哪些金属材料？
3-27 在工业制造中，塑胶、电子、电器、汽车配件、包装、环保、医疗器械、无纺布、玩具、通信器材等行业，有大量需要连接的金属线材与薄材、塑胶材料、无纺布等材料需要连接成形，最适合的是哪种焊接方法？为什么？
3-28 什么叫焊接自动化？焊接自动化设备体系包含哪些功能模块？
3-29 焊接自动化与智能化有何重要意义？
3-30 焊接机器人工作站与焊接机器人有何异同？
3-31 焊接过程中存在哪些可能触电的隐患？
3-32 焊接过程中存在哪些可能的火灾与爆炸事故？
3-33 焊接过程中存在哪些环境污染因素？
3-34 应采取哪些措施保证焊接生产安全和保护焊接生产环境？

自测题

第4章 非金属材料成形

【本章导读】 按化学成分的不同,工程材料分为金属材料、无机非金属材料(陶瓷)、高分子材料和复合材料四大类。本章将介绍高分子材料、陶瓷材料和复合材料的成形方法。该部分的学习将有助于同学们针对不同材料选用合理的成形方法,对经济高效地生产出所需要的制品,具有重要的理论意义和实用价值。实训环节中,通过现场讲解和示范操作,让学生了解塑料成形设备的结构和工作原理、成形工艺过程,对比非金属材料与金属材料成形过程的差异,结合科技进步发展,介绍陶瓷材料、复合材料的特点和成形方法,拓展工程材料选择视野。

4.1 高分子材料成形

高分子材料是以相对分子质量(分子量)大于10000的高分子化合物为主要成分,配合各种添加剂,经加工而成的有机合成材料。根据力学性能和使用状态的不同,通常将高分子材料分为塑料、橡胶、合成纤维、黏合剂和涂料等。本节将主要介绍塑料和橡胶的成形方法。

4.1.1 塑料成形

塑料成形

塑料是一类以天然或合成树脂为主要成分,在一定温度、压力条件下经塑制成形,并在常温下能保持形状不变的高分子工程材料。

塑料成形是指将原料(树脂与各种添加剂的混合料或压缩粉)在一定温度和压力下塑制成一定形状制品的过程。塑料的种类很多,其成形的方法也很多。在此仅介绍注射成形、挤出成形、压塑成形、压注成形、压延成形、吹塑成形、吸塑成形等方法。

1. 注射成形

注射成形又称"注塑成形",是将颗粒状态或粉状塑料从注射机的料斗送进加热的料筒中,经过加热熔融塑化成为黏流态熔体,在注射机柱塞或螺杆的高压推动下,以很大的流速通过喷嘴注入模具型腔,经一定时间的保压冷却定形后可保持模具型腔所赋予的形状,然后开模分型获得成形塑件,其原理如图4-1所示。

注射成形的优点是成形周期短,花色品种多,形状可由简到繁,尺寸可由小到大;制品

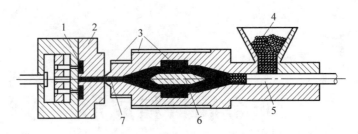

1—制品；2—模具；3—加热器；4—粒状塑料；5—柱塞；6—分流梭；7—喷嘴。

图 4-1　注射成形原理示意图

尺寸准确，可带有各种金属嵌件；可以实现生产自动化、高速化，具有很高的经济效益。缺点是由于需要均匀冷却，限制了塑件的厚度；模具和注塑机成本高。注射成形适用于几乎所有品种的热塑性塑料和部分热固性塑料的大批量生产，如电器设备的外壳（吹风机、吸尘器、食品搅拌器等）、汽车工业的各种产品、玩具与游戏机、厨房用品等。

2. 挤出成形

挤出成形又称"挤塑成形"，是使加热或未经加热的塑料借助螺杆的旋转推进力，通过模孔连续地挤出，经冷却凝固而成为具有恒定截面的连续成形制品的方法。其工艺过程是将粒状塑料加入挤出机料斗中，在螺杆中将塑料加热成黏流态，以利于挤出成形；在加压的情况下通过螺杆向前推进，使塑料通过一定形状的料口从而获得所需形状；用水或空气对挤出成形的塑料件进行冷却定形；根据需要尺寸和形状进行剪裁或切割等，如图 4-2 所示。

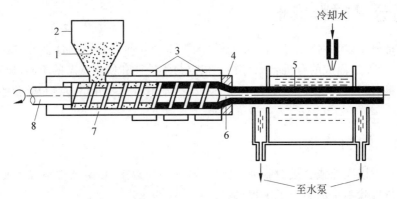

1—粒状塑料；2—料斗；3—加热装置；4—型口板（模具）；5—连续状塑料制品；
6—模塞针；7—挤压料筒；8—挤料螺杆。

图 4-2　挤出成形原理示意图

挤出成形的优点是设备结构简单，操作方便，用途广，成本低；可实现连续、自动化生产，效率高；塑件内部组织均匀致密，尺寸比较稳定准确，制品质量高。缺点是制品断面形状较简单，精度较低；产品需经二次加工才能制成零件。挤出成形适用于热塑性塑料型材的生产，如管材、棒材、板材、薄膜、各种异型断面型材、电线电缆包覆物和中空制品等。

3. 压塑成形

压塑成形又称"压缩成形、模压成形、压制成形"等，它是将粉状、粒状或片状塑料放入金属模具中加热软化熔融,然后在压力下充满模具成形,塑料中的高分子因产生交联反应而固化转变成为具有一定形状和尺寸的塑料制件的成形方法,其原理如图4-3所示。

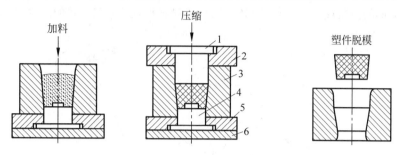

1—上凸模;2—上模座;3—凹模;4—下凸模;5—下模板;6—下模座。

图4-3 压塑成形原理示意图

压塑成形的优点是可采用普通液压机,模具结构简单;制品内部取向组织少,稳定性好,性能均匀,收缩率小;制品外观平整光洁,无浇口痕迹;原料浪费少,成本较低。缺点是成形周期长,生产效率低;精度难以控制,模具寿命短;不易实现自动化生产。压塑成形适用于形状复杂或带有复杂嵌件的制品成形,如电器零件、仪表壳、插座或生活用具等。

4. 压注成形

压注成形又称"传递塑模",是在改进压缩(塑)成形的基础上发展起来的一种热固性塑料的成形方法。其工艺过程是将塑料(预压锭)加入已加热到一定温度的模具加料室中,使其受热熔融,在柱塞压力作用下,塑料熔体经过模具浇注系统注入并填满闭合的型腔,塑料在型腔内继续受热受压而固化成形,最后打开模具取出塑件,如图4-4所示。

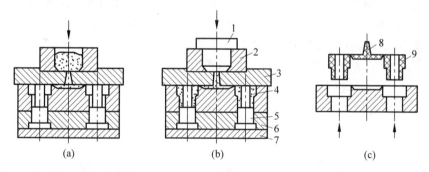

1—柱塞;2—加料腔;3—上模板;4—凹模;5—型芯;6—型芯固定板;7—下模座;8—浇注系统;9—塑件。

图4-4 压注成形原理示意图
(a)塑料加入;(b)闭合型腔;(c)取出塑件

压注成形的优点是成形周期短、生产效率高;塑件的密度和强度较高,性能均匀;尺寸精确度高,表面质量好;制品飞边少,后续工作量小;可以成形带有细小嵌件、较深侧孔及较复杂的塑件。缺点是模具结构复杂,制造成本高,工艺要求严格;塑料原料损耗量大,成形收缩率大。压注成形适合于成形外形复杂、薄壁或壁厚变化很大、带有精细嵌件的塑件。

5. 压延成形

压延成形是使加热塑化的物料通过一系列相向旋转的辊筒之间,受挤压和延展作用而成为平面状连续材料的成形方法。其工艺过程是将已经塑化的接近黏流温度的热塑性塑料,送入两个具有一定温度、以不同线速度相对旋转的辊筒中间;塑料通过辊筒压制成薄膜或者片材;对压延成形的薄膜或片材进行冷却定形后,切割成所需尺寸和形状的制品,如图 4-5 所示。

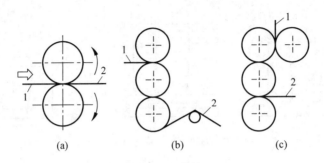

1—原料;2—薄料。

图 4-5 压延成形原理示意图

(a) 两辊组合;(b) 三辊组合;(c) 四辊组合

压延成形的优点是可自动化连续生产,生产能力大,生产效率高;产品质量好,表面平整;可直接制造出各种花纹和图案。缺点是设备庞杂、专业性强,精度要求高,生产成本高;制品宽度、厚度受到一定限制。压延成形适用于带有各种花纹与图案的薄膜、片材制品的成形,如薄膜、薄板、人造革、壁纸、地板革等。

6. 吹塑成形

吹塑成形简称"吹塑",是借助流体压力使闭合在模具中的热熔塑料型坯吹胀形成空心制品的工艺方法。根据型坯生产特征的不同,吹塑成形主要分为中空吹塑和薄膜吹塑。

(1) 中空吹塑。它是先将一个挤出的塑料圆柱体(即坯料,通常用挤出成形法获得)定位于对开模中,切断坯料,闭合模具;然后将压缩空气输入坯料中,使塑料管坯料沿模具壁膨胀且贴合,待冷却后打开模具取出制品的成形方法,其原理如图 4-6 所示。

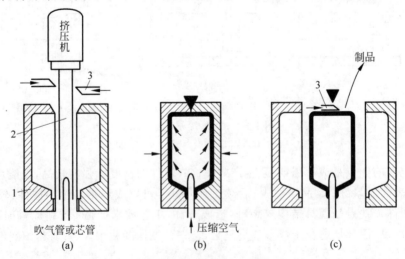

1—吹塑模;2—坯料;3—切刀。

图 4-6 中空吹塑原理示意图

(a) 挤出定位;(b) 合模吹塑;(c) 开模并取出制品

中空吹塑的优点是设备简单,投资成本低,模具和机械的选择范围广泛;管坯生产效率高,型坯温度均匀,熔接缝少;制品破坏程度低,强度高。缺点是不能成形形状复杂的中空制品,只适合成形容积较小(一般小于500 mL)的制品。中空吹塑主要用于生产热塑性塑料的薄壁中空制品,如塑料瓶、包装桶、喷壶、油箱、救生圈、密封带和玩具等。

(2)薄膜吹塑。它与中空吹塑类似,但不需要模具,只是往一根连续挤出的管子(即坯料)中吹入压缩空气(其操作非常类似于吹气球),以获得大而中空且薄(壁厚可达0.1 mm)的管子,经过压辊平铺后卷到卷绕轮上,后续可以通过切割,用来做成塑料袋制品或剖开制成薄膜,其原理如图4-7所示。

薄膜吹塑的特点是吹塑薄膜因同时受到横向和纵向的拉伸,性能比流延膜或挤出膜更好,可以生产厚度很小的制品。薄膜吹塑主要用于制造塑料薄膜或塑料袋,如保鲜膜、棚膜、食品袋、垃圾袋等。

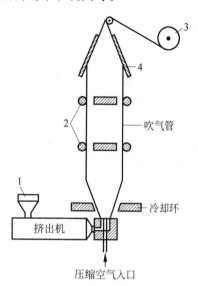

1—料斗;2—导轮;3—卷绕轮;4—压板。

图4-7 薄膜吹塑成形原理示意图

7. 吸塑成形

吸塑成形又叫"真空成形",是将片状或板状材料夹紧在真空成形机的框架上,加热软化后,通过模边的空气通道抽真空将其吸附于模具上,经短时间的冷却后得到制品的成形方法,其原理如图4-8所示。

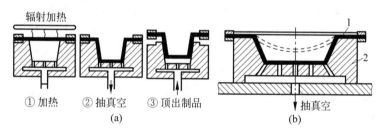

1—制品;2—模具。

图4-8 吸塑成形原理示意图

(a)工艺流程;(b)加工原理

吸塑成形的优点是设备比较简单,模具不需承受压力,可用金属、木材或石膏制成;自动化程度高,成形速度快,效率高;操作容易,节省人力,节省原料。缺点是只能生产结构较简单的半壳状制品,不能生产壁厚不均匀的制品;制品深度有局限性,成形精度略差。吸塑成形主要用于生产大尺寸的壳形制品,如汽车壳体、汽车或飞机用的控制板、护罩、小船、箱体等。

4.1.2 橡胶成形

橡胶是在很宽的温度范围内(−50~150℃)都处于高弹性状态的高聚物材料。它除了具有高弹性外,还具有极好的耐疲劳性、耐磨性和电绝缘性能,常用来制作各种机械中的密封件、减震件、传动件、轮胎以及电器上使用的绝缘件等。

橡胶制品种类繁多,但其生产工艺过程却基本相同,都是以一般固体橡胶(生胶)为原料的制品。其生产过程包括生胶的塑炼、胶料的混炼、橡胶的成形和制品的硫化。其中,橡胶的成形在橡胶制品的生产过程中占有重要地位。下面介绍橡胶的压延成形、模压成形、挤出成形和注射成形等方法。

1. 压延成形

压延成形是指经过混炼的胶料通过专用压延设备上的两对转辊筒,利用两辊筒之间的挤压力,使胶料产生塑性延展变形,制成具有一定断面尺寸规格、厚度和几何形状的片状或薄膜状聚合物,或使纺织材料、金属材料表面实现挂胶的工艺过程。

常用的压延设备有三辊压延机和四辊压延机。图4-9为胶布压延工艺过程示意图,当纺织物和胶片通过一对相向旋转的辊筒间隙时,在辊筒的挤压力作用下贴合在一起而制成胶布。

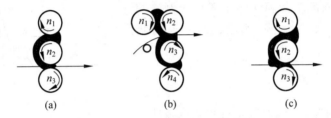

图4-9 胶布压延工艺过程示意图
(a) 三辊压延机;(b) 四辊压延机;(c) 三辊压延机压力贴胶

压延成形的优点是能连续生产,生产效率高;制品厚度尺寸精确,表面光滑,内部紧实。缺点是工艺条件控制严格,操作技术要求较高。它主要用于制造胶片和胶布等。

2. 模压成形

模压成形也称"压制成形"或"压缩成形",是将预先压延好的橡胶半成品按一定规格下料后置于压制模具中,合模后在液压机上按规定的工艺条件进行压制。在加热、加压的条件下,使胶料呈现塑性流动充满型腔,再经一定时间的持续加热后完成硫化,最后经脱模和修边得到制品的成形方法,其原理如图4-10所示。

模压成形的特点是通用性强,适用面广,操作方便,模具结构简单;能生产复杂产品,生产效率高,成本低;可生产高硬度材料制品。模压成形适合生产大型和复杂的、难于加工的、薄壁及比较精密的、带嵌件的橡胶制品,如手把、夹布胶带、轮胎、密封圈、垫片、胶鞋等。

3. 挤出成形

挤出成形又称"压出成形",是胶料在挤出机中塑化和熔融,并在一定的温度和压力下连续均匀地通过机头模孔挤出,使之成为具有一定断面形状和尺寸的连续橡胶材料制品的成形方法,其原理如图4-11所示。

挤出成形的优点是设备结构简单,有利于自动化生产;成形速度快,生产效率高;工艺适应性强,可挤出各种断面形状的橡胶型材;可制造超长制品,质量均匀致密。缺点是制品断面形状较简单,精度较低。挤出成形常用于成形轮胎外胎胎面、内胎胎筒和胶管等。

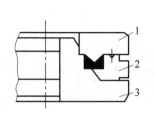 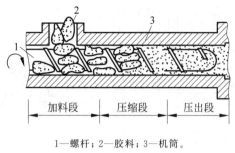

1—上模；2—中模；3—下模。

图 4-10 模压成形原理示意图

1—螺杆；2—胶料；3—机筒。

图 4-11 挤出成形原理示意图

4. 注射成形

注射成形又称"注压成形"，是利用注射机的压力，将预热的胶料直接由机筒经喷嘴注入闭合模具型腔成形、硫化定形后得到制品的成形方法，其原理如图 4-12 所示。

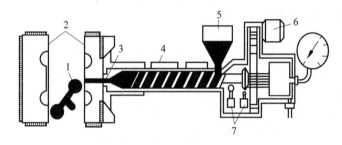

1—制品；2—模具；3—喷嘴；4—加热器；5—送料斗；6—电动机；7—行程控制。

图 4-12 注射成形原理示意图

注射成形的优点是自动化程度高，劳动强度低；硫化速度快，生产效率高；产品尺寸精确、质量稳定，胶料损失小；能一次成形外形复杂、带有嵌件的橡胶制品。缺点是设备一次性投资大；模具结构复杂，加工成本高。注射成形主要用于生产密封圈、减振垫和鞋类等。

4.1.3 注射机的结构和工作原理

塑料和橡胶注射成形的主要设备是注射机。注射机是利用模具将塑料或橡胶加工成制件的注射成形设备。其通常由注射装置、合模装置、液压传动系统、电气控制系统等组成，结构如图 4-13 所示。

注射机的工作原理是将颗粒状或粉状塑料，从注射机的料斗送进加热的料筒中，经过加热熔融塑化成黏流态的熔体，在注射机柱塞或螺杆的推动下，以足够的速度和压力将一定量的熔体注射进模具型腔，经一定时间的保压冷却定形后，获得模具型腔所赋予的形状；合模装置也称"锁模装置"，用于保证注射模具可靠闭合，实现模具开、合动作以及顶出制件；液压传动和电气控制系统，保证注射机按预定工艺过程的要求（如温度、压力、速度和时间等）和动作程序准确、有效地工作。

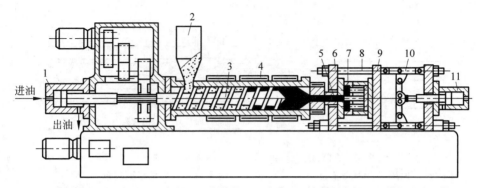

1—注射液压缸；2—料斗；3—螺杆；4—加热器；5—喷嘴；6—定模固定板；7—模具；8—立柱；
9—动模固定板；10—合模机构；11—合模液压缸。

图 4-13　螺杆式注射机结构示意图

陶瓷材料成形

4.2　陶瓷材料成形

陶瓷是由天然或人工合成的粉状矿物原料和化工原料组成，经过成形和高温烧结制成的多晶相固体材料。陶瓷材料具有高熔点、高硬度、高耐磨性、耐氧化等优点，所以应用十分广泛。但也存在脆性大、抗拉强度低、塑性和韧度差等缺点。

根据陶瓷组成及性能的不同，陶瓷材料分为普通日用陶瓷（传统陶瓷）和高技术陶瓷（特种陶瓷）两大类，本节主要介绍高技术陶瓷的成形方法。

4.2.1　高技术陶瓷成形方法

高技术陶瓷的成形方法主要有注浆成形、可塑成形和模压成形三大类。

1. 注浆成形

注浆成形是利用多孔模型的吸水性，将泥浆注入其中而成形的方法。在此重点介绍热压铸成形和流延成形两种成形方法。

1）热压铸成形

热压铸成形是指利用坯料中加入石蜡的热流特性，在压力的作用下，将熔化的蜡浆料注入金属模具中进行成形，冷却凝固后得到所需形状坯体的成形方法，其原理如图 4-14 所示。

热压铸成形的优点是成形设备简单，操作方便，模具磨损小；生产成本低，生产效率高；可成形形状复杂的陶瓷制品，尺寸精度高；对原料适用性强，如氧化物、非氧化物、复合原料及各种矿物原料均可使用。缺点是需要脱蜡环节，增加了能源消耗和生产时间；制品密度偏低，气孔率高，内部缺陷较多；力学性能及其稳定性较差；不适合制备大尺寸、高纯度的陶瓷制品。热压铸成形适用于结构复杂、精度要求高的中小型工程陶瓷制品的成形，如结构陶瓷、耐磨陶瓷、耐热陶瓷、耐腐蚀陶瓷、电子陶瓷、绝缘陶瓷等。

2）流延成形

流延成形又称"带式浇注法"或"刮刀法"，是指将混合后的浆料置于料斗中，从料斗下部流至传送带上,用刮刀刮成薄膜并控制厚度,然后经过红外线加热等方法烘干后,获得一定厚度膜坯的成形方法,其原理如图 4-15 所示。

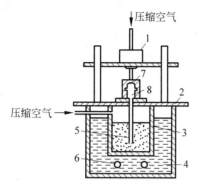

1—压紧装置；2—工作台；3—浆桶；4—油浴恒温槽；
5—供料管；6—加热元件；7—铸模；8—铸件。

图 4-14　热压铸成形原理示意图

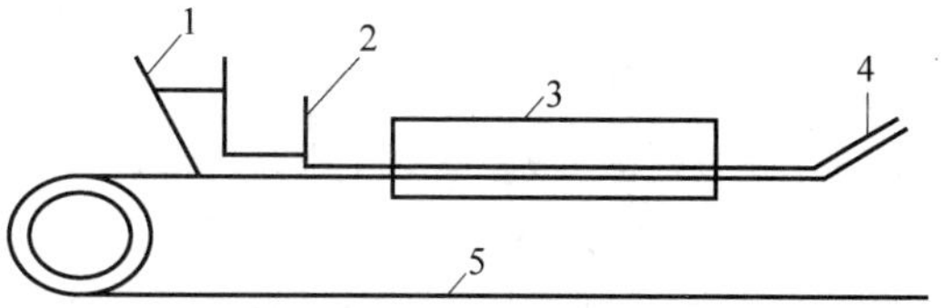

1—料浆料斗；2—刮刀；3—干燥炉；
4—膜坯；5—传送带。

图 4-15　流延成形原理示意图

流延成形的优点是设备简单,工艺稳定;可连续操作,自动化程度高,生产效率高;坯膜性能均一且易于控制;可制备几 μm 至 1000 μm 平整光滑的陶瓷薄片材料。缺点是坯体密度小,烧成收缩率大。流延成形适用于制取厚度小于 0.2 mm、表面光洁度好、超薄型的制品。

2. 可塑成形

可塑成形是对具有一定可塑变形能力的泥料进行加工成形的方法。

在高技术陶瓷的生产中,可塑成形方法主要有注射成形、挤压成形、轧膜成形、滚压成形、塑压成形和旋压成形等。这里主要介绍注射成形、挤压成形、轧膜成形。

1) 注射成形

注射成形是将聚合物注射成形方法与陶瓷制备工艺相结合而发展起来的一种制备陶瓷零部件的新工艺,其原理如图 4-16 所示。

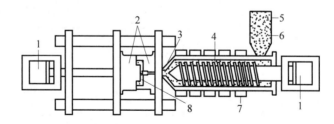

1—电动机；2—模具；3—喷嘴；4—螺杆；5—送料斗；6—陶瓷粉料；7—加热器；8—制品。

图 4-16　注射成形原理示意图

注射成形的优点是自动化程度高,生产效率高,成形周期短;易于实现大批量、规模化生产;制品各部位密度均匀、强度高,几何尺寸精度及表面光洁度极高。缺点是加入的黏结剂较多,需经低温脱脂处理,才能进行高温烧结。注射成形适用于尺寸精度要求高、形状复杂的各种精密陶瓷零部件的大批量生产。

2) 挤压成形

挤压成形是将真空炼制的泥料放入挤制机内,挤制机一端装有活塞,可以对泥料施加压力;另一端装有挤嘴(成形模具),通过更换挤嘴,可以得到各种不同形状坯体的成形方法,其原理如图 4-17 所示。

挤压成形的优点是操作易于自动化,可连续生产,污染小,效率高。缺点是挤嘴结构复杂,加工精度要求高;坯体在干燥烧成时收缩较大,易产生翘曲变形、分层结构、撕裂、开裂、固液分离、气孔及夹杂物等缺陷。挤压成形适用于制造截面一致、长宽比大的管状、棒状或片状坯体。

3) 轧膜成形

轧膜成形是将准备好的陶瓷粉料拌以一定量的增塑剂、黏结剂(一般采用聚乙烯醇)和溶剂后,置于轧膜机的两辊轴之间进行辊轧,通过调节轧辊间距,经过多次辊轧,最后达到所要求的厚度坯体的成形方法,其原理如图 4-18 所示。

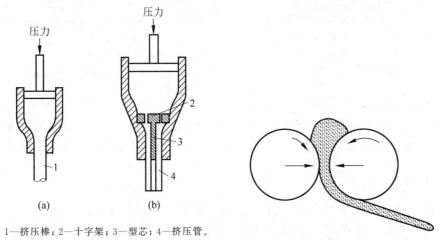

1—挤压棒;2—十字架;3—型芯;4—挤压管。

图 4-17 棒和管材的挤压成形原理示意图

(a)棒材的挤压成形;(b)管材的挤压成形

图 4-18 轧膜成形原理示意图

轧膜成形的优点是生产工艺简单,生产效率高,粉尘污染小;膜片表面光滑,致密度高,厚度尺寸易控制等。缺点是由于轧膜成形时坯料只是在厚度和前进方向受到碾压,在宽度方向受力较小,坯料和黏结剂不可避免地会出现定向排列,坯体性能也会出现各向异性;干燥和烧结时,横向收缩大,纵向收缩小,易出现变形和开裂。轧膜成形适用于生产厚度很薄的膜片制品。

3. 模压成形

模压成形是将经过造粒,流动性好,颗粒级配合适粉料,装入模具内,通过施加外压力,使粉料压制成一定坯体的成形方法。在高技术陶瓷生产中,常常采用压制成形和等静压成形。其特点是黏结剂含量较低,只有百分之几(一般为 7%~8%),可以不经干燥直接焙烧,坯体收缩小,可自动化生产。

1) 压制成形

在高技术陶瓷生产中,压制成形的粉料不含水,而是加少量结合剂,经造粒后将粉料置于钢模中,在压力机上加压形成一定形状的坯体。

2) 等静压成形

将待压试样置于高压容器中,利用液体介质不可压缩的性质和均匀传递压力的性质,从各个方向对试样进行均匀加压。当液体介质通过压力泵注入压力容器时,根据流体力学原理,其压强大小不变且均匀地传递到各个方向,此时高压容器中的粉料在各个方向上受到的压力是均匀的和大小一致的。通过上述方法使瘠性粉料成形为致密坯体的方法称为等静压成形或静水压成形。

等静压成形有冷等静压和热等静压成形两种类型。冷等静压成形是指在常温下对工件进行成形的等静压成形法,其又分为湿式等静压成形(如图4-19)和干式等静压成形(如图4-20)。热等静压成形是指在高温、高压下对工件进行等压成形烧结的一种特殊烧结方法。

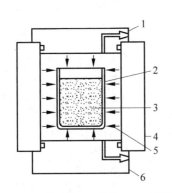

1—顶盖;2—橡胶模;3—粉体;4—高压圆筒;
5—压力传递介质;6—底盖。

图 4-19 湿式等静压成形

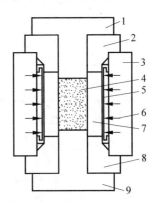

1—上活塞;2—顶盖;3—高压圆筒;4—粉体;5—加压橡胶;
6—压力传递介质;7—成形橡胶模;8—底盖;9—下活塞。

图 4-20 干式等静压成形

4.2.2 高技术陶瓷烧结

用上述成形方法得到的各种陶瓷坯件,还只是半成品。一般还需要经过干燥处理后,在窑炉中以适当的高温烧结,才能得到质地坚硬、符合需要的成品。

陶瓷生坯在高温下的致密化过程称为烧结。烧结过程中主要发生晶粒和孔隙尺寸及其形状的变化,可以分为四个阶段:第一阶段,颗粒间初步黏结;第二阶段,烧结颈长大;第三阶段,孔隙通道闭合;第四阶段,孔隙球化。根据烧结过程中有无液相产生可以分为液相烧结和固相烧结;根据组元的多少还可以分为单元系烧结和多元系烧结。

1. 烧结工艺

烧结的基本过程是将成形后的坯体放入烧结炉中,按一定时间加热到烧结温度,并在烧结温度下保温若干时间,然后将制品冷却后出炉。有关烧结的工艺参数,如烧结温度、烧结保温时间等通常都是根据实验确定的。

2. 烧结方法

正确选择烧结方法是获得具有理想结构和性能陶瓷材料的关键。应用最多的目前仍是常压烧结,但为了获得高性能的高技术陶瓷,许多新的烧结工艺得到发展并获得了广泛应用,如热压烧结、气氛烧结、热等静压烧结、反应烧结等。表4-1对各种先进或特殊的烧结方法,以及它们的优缺点和适用范围进行了归纳比较。

随着对陶瓷材料性能要求的提高,许多新型的成形和烧结工艺已逐渐发展起来,如喷射成形、粉末锻造、热挤压以及选择性激光烧结、三维打印等快速成形方法,它们必将对工程陶瓷材料的研究和应用起到巨大的推动作用。

表 4-1 陶瓷制品各种烧结方法的比较

烧结方法名称	优 点	缺 点	适 用 范 围
常压烧结法	价廉、规模生产和复杂形状制品	性能一般,较难完全致密	各种材料(传统陶瓷、高技术陶瓷、粉末冶金制品)
真空烧结法	不易氧化	价贵	粉末冶金制品、碳化物
一般热压法	操作简单	制品形状简单、价贵	各种材料
连续热压法	规模生产	制品形状简单	非氧化物、高附加值产品
热等静压法	性能优良、均匀、高强	价贵	高附加值产品
气氛烧结法	制品性能好、密度高	组成难控制	高温易分解材料(特别适于氮化物)
反应烧结法	制品形状不变、少加工、成本低	反应有残留物,性能一般	反应烧结氧化铝、氮化硅、碳化硅等
液相烧结法	降低烧结温度、价廉	性能一般	各种材料
气相沉积法	致密、透明、性能好	价格贵、形状简单	要求特殊性能的薄制品
微波烧结法	快速烧结	晶粒生长不易控制	各种材料
电火花等离子烧结(SPS)	快速、降低烧结温度	价贵、形状简单,处于工艺探索阶段	各种材料
自蔓延烧结(SHS)	快速、节能	较难控制	少数材料

复合材料成形

4.3 复合材料成形

复合材料是由两种或多种性质不同的材料,用物理或化学的方法复合而成的一种多相固体新材料。复合材料通常由基体材料和增强材料两部分组成。基体材料一般选用强度高、韧度好的材料(聚合物、橡胶、金属等),是连续相,起黏合作用;增强材料则选用高强度、高弹性模量的材料(碳化硅纤维、玻璃纤维、碳纤维、硼纤维和晶须等),是分散相,起强化作用。几种常见的复合材料结构如图 4-21 所示。

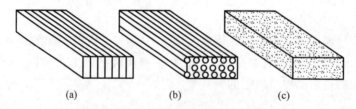

图 4-21 复合材料的分类及结构示意图
(a) 层叠复合材料;(b) 长纤维复合材料;(c) 颗粒复合材料

复合材料的最大优点是既保留了原组分材料的特性,又具有原单一组分材料无法获得的优异特性,另外,还具有比强度和比刚度高、抗疲劳性好、高温性能好、减振性能好、断裂安全性高、可设计性好等特点。因此,从军工到民用,从尖端技术到一般技术,均获得广泛应用,在国民经济和国防建设中发挥着日益重要的作用。

复合材料的制备和成形在很多情况下是一体化完成的,所以复合材料成形工艺的好坏,将直接影响到复合材料制品的生产成本与质量。按基体材料的不同,复合材料的成形分为金属基复合材料成形、树脂基复合材料成形和陶瓷基复合材料成形,下面将分别予以介绍。

4.3.1 金属基复合材料成形

金属基复合材料成形是以金属及其合金为基体,与一种或几种金属或非金属增强材料复合而制得复合材料的成形方法。综合目前的各种成形方法,其复合工艺主要分为固态法、液态法和其他方法三大类。

1. 固态法

固态法是指基体处于固态下制造金属基复合材料的成形方法。在整个制造过程中,温度控制在基体合金的液相线和固相线之间。整个反应控制在较低温度,尽量避免金属基体和增强材料之间的界面反应。目前该方法已经用于 SiC/Al、SiC/TiC/Al、B/Al、C/Al、SiCp/Al、TiB_2/Ti、Al_2O_3/Al 等复合材料制品的生产。

用固态法制备金属基复合材料的方法主要包括扩散黏结法、形变法和粉末冶金法等。

1) 扩散黏结法

扩散黏结是一种在较长时间、较高温度和压力下,通过固态焊接工艺,使同类或不同类金属在高温下互相扩散而黏结在一起的工艺方法。

如图 4-22 所示,扩散黏结过程分为三个阶段:第一阶段,黏结表面之间的最初接触,由于加热和加压使表面发生变形、移动、表面膜(通常是氧化膜)破坏;第二阶段,随着时间的进行发生界面扩散、渗透,使接触面形成黏结状态;第三阶段,扩散结合,界面最终消失,黏结过程完成。

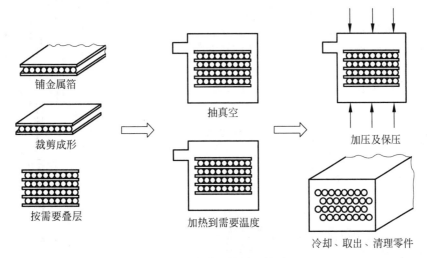

图 4-22 扩散黏结过程简图

扩散黏结的优点是可以黏结品种广泛的金属基复合材料;易控制纤维取向和体积分数。缺点是黏结时间长,黏结温度和压力高,生产成本高;制造零件的尺寸受到限制。目前该方法已经用于 SiC/Al、SiC/TiC/Al、B/Al 等复合材料制品的生产。

2) 形变法

形变法是利用金属具有塑性变形的特点,通过热轧、热拉、热挤压等加工手段,使已复合好的颗粒、晶须、短纤维、层叠等增强金属基复合材料进一步加工成板材的工艺方法。形变法具有生产效率高、材料利用率高等特点,已用于 C/Al、Al_2O_3/Al 等复合材料制品的生产。

3) 粉末冶金法

粉末冶金法是一种用于制备与成形颗粒、晶须或短纤维增强(非连续增强型)金属基复合材料的传统固态工艺方法。用该法可直接制成金属基复合材料零件,也可制坯后进行二次成形。

粉末冶金法工艺过程是根据性能要求,使增强材料(纤维、颗粒或晶须)与基体金属粉末按设计比例混合,并使颗粒或晶须在金属基复合材料的基体中分布均匀;将增强物和金属基体粉末混合料装于容器中,在真空或保护气氛下进行预烧结;将预烧结体进行热等静压加工,热等静压温度要低于金属熔点,同时通过调控热等静压的温度、压力和时间等工艺参数来控制界面反应;采用传统的金属加工方法,对制备的金属基复合材料进行二次加工,以得到所需形状复合材料构件的毛坯。

粉末冶金法的优点是复合材料组织细化、致密、均匀,一般不会产生偏析、偏聚等缺陷,能明显改善孔隙和其他内部缺陷等。缺点是必须将金属基体制成粉末,工艺过程复杂,生产成本高,在制备铝基复合材料时,还要防止铝粉引起的爆炸等。该方法适用于制造 SiCp/Al、SiC/Al、TiB_2/Ti、Al_2O_3/Al 等金属基复合材料。

2. 液态法

液态法是指基体处于熔融状态下制造金属基复合材料的方法。为了减少高温下基体和增强材料之间的界面反应,提高基体对增强材料的浸润性,通常采用加压渗透、增强材料表面处理、在基体中添加合金元素等方法。目前该方法已用于 C/Al、C/Mg、C/Cu、SiC/Al、SiCp/Al、SiCw+SiCp/Al、Al_2O_3/Al 等复合材料制品的生产。

根据熔融金属浸渍纤维、晶须、颗粒的工艺方法不同,液态法制备金属基复合材料的工艺可分为液态金属浸润法和共喷沉积法等。

1) 液态金属浸润法

液态金属浸润法是先使基体金属呈熔融状态时与增强材料浸润结合,然后凝固成形的工艺方法。其常用工艺有真空压力浸渍法、压铸成形法、挤压铸造法和液态金属搅拌铸造法等。

(1) 真空压力浸渍法。它是在真空和高压惰性气体的共同作用下,使熔融金属浸渗入预制件中,从而制造金属基复合材料的工艺方法。真空压力浸渍法主要在真空压力浸渍炉中进行,根据金属熔体进入预制件方式的不同,主要分为底部压入式、顶部注入式和顶部压入式。真空压力浸渍炉结构如图 4-23 所示。

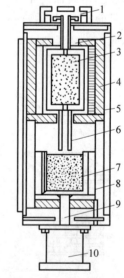

1—上真空腔;2—上炉腔;3—预制件;
4—上炉腔发热体;5—水冷炉套;6—下炉腔升液管;7—坩埚;8—下炉腔发热体;
9—顶杆;10—气缸。

图 4-23 真空压力浸渍炉结构示意图

真空压力浸渍法的优点是在真空中浸渍、在压力下凝固,所得材料组织致密、性能优异;可直接制成复合材料零件,基本上无需进行后续加工;适用性强,工艺简单,生产效率较高。缺点是设备复杂,投资较大;工艺周期长,生产成本高。该方法主要用于 C/Al、C/Mg、C/Cu、SiCp/Al、SiCw+SiCp/Al 等复合材料板材、线材、棒材的生产。

(2) 压铸成形法。它是指在压力作用下,将液态或半液态金属基复合材料或金属,以一定速度充填到压铸模型腔或增强材料预制件的孔隙中,在压力下快速凝固成形而制备金属基复合材料的工艺方法,其原理如图 4-24 所示。其特点是工艺设备简单,易于工业化生产,生产成本低;材料质量高且稳定,组织细化、无气孔;可获得比一般金属模铸件性能优良的压铸件。该方法主要用于锌、铜、铝、镁、铅、锡以及铅锡合金等金属件的压铸成形。

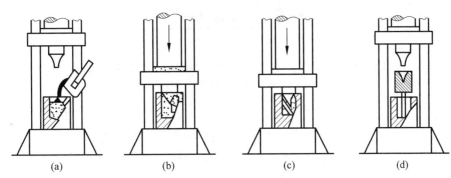

图 4-24 压铸成形原理示意图
(a) 注入复合材料;(b) 加压;(c) 固化;(d) 顶出

(3) 挤压铸造法。它是通过压机将液态金属压入增强材料预制件中制造复合材料的工艺方法。其优点是可生产出材质优良、加工余量小的制品;成本低,生产率高。缺点是在高压下,对工艺、模具要求较高;无法制造高性能、高精密的复合材料制品。该方法适用于批量制造低成本陶瓷短纤维、颗粒、晶须增强铝、镁基复合材料制品。

(4) 液态金属搅拌铸造法。它是将增强相颗粒直接加入金属熔体中,通过搅拌使颗粒均匀分散,然后浇铸成形,制成复合材料制品的工艺方法。其特点是工艺简单,生产效率高,制造成本低。该方法适用于多种基体和多种颗粒的金属基复合材料制品的生产。

2) 共喷沉积法

共喷沉积法是运用特殊的喷嘴,将液态金属基体通过惰性气体气流的作用,雾化成细小的液态金属流,将增强相颗粒加入到雾化的金属流中,与金属液滴混合在一起并沉积到衬底上,凝固后形成金属基复合材料的工艺方法。用该法生产的陶瓷颗粒增强金属基复合材料成形原理如图 4-25 所示。

共喷沉积法的优点是适用面广,生产工艺简单、效率高;冷却速率快;颗粒分布均匀。缺点是复合材料中的气孔率较大。该方法适用于多种金属材料基体,如高合金钢、低合金钢、铝及铝合金、高温合金等。可设计雾化器和收集器的形状和一定的机械运动,能直接形成盘、棒、管和板带等接近零件实际形状的复合材料坯料。

3. 其他方法

除固态法和液态法之外,还有一些通过运用化学、物理等基本原理,而发展的一些金属

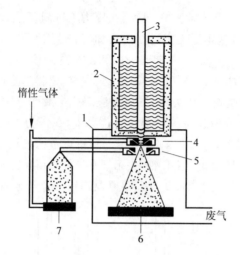

1—分解室；2—感应加热炉；3—挡杆；4—雾化器；5—颗粒喷射器；6—底板(管、坯、板等)；7—颗粒液化床。

图 4-25 共喷沉积法成形原理示意图

基复合材料制造方法，如原位自生成法、物理气相沉积法和化学气相沉积法等。

（1）原位自生成法。它是指增强材料在复合材料制造过程中，能从基体中生成和生长的方法。根据增强材料的生长方式不同，可分为定向凝固法和反应自生成法。

（2）物理气相沉积法。它是指利用物理凝聚的方法，将多晶原料经过气相转化为单晶体的方法。常用的方法有升华-凝结法、分子束法和阴极溅射法等。

（3）化学气相沉积法。它是指在化学气相沉积过程中伴有化学反应的方法。常用的方法有化学传输法、气体分解法、气体合成法和 MOCVD 法（metal organic chemical vapor deposition method）等。

4.3.2 树脂基复合材料成形

树脂基复合材料成形是以有机聚合物为基体，以纤维为增强材料，制得复合材料的工艺方法。其基体材料一般为热固性树脂、热塑性树脂，以及各种各样改性或共混基体；增强纤维常用玻璃纤维、碳纤维、玄武岩纤维或者芳纶纤维等。

树脂基复合材料常用的成形方法有手糊成形、喷射成形、袋压成形、层压成形、模压成形、缠绕成形、拉挤成形等。

1. 手糊成形

手糊成形是指用手工或在机械辅助下，将增强材料和热固性树脂铺覆在模具上，树脂固化后形成复合材料的一种成形方法，其原理如图 4-26 所示。

手糊成形的优点是设备投资少，工艺操作简便，操作者容易培训，生产成本低；制品的可设计性好，且容易改变设计；制品树脂含量较高，耐腐蚀性较好；模具材料来源广，可制成夹层结构；能生产大型的和复杂结构的制品，不受产品尺寸和形状限制。缺点是生产效率低，劳动强度大，卫生条件差；制品力学性能低，稳定性差；制品质量不易控制等。该方法适用于批量小、品种多、形状复杂及大型制品的生产。目前，国内约有 50% 以上的玻璃钢

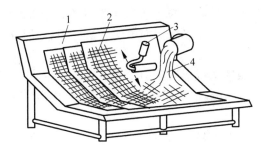

1—模具；2—增强材料；3—压辊；4—树脂。

图 4-26　手糊成形原理示意图

制品用此法成形。

2. 喷射成形

喷射成形又称"半机械化手糊法"，是利用喷枪将短纤维及树脂同时喷到模具上，压实固化成制件的工艺方法。具体做法是将加了引发剂的树脂和加了促进剂的树脂分别由喷枪上的两个喷嘴喷出，同时切割器将连续玻璃纤维切割成短纤维，由喷枪的第三个喷嘴均匀地喷到模具表面上，沉积到一定厚度后，用小辊排气压实，再继续喷射，直到完成坯件的制作，然后固化成制品的工艺方法，其原理如图 4-27 所示。

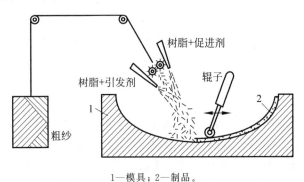

1—模具；2—制品。

图 4-27　喷射成形原理示意图

喷射成形的优点是半机械化操作，劳动强度较低，生产效率高；制品无接缝，整体性好；用粗纱代替玻璃布，可降低材料成本；能减少飞边、裁屑和剩余胶液的损耗，节省原材料；工艺自由度大，形状和尺寸不受限制；根据性能需要，可自由调节产品厚度、纤维含量、长度等。缺点是设备投资比手糊成形大，阴模成形难度较大；树脂含量高，制品强度低，承载能力差；现场粉尘大，场地污染大，工作环境差。该方法适用于不需加压、室温固化的不饱和聚酯树脂基复合材料制品生产。目前该方法主要用于制造船体、浴盆、汽车车身、容器及板材等大型部件。

3. 袋压成形

袋压成形工艺是在手糊成形的制品上，装上橡胶袋或聚乙烯、聚乙烯醇袋，将气体压力施加到未固化的玻璃钢制品表面，而使制品成形的工艺方法。袋压成形工艺可分为加压袋法和真空袋法。

加压袋法是在经手糊或喷射成形尚未固化的玻璃钢表面放上一个橡胶袋,固定好上盖板,然后通入压缩空气或蒸汽,使玻璃钢表面承受一定压力,同时受热固化而得到制品的方法,如图 4-28(a)所示。

真空袋法是将经手糊或喷射成形后未固化的玻璃钢,连同模具,用一个大的橡胶袋或聚乙烯醇薄膜包上,抽真空,使玻璃钢表面受到大气压力而成形,固化后得到制品的方法,如图 4-28(b)所示。

袋压成形的优点是制品两面较平滑,制品质量高,成形周期短;能适应聚酯、环氧及酚醛树脂,能优化树脂与纤维含量比例。缺点是生产成本较高,制品大小受固化设备限制。该方法适用于制造快速原型零件,产量不大的制品,模压法不能生产的较复杂制品和需要两面光滑的中小型制品等。现已广泛用于飞机、导弹、卫星和航天飞机等产品的零部件生产,如飞机舱门、整流罩、机载雷达罩、支架、机翼、尾翼、隔板、壁板及隐身飞机等。

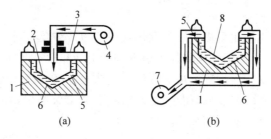

1—模具;2—橡胶薄膜;3—压板;4—空压机;5—增强材料;6—胶衣;7—真空泵;8—柔性薄膜。

图 4-28　袋压成形原理示意图
(a)加压袋法;(b)真空袋法

4. 层压成形

层压成形是把一定层数的浸胶布(纸)叠在一起,送入多层液压机,在一定的温度和压力下压制成板材的工艺方法,其原理如图 4-29 所示。层压成形常用的增强材料有棉布、玻璃布、纸张、石棉布等,基体材料有酚醛树脂、环氧树脂、不饱和聚酯树脂以及某些热塑性树脂等。

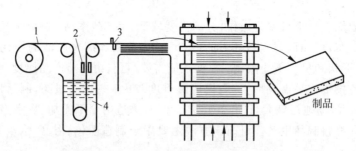

1—纸或布料;2—干燥箱;3—切刀;4—液态树脂。

图 4-29　层压成形原理示意图

层压成形的优点是制品表面光洁、质量好且稳定;成形压力小,生产效率高,原料损耗少;成形设备和模具结构简单,制造费用低,占地面积小等。缺点是制品精度低,生产效率低,劳动强度大;只能生产板材,且产品的尺寸大小受设备的限制。该方法适用于生产各种复合材料板材,如各种绝缘材料板、人造木板、塑料贴面板、覆铜箔层压板等。

5. 模压成形

模压成形是指将模压料置于金属对模中,在一定的温度下,加压固化为复合材料制品的成形工艺,它是一种对热固性树脂和热塑性树脂都适用的纤维增强复合材料的成形方法,其原理如图 4-30 所示。

模压成形的优点是便于实现专业化和自动化生产,成形速度快,生产效率高;制品尺寸精确、质量高,外观及尺寸重复性好;表面光洁,无需有损于制品性能的辅助加工;该方法适合大批量生产,能一次成形结构复杂的制品,价格相对低廉等。缺点是压模的设计与制造比较复杂,初次投资较大;制品尺寸受设备限制。该方法适用于制造批量大的中、小型制品。

6. 缠绕成形

缠绕成形是先将连续纤维或带浸渍树脂胶液后,按照一定的规律缠绕到芯模上,然后在加热或常温下固化,制成一定形状制品的工艺方法,其原理如图 4-31 所示。

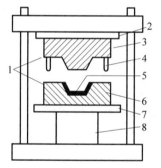

1—加热或冷却;2—压板;3—阳模;4—定位销;
5—模塑料;6—阴模;7—压板;8—液压机。

图 4-30 模压成形原理示意图

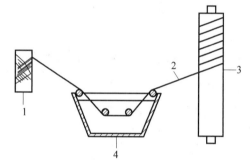

1—纤维;2—树脂涂层纤维 ER;
3—旋转芯轴;4—树脂溶液池。

图 4-31 缠绕成形原理示意图

缠绕成形的优点是可按设计要求确定缠绕方向、层数和数量;纤维能保持连续完整,可获得等强度结构;制品质量高而稳定,比强度高;机械化与自动化程度高,生产效率高,劳动强度小;制品不需机械加工,生产周期短,成本较低等。缺点是设备复杂,投资较大;技术难度高,工艺质量不易控制;制品呈各向异性,强度的方向性明显,层间剪切强度低;适应性小,制品的几何形状有局限性等。该方法适用于制造圆柱体、球体及某些正曲率回转体制品,如固体火箭发动机壳体、飞机壳体、导弹放热层和发射筒、压力容器、各种管材等。

7. 拉挤成形

拉挤成形是将浸渍了树脂胶液的连续纤维,通过成形模具,在模腔内加热固化成形,在牵引机拉力作用下,连续拉拔出型材制品的工艺方法,其原理如图 4-32 所示。

拉挤成形的优点是易于实现自动化,设备造价低,生产效率高;制品的纵向和横向强度可任意设计调整,能充分发挥增强材料的作用;可连续生产任意长度的各种异型制品,且性能稳定可靠;原材料有效利用率高,基本无边角废料,不需或仅需少量加工。缺点是只能加

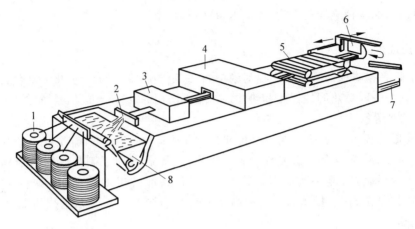

1—纤维；2—挤胶器；3—预成形；4—热模；5—拉拔；6—切割；7—制品；8—树脂槽。

图 4-32　拉挤成形示意图

工不含有凹凸结构的长条状和板状制品；制品性能的方向性强，剪切强度较低等。该方法适用于连续制造具有恒定截面的复合材料型材，如各种不同截面形状的管、棒、角形、工字形、槽型、板材等型材。

4.3.3　陶瓷基复合材料成形

陶瓷基复合材料成形是以陶瓷基体与各种增强纤维或颗粒复合而制得复合材料的成形方法。这里将介绍模压成形、液相渗透成形、直接氧化法和化学气相渗透工艺等成形方法。

1. 模压成形

模压成形又称"干压成形"，是将粉料和增强材料均匀混合后装入钢模内，通过冲头对其单向或双向施加压力，压制成具有一定形状和尺寸的陶瓷基复合材料压坯的成形方法，其原理如图 4-33 所示。

模压成形的优点是工艺简单，操作方便；易于实现自动化，生产周期短、效率高；坯体密度大、强度高；尺寸精确、收缩小等。缺点是模具加工复杂，要求高、磨损大、成本高；成形时粉料易团聚，压力分布不均匀，坯体密度不均匀，易产生收缩不匀和分层开裂；大型坯体和形状复杂零件生产困难等。该方法适用于生产形状简单、尺寸较小的复合材料制品。

2. 液相渗透成形

液相渗透成形是在预制的增强材料坯件中，使基体材料以液态形式渗透，从而制成复合材料的成形方法，其原理如图 4-34 所示。

液相渗透成形的优点是生产过程简单，制造成本较低，所得制品组织和性能均匀。缺点是陶瓷具有比金属更高的熔融黏度，对增强材料的渗透比较困难；增强材料和基体在冷却时，会因热膨胀系数的不同而导致收缩、产生裂纹；所得复合材料的强度较低等。

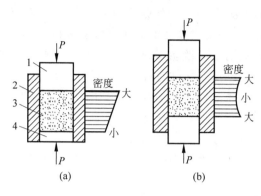
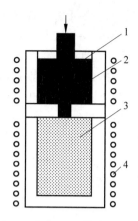

1—上模冲；2—阴模；3—粉料；4—下模冲。

图 4-33 模压成形原理示意图

（a）单向加压；（b）双向加压

1—活塞；2—熔体；3—预制件；4—加热棒。

图 4-34 液相渗透成形原理示意图

3. 直接氧化法

直接氧化法又称"气-液反应工艺"，是将熔融金属直接与氧化剂发生氧化反应，从而制备陶瓷基复合材料的工艺方法。它是利用金属熔体在高温下与气、液或固态氧化剂，在特定条件下发生氧化反应，而生成含有少量金属、致密的陶瓷基复合材料的过程，其原理如图 4-35 所示。

直接氧化法的优点是工艺简单，成本低廉；常温力学性能（强度、韧度等）较好，并可由工艺调控性能；反应温度低，反应速度快；制品形状及尺寸几乎不受限制等。缺点是制品中存在残余金属，很难完全被氧化或去除，使其高温强度显著下降。该方法因制品形状及尺寸几乎不受限制，性能可由工艺调控，已经成为陶瓷基复合材料制备中常用的方法之一。

4. 化学气相渗透工艺

化学气相渗透工艺（CVI）是将化学气相沉积技术运用在将大量陶瓷材料渗透进增强材料预制件上的成形方法，其原理如图 4-36 所示。

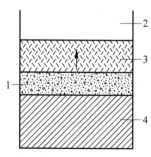
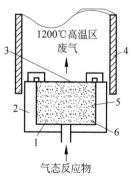

1—已浸渍的预制件；2—反应气；
3—预制件；4—熔化的金属。

图 4-35 直接氧化法成形原理示意图

1—冷端；2—水冷室；3—热端；4—加热源；5—复合材料；6—预制件。

图 4-36 化学气相渗透工艺示意图

化学气相渗透工艺的优点是具有良好的可设计性,可方便地对陶瓷基复合材料的界面、基体组成与微观结构进行设计;温度和压力较低,纤维类增强物的损伤较小,能较好保持纤维和基体的抗弯性能;高温力学性能较好,可制备出高性能的陶瓷基复合材料。缺点是成形周期长,生产效率低,成本较高。该方法适用于高性能陶瓷基复合材料的制备,可成形尺寸较大、形状复杂、纤维体积分数较高的陶瓷基复合材料制品。

综上所述,在复合材料的成形过程中,材料的性能必须根据制品的使用要求进行设计。复合材料成形工艺的好坏将直接影响复合材料制品的生产成本与质量。目前复合材料的成形工艺还存在着生产周期长、生产效率低,有些成形工艺还需要较多劳动力等不足。因此,提高复合材料成形工艺的机械化、自动化程度,开发经济高效的成形工艺,仍是今后重要的发展方向。

习题 4

4-1 何谓塑料?何谓塑料成形?塑料的主要成形方法有哪些?

4-2 简述塑料的主要成形方法。

4-3 何谓橡胶?简述橡胶的主要特点及应用。

4-4 简述橡胶的主要成形方法。

4-5 简述塑料注射机的基本结构和工作原理。

4-6 何谓陶瓷?简述陶瓷的主要特点。

4-7 简述高技术陶瓷的主要成形方法。

4-8 用各种成形方法得到的陶瓷坯件,为什么不能直接使用?

4-9 何谓复合材料?简述复合材料的组成及特点。

4-10 何谓金属基复合材料成形?金属基复合材料的主要成形方法有哪些?

4-11 何谓金属基复合材料成形的固态法、液态法?

4-12 何谓金属基复合材料成形的扩散黏结法、形变法和粉末冶金法?

4-13 何谓金属基复合材料成形的液态金属浸润法、共喷沉积法?

4-14 何谓金属基复合材料成形的真空压力浸渍法、压铸成形法、挤压铸造法和液态金属搅拌铸造法?

4-15 何谓树脂基复合材料成形?树脂基复合材料的主要成形方法有哪些?

4-16 简述树脂基复合材料的主要成形方法。

4-17 何谓陶瓷基复合材料成形?简述陶瓷基复合材料的主要成形方法。

自测题

第5章

热处理及表面工程技术

【本章导读】 本章将主要介绍金属材料热处理方法、热处理设备、表面强化与改性方法,以及表面工程技术等内容。该部分内容的学习对正确选用热处理工艺和表面处理方法,大幅改善材料的力学性能和可加工性能,具有重要的经济意义和实用价值。实训环节中,通过现场讲解和示范操作,让学生了解退火、正火、淬火、回火的工艺差别和应用范围,现场体验表面加热淬火使工件几秒钟内被加热变红的迅速性,自己动手将实习工件进行淬火与表面发黑处理,既能提高硬度又能改善其耐蚀性。

5.1 金属材料热处理方法概述

金属材料是由金属元素或以某种金属元素为主,其他金属或非金属元素为辅构成的,并具有金属特性的工程材料。金属材料的品种繁多,工程上常用的金属材料主要有钢铁和有色金属等。钢的热处理是根据钢在固态下组织转变的规律,通过不同的加热、保温和冷却,来改变其内部组织结构,从而达到改善钢材性能的一种热加工工艺。热处理一般由加热、保温和冷却三个阶段组成,其工艺曲线如图 5-1 所示。

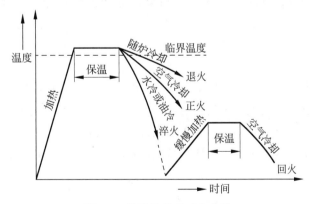

图 5-1 普通热处理工艺曲线

按加热和冷却方式的不同,钢的热处理分为普通热处理和表面热处理两大类(见图 5-2)。普通热处理包括退火、正火、淬火和回火;表面热处理包括表面淬火和化学热处理。

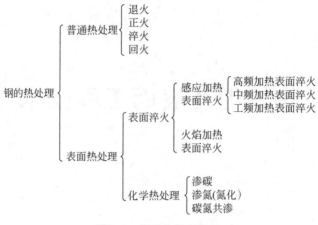

图 5-2 钢的热处理类型

热处理的目的不是改变钢件的外形和尺寸,而是改变其内部组织和性能。正确的热处理工艺不仅可以改善钢材的工艺性能和使用性能,充分挖掘钢材的潜力,延长零件的使用寿命,提高产品质量,节约材料和能源,还可以消除钢材经铸造、锻造、焊接等热加工工艺造成的多种缺陷(如细化晶粒、消除偏析、降低内应力),使组织和性能更加均匀。所以,重要的金属零件一般都要进行热处理。本节重点介绍普通热处理的"四把火"——退火、正火、淬火和回火。

钢的退火

5.1.1 退火

退火是将组织偏离平衡状态的钢加热到适当温度,保持一定时间,然后缓慢冷却(一般是随炉冷却)至室温,以获得接近平衡状态组织的热处理工艺。其目的是降低硬度,以利于随后的切削加工;细化晶粒、改善组织,以提高钢的力学性能;消除残余应力,稳定工件尺寸,减少或防止工件变形和开裂;为最终热处理作好组织准备等。

按照钢的成分和处理目的的不同,退火可分为完全退火、球化退火、扩散退火、去应力退火等。

1. 完全退火

完全退火是将钢加热至 Ac_3 以上 20~30℃,保温一定时间后,随炉缓冷至 600℃以下出炉,在空气中冷却,以获得接近于平衡状态组织的退火工艺。其目的是细化晶粒、均匀组织、降低硬度、消除内应力和热加工缺陷,改善切削加工性能和冷塑性变形性能,并为以后的热处理做组织准备。完全退火主要用于亚共析钢的铸件、锻件、焊接件、热轧型材等。

2. 球化退火

球化退火是使工件中的网状二次渗碳体及珠光体中的片状渗碳体球状化的退火工艺。钢件经球化退火后,得到的是铁素体基体上分布着球状渗碳体的组织,称为球状珠光体。其目的是降低硬度,改善切削加工性能。球化退火主要用于共析或过共析成分的碳钢和合金钢。

3. 扩散退火

扩散退火又称"均匀化退火",是将工件加热至 Ac_3 以上 150~250℃,保温 10~15 h,以保证原子充分扩散,然后再随炉冷却的退火工艺。其目的是消除工件中的枝晶偏析,使成分均匀化。特点是温度高、时间长。扩散退火主要用于合金铸件和铸锭等。

4. 去应力退火

去应力退火是将工件加热至 500~650℃(不超过 A_1 温度),保温后随炉缓冷至 200℃ 出炉空冷的退火工艺。在去应力退火中,钢的组织不发生变化,只是消除工件因塑性变形加工、焊接、铸造等工艺造成的残余应力,稳定工件尺寸,减少使用过程中的变形和开裂。去应力退火主要用于亚共析钢、共析钢和过共析钢的铸件、锻件、焊接件和切削加工件等。

5.1.2 正火

钢的正火

正火是把工件首先加温到临界温度(亚共析钢为 Ac_3、过共析钢为 Ac_{cm})以上 30~50℃,进行完全奥氏体化,然后保温出炉在空气中冷却,以获得珠光体类型组织的热处理工艺。其目的是消除应力;调整硬度,改善切削加工性能;细化晶粒,消除热加工中造成的缺陷;均匀成分;为最终热处理做好组织准备。正火主要用作工件的预先热处理或最终热处理。

(1) 作为预先热处理。调整低、中碳钢的硬度,改善其切削加工性;消除过共析钢中的网状二次渗碳体,为球化退火做好组织准备。

(2) 可作最终热处理。对于力学性能要求不太高的普通结构零件,常以正火作为最终热处理;同时正火也常代替调质处理,为随后的高频感应加热表面淬火做好组织准备。

钢的淬火

5.1.3 淬火

钢的淬火是将钢加热到临界温度以上 30~50℃,保温一定时间,然后在水或油等冷却介质中快速冷却,从而使其发生马氏体转变的热处理工艺。其目的是获得马氏体组织,为回火做组织准备;获得高硬度和耐磨性或提高强度和韧度,以达到强化材料的目的;使工件具有某些特殊的物理和化学性能,如永磁性、耐蚀性和耐热性等。淬火主要用于重要的受力零件(如轴类、连杆、齿轮等)、刃具、量具、弹簧等工件的处理。

淬火温度对淬火后的最终组织和性能有重要影响。亚共析钢的淬火加热温度一般应选择在 Ac_3 以上 30~50℃,进行完全奥氏体化,以便在淬火后得到细小的马氏体组织。共析钢、过共析钢的淬火加热温度一般应选择在 Ac_1 以上 30~50℃,进行不完全奥氏体化,淬火后获得细小马氏体基体上均匀分布着细小渗碳体的组织,这种组织不仅耐磨性好,而且脆性也小。

工件淬火冷却时所用的介质叫淬火介质。生产中常用的淬火冷却介质有水、油和盐或碱的水溶液等,不同淬火介质的冷却能力不同。对于临界冷却速度较大的碳钢,必须采用冷却能力较强的水及盐类水溶液等作为冷却介质;而对于临界冷却速度较小的合金钢,可采用油作为冷却介质,以获得最佳的淬火效果。

5.1.4 回火

钢的回火

回火是将淬火工件重新加热至A_1以下一定的温度,经过适当时间的保温后,置于空气或水等介质中冷却到室温的热处理工艺。钢淬火后必须进行回火才能使用,其目的是消除淬火应力,降低脆性,防止变形和开裂;稳定工件组织与尺寸;调整钢的硬度和强度,提高钢的韧度,获得所需要的力学性能。

根据工件的性能要求不同,按其回火温度范围,可将回火分为以下几种:

(1) 低温回火。温度为150~250℃,组织为回火马氏体($M_{回}$),硬度为58~64 HRC。其特点是硬而耐磨、强度高、疲劳抗力大。多用于高碳工模具、轴承、刀具、量具等。

(2) 中温回火。温度为350~500℃,组织为回火屈氏体($T_{回}$),硬度为35~45 HRC。其特点是屈强比高、弹性好、有适当的韧度。主要用于各种大中型弹簧、夹头及冲击件。

(3) 高温回火。温度为500~650℃,组织为回火索氏体($S_{回}$),硬度为25~35 HRC。其特点是具有强度、塑性及韧度配合较好的综合力学性能。通常把淬火加高温回火的热处理称为调质处理,广泛用于各类重要的结构零件,如齿轮、连杆、曲轴、螺栓等。

热处理在机械制造中有着重要的地位和作用。例如在汽车、拖拉机工业中需要进行热处理的零件占70%~80%,机床工业中需要进行热处理的零件占60%~70%,而各种工具、模具及轴承等则100%的需要进行热处理。

5.2 热处理设备

对工件进行热处理时需要各种热处理设备。根据热处理的基本过程,热处理设备通常包括加热设备、冷却设备和检验设备。

5.2.1 加热设备

热处理加热设备主要包括不同类型的加热炉、测量和控制加热温度的炉温仪表等。

1. 加热炉

加热炉是热处理车间的主要设备,通常的分类方法如下:按热源不同分为电阻炉、燃料炉;按工作温度不同分为高温炉(>1000℃)、中温炉(650~1000℃)、低温炉(<600℃);按工艺用途不同分为正火炉、退火炉、淬火炉、回火炉、渗碳炉等;按形状结构不同分为箱式炉、井式炉等。常用的热处理加热炉有箱式电阻炉、井式电阻炉和盐浴炉,其结构如图5-3所示。

(1) 箱式电阻炉。图5-3(a)为箱式电阻炉的结构示意图。其特点是由耐火砖砌成炉膛,其侧面和底面布置有电热元件。通电后,电能转化为热能,通过热传导、热对流、热辐射,实现对工件的加热。一般根据工件的大小和装炉量的多少选择箱式电阻炉。中温箱式电阻炉应用最为广泛,常用于碳素钢、合金钢零件的退火、正火、淬火及渗碳等。

(2) 井式电阻炉。图5-3(b)为井式电阻炉的结构示意图。其特点是炉身如井状,置于地面以下,炉口向上。特别适用于长轴类零件的垂直悬挂加热,可以减少工件的弯曲变形。另外,井式炉可用吊车装卸工件,故应用较为广泛。

(3) 盐浴炉。图5-3(c)为插入式电极盐浴炉的结构示意图。其特点是用液态的熔盐作为加热介质对工件进行加热,加热速度快而均匀,工件氧化、脱碳少,可以减少零件变形,适用于细长零件悬挂加热或局部加热。盐浴炉可以用于正火、淬火、局部淬火、回火、化学热处理等。

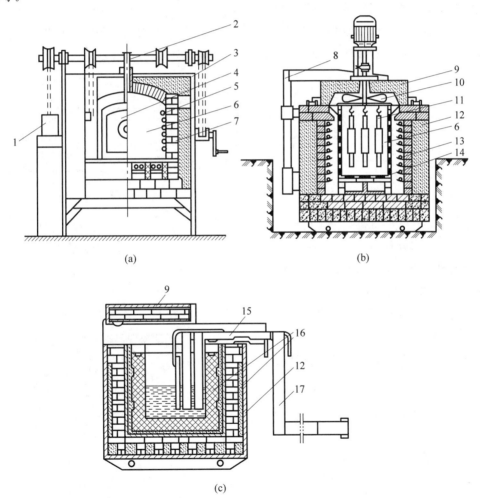

1—炉门配重;2—热电偶;3—炉壳;4—炉门;5—电阻丝;6—炉膛;7—耐火砖;8—炉盖升降机构;9—炉盖;10—风扇;11—工件;12—炉体;13—电热元件;14—装料筐;15—电极;16—炉衬;17—导线。

图5-3 热处理加热炉结构示意图
(a) 箱式电阻炉;(b) 井式电阻炉;(c) 插入式电极盐浴炉

2. 温控仪表

在进行热处理时,为了准确测量和控制零件的加热温度,常用热电偶高温计进行测温。热电偶高温计由热电偶和调节式毫伏计组成。

(1) 热电偶。图 5-4 为热电偶高温计示意图。由此可见,热电偶由两根化学成分不同的金属丝或合金丝组成,A 端焊接起来插入炉中,称为工作端(热端);另一端(C_1、C_2)分开,称为自由端(冷端),用导线与温度指示仪表连接在一起。当工作端放在加热炉中被加热时,工作端与自由端存在温度差,冷端便产生电位差,使带有温度刻度的毫伏计的指针发生偏转。温度越高,电位差就越大,指示温度值也相应越大。

(2) 调节式毫伏计。图 5-5 为调节式毫伏计示意图。在调节式毫伏计的刻度盘上,一般都已把电位差换算成温度值。一种规格的调节式毫伏计只能与相应分度号的热电偶配合使用,在其刻度盘的左上角均注有配用的热电偶分度号,使用时要加以注意。调节式毫伏计上连接热电偶正负极的接线柱有"＋""－"极性之分,接线时应注意极性不可接反。

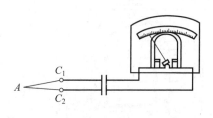

图 5-4 热电偶高温计示意图

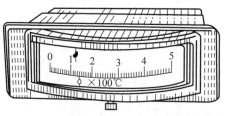

图 5-5 调节式毫伏计示意图

调节式毫伏计既能测量温度,又能控制温度,使用时,旋动调节旋钮就可以把给定温度指针调节到所需要的加热温度(一般叫给定温度)的刻度线上。当反映实际加热温度的指针移动到给定温度指针所指示的刻度线上时,调节式毫伏计的控制装置能够切断加热炉的热源,停止加热;当指针所指示的温度低于给定温度时,它的控制装置又能够重新接通加热炉的热源,使实际加热温度上升。如此反复动作,炉温就能在给定温度附近实现动态平衡。

5.2.2 冷却设备及检验设备

(1) 热处理冷却设备是为了保证工件在冷却时具有相应的冷却速度和冷却温度。常用的热处理冷却设备有水槽、油槽、浴炉、缓冷坑等。冷却介质包括机油、自然水、盐水、硝酸盐溶液等。为了提高生产能力,常配备冷却循环系统和吊装设备等。

(2) 热处理检验设备主要用来检测工件热处理后的组织结构、力学性能、物理性能等是否符合要求。常用的热处理检验设备有布氏硬度计(见图 5-6)、洛氏硬度计(见图 5-7)、金相显微镜(见图 5-8)、物理性能测试仪、无损探伤设备等。

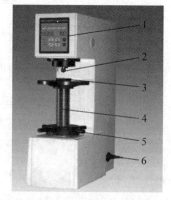

1—面板;2—压头;3—工作台;
4—丝杠;5—手轮;6—开关板。

图 5-6 HBE-3000A 电子布氏硬度计

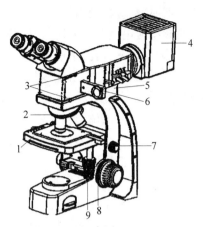

1—刻度盘；2—压头；3—工作台；4—立杆；
5—丝杠；6—手轮；7—加试验力状态旋钮；
8—加载卸载手柄。

图 5-7　HR-150A 型洛氏硬度计结构图

1—机械移动平台；2—物镜转换器；3—止紧螺钉；
4—12 V 50 W 卤素灯灯箱；5—UM200 机架；6—起
偏器；7—亮度调节旋钮；8—粗动调焦限位手轮；
9—机械移动平台调节手轮。

图 5-8　金相显微镜结构示意图

5.3　表面强化与改性方法

表面强化是指改善机械零件和构件的表面性能，提高疲劳强度、耐磨性能或耐腐蚀性能的工艺方法。表面改性则是采用化学的、物理的方法，改变材料或工件表面的化学成分或组织结构，以提高机器零件或材料性能的一类热处理技术。

在实际生产中，一些机器零件是在复杂应力条件下工作的，其表面和心部承受不同的应力状态，因此要求零件表面和心部具有不同的性能。为此，发展了表面热处理技术，包括表面淬火和表面化学热处理。

5.3.1　表面淬火

表面淬火是利用快速的加热方法将钢的表层奥氏体化，然后淬火，从而使心部组织保持不变的一种热处理工艺。表面淬火的目的在于获得高硬度的表面层和有利的残余应力分布，以提高工件的耐磨性和疲劳强度。

根据加热介质不同，表面淬火分为感应加热表面淬火、火焰加热表面淬火、盐浴加热表面淬火、电解液加热表面淬火等。这里仅介绍感应加热表面淬火和火焰加热表面淬火。

1. 感应加热表面淬火

感应加热表面淬火是利用电磁感应的原理，使零件在交变磁场中切割磁力线，在表面产生感应电流，根据交流电集肤效应，以涡流形式将零件表面快速加热，然后再急冷的表面淬火方法。

感应加热表面淬火的基本原理如图 5-9 所示。把工件放在铜制的感应器中，当高频电流通过感应器时,感应器周围便产生高频交变磁场,在高频交变磁场的作用下,工件(导体)中感生出高频感应电流且自成回路,称其为涡流。由物理学可知,这种涡流主要分布在工件表面上,而且频率越高,涡流集中的表面层越薄,工件中心几乎没有电流通过,这种现象称为"表面效应"或"集肤效应"。由于零件存在电阻,在集肤效应作用下,工件表面薄层在几秒钟内被迅速加热到淬火温度(800~1000℃),而中心温度接近室温,随后喷水或侵入水中冷却进行表面淬火,而中心部位仍保持较好的塑性和韧度。

在表面淬火前,必须对零件进行正火或调质处理,以保证零件有良好的基体。表面淬火后,必须对零件进行低温回火处理,以降低淬火应力和脆性。感应加热表面淬火的优点是工件质量好,不易氧化、脱碳,且变形小;淬火层深度容易控制,操作容易实现自动化,生产率高。缺点是设备昂贵、投资大;处理形状复杂的零件比较困难。常用于中碳钢和中碳合金结构钢零件,也可用于高碳工具钢和低合金工具钢零件及铸铁件。在汽车、拖拉机、机床中应用广泛。

2. 火焰加热表面淬火

火焰加热表面淬火是利用乙炔-氧或煤气-氧的混合气体燃烧的火焰,喷射在零件表面上,使其被快速加热,当达到淬火温度时立即喷水淬火冷却,从而获得预期的表层硬度和淬硬层深度的一种表面淬火方法,如图 5-10 所示。

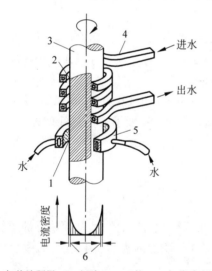

1—加热淬硬层;2—间隙;3—工件;4—加热感应圈;
5—淬火喷水套;6—电流集中层。

图 5-9 感应加热表面淬火示意图

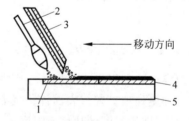

1—加热层;2—焊嘴;3—喷水管;
4—淬硬层;5—工件。

图 5-10 火焰加热表面淬火示意图

适用于火焰加热表面淬火零件的材料有中碳钢(如 35 钢、45 钢等)、中碳合金结构钢(如 40Cr、65Mn 等)、铸铁件(如灰铸铁、合金铸铁等)。如果碳含量太低,淬火后的硬度较低;碳和合金元素含量过高,则易淬裂。

火焰加热表面淬火的优点是所用设备简单,生产成本低。缺点是生产率低,工件表面有不同程度的过热,质量控制比较困难等。主要用于单件、小批量以及大型零件的表面淬火。

5.3.2 表面化学热处理

表面化学热处理是将钢件置于一定温度的活性介质中保温,使一种或几种元素渗入钢件的表面,改变其化学成分和组织,从而达到改善表面性能,满足"表硬里韧"技术要求的一种热处理工艺过程。

根据渗入元素的不同,常用的化学热处理有渗碳、渗氮、碳氮共渗、渗金属等。这里仅介绍渗碳和渗氮。

1. 渗碳

钢的渗碳

渗碳是将工件在渗碳介质中加热并保温,使碳原子渗入工件表层的化学热处理工艺。渗碳能提高钢件表层的含碳量和形成一定的碳浓度梯度,渗碳工件经淬火及低温回火后,表面可获得高硬度,而其内部又具有高韧度。渗碳用钢一般为含碳 0.10%~0.25% 的低碳钢和低碳合金钢,如 15、20、20Cr、20CrMnTi 等。常用的渗碳方法有固体渗碳和气体渗碳。

(1) 固体渗碳。它是将工件放入四周填有固体渗碳剂的密封箱中,送入热处理炉中,加热至渗碳温度(900~950℃),保温一定时间,使零件表面渗碳的方法。

固体渗碳剂一般由木炭与碳酸盐(Na_2CO_3 或 $BaCO_3$ 等)混合组成。其中木炭是基本的渗碳物质,加入碳酸盐可加速渗碳过程。

固体渗碳的优点是设备费用低廉,操作简单,适用于大小不同的零件。缺点是劳动条件差,质量不易控制,渗碳后不宜直接淬火等。

(2) 气体渗碳。它是将工件在气体渗碳剂中进行渗碳的工艺。如图 5-11 所示,将工件置于密封的井式渗碳炉中,加热到 900~950℃,滴入煤油、甲苯、甲醇、乙醇及丙酮等渗碳剂,或通入城市煤气、丙烷(C_3H_8)、石油液化气、丁烷(C_4H_{10})以及天然气等。这些渗碳介质在高温下分解,产生的活性碳原子被钢件表面吸收进而溶入奥氏体中,并向内部扩散,最后形成一定深度的渗碳层。

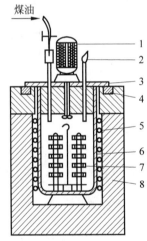

1—风扇电动机;2—废气火焰;
3—炉盖;4—砂封;5—电阻丝;
6—耐热罐;7—工件;8—炉体。

图 5-11 气体渗碳原理示意图

气体渗碳法是比较完善和经济的方法。不仅生产效率高,劳动条件好,而且渗碳质量高,容易控制,同时也容易实现机械化与自动化。因此,它在现代热处理生产中得到广泛的应用。

2. 渗氮

钢的渗氮

渗氮是在一定温度下,使活性氮原子渗入工件表面的化学热处理工艺。目前工业中应用最广泛、比较成熟的是气体氮化法。气体渗氮是利用氨气在加热(500~600℃)时分解出的活性氮原子,被钢吸收后在其表面形成氮化层,同时氮原子向心部扩散的化学热处理工艺。

钢件渗氮的优点是能使工件获得比渗碳更高的表面硬度、耐磨性、热硬性和疲劳强度;在水中、过热蒸汽以及碱性溶液中具有高的耐蚀性;不需淬火即具有很高的表层硬度(1000~1100 HV),且在600~650℃还能保持硬度不下降;氮化后渗层体积增大,造成表面压应力,可提高疲劳强度15%~35%;渗氮温度较低,一般为500~600℃,变形很小。缺点是生产周期长、成本高;氮化前零件需经调质处理;氮化层薄而脆,不宜承受集中的重载荷。

最典型的氮化用钢是35CrMo、38CrMoAlA钢,氮化后不需淬火。渗氮适用于对耐磨性和精度都要求较高的零件或要求抗热、抗蚀的耐磨件,如发动机油缸、排气阀、精密机床丝杠、镗床主轴、汽轮机的阀门、阀杆等零件。

5.3.3 激光表面处理

激光表面处理是采用大功率密度的激光束,以非接触性的方式加热材料表面,借助于材料表面本身传导冷却,来实现其表面改性的工艺技术,其原理如图5-12所示。

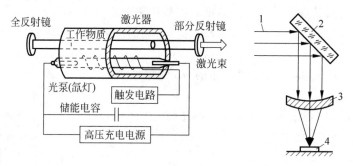

1—激光束;2—镀金反射镜;3—透镜;4—工件。
图5-12 激光加工原理示意图

根据材料种类的不同,调节激光功率密度、激光辐照时间等工艺参数,增加一定的气氛条件,可进行激光淬火(相变硬化)、激光熔凝、激光合金化等表面处理。

1. 激光淬火

激光淬火是利用聚焦后的激光束入射到钢铁材料表面,使其温度迅速升高到相变点以上,当激光移开后,由于仍处于低温的内层材料的快速导热作用,使受热表层快速冷却到马氏体相变点以下,进而实现工件表面相变硬化的表面处理技术。图5-13为大型内齿圈激光淬火的场景。

激光淬火的特点是所使用的能量密度更高,加热速度更快;不需要淬火介质,工件变形小;加热层深度和加热轨迹易于控制,易于实现自动化。当前,激光淬火已成功应用于汽车行业、模具行业、五金工具、机械行业中易损件的表面强化。

2. 激光熔凝

激光熔凝又称"激光上釉",是以高功率密度的激光,在极短的时间内与金属交互作用,使金属表面局部区域在瞬间被加热到相当高的温度,并使之熔化。随后,借助固态金属基体的吸热和传导作用,使得已经熔化的表层金属快速凝固,从而使材料表面产生特殊的微观组织结构的表面处理技术,如图5-14所示。

图 5-13　大型内齿圈激光淬火

图 5-14　激光熔凝

激光熔凝可在现有廉价材料的表面制备微晶改性层,能有效提高材料表面的耐磨性和疲劳抗力;对于某些共晶合金,甚至可以得到非晶态表层,所以具有极好的抗腐蚀性能;有利于开发新材料,如电子材料、电磁材料和其他电气材料等。

3. 激光合金化

激光合金化是利用高能激光束加热并熔化基体表层与添加元素,使其混合后迅速凝固,从而形成以原基材为基的新的表面合金层(见图 5-15)。

图 5-15　激光合金化

激光合金化的独特优点是能进行非接触式的局部处理,易于实现不规则的零件加工;能准确控制各个工艺参数,实现合金化层深度可控;能量利用率高,合金体系范围宽;热影响区小,工件变形小。特别适用于工件的重要部位,如模具的合缝线、气门挺杆和凸轮轴的局部表面等。

5.4　表面工程技术

表面工程技术主要是通过施加各种覆盖层或利用机械、物理、化学等方法,改变材料表面的形貌、化学成分、相组成、微观结构、缺陷状态或应力状态,从而在材料表面得到所期望的成分、组织结构、性能或绚丽多彩的外观。

表面工程技术按学科特点分为表面涂镀技术、表面扩渗技术和表面处理技术三个领域。本节仅介绍其中的表面涂层技术、表面镀层技术和化学膜层技术。

5.4.1　表面涂层技术

表面涂层技术是指在材料基质表面涂覆一种膜层,以改善材料表面性能的一种技术。在此重点介绍热喷涂和涂装两种常用的表面涂层技术。

1. 热喷涂

热喷涂技术是采用气体、液体燃料或电弧、等离子弧、激光等作热源,使金属、合金、金属陶瓷、氧化物、碳化物、塑料以及它们的复合材料等喷涂材料,加热到熔融或半熔融状态,通过高速气流使其雾化,然后喷射、沉积到经过预处理的工件表面,从而形成附着牢固的表面层的加工方法,其原理如图 5-16 所示。

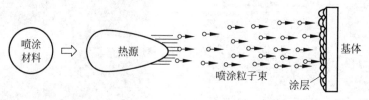

图 5-16　热喷涂原理示意图

热喷涂的特点是取材范围广,可用于各种基体材料和喷涂材料;工艺灵活,适应性强,生产率高;工件受热程度可以控制,涂层厚度可调范围大;可赋予普通材料以特殊的表面性能等。目前,热喷涂技术已广泛应用于航天、国防、机械、冶金、石油、化工、机车车辆和电力等部门。

2. 涂装

涂装是用有机涂料通过一定方法,涂覆于材料或制件表面,形成与基体牢固结合的涂膜的全部工艺过程。常用的涂装方法有如下几种:

(1) 刷涂法。它是利用各种漆刷和排笔蘸涂料,在制品表面进行涂刷,并形成均匀涂层的一种方法。其优点是几乎不需设备夹具投资,节省涂覆材料,一般不需要遮盖工序。缺点是由于手工操作,劳动强度大;生产效率低,装饰性能差,适用范围窄。

(2) 浸涂法。它是将被涂物件全部浸入涂料槽中,从而在工件表面形成涂层的方法。适用于小型的五金零件、钢管,以及结构比较复杂的器材或电气绝缘材料等。

(3) 淋涂法。它是工件在输送带上移动,送入涂料的喷淋区,利用循环泵将涂料喷淋到工件表面上形成涂层的方法。该法工效高,涂料损失少,便于流水生产。

(4) 压缩空气喷涂法。它是在压缩空气作用下,涂料从喷枪喷出、雾化,并涂覆工件表面形成涂层的方法。该方法的优点是使用方便,各种形状和大小的工件均可喷涂。缺点是涂料利用率较低。

(5) 静电喷涂法。它是用静电喷枪使涂料雾化,并带负电荷,与接地的工件间形成高压静电场,由静电引力使涂料均匀沉积在工件表面上形成涂层的方法。该方法涂层附着力好,表面质量好,易于实现自动化。

(6) 电泳涂装法。它是利用外加电场,使水溶性涂料中的树脂和颜料移向作为电极的工件,并沉积在工件表面上形成涂层的方法。用该方法得到的涂层均匀、附着力强;涂料利用率高,成本低;便于涂装自动化。

(7) 流化床喷涂法。它是将粉末涂料在压缩空气作用下悬浮于容器中,并上下翻动呈流态状,将预热的工件浸入这些沸腾的粉末中,形成一定厚度的表面涂层的方法。该方法的优点是得到的涂层厚度大,涂覆速度快。缺点是"流化床"的大小有限,只能涂装小的工件。

5.4.2　表面镀层技术

表面镀层技术是指为了美观或便于储存而在某些物品上的金属表面涂上一层有机物,或者一层稀薄的金属或为仿造某种贵重金属,在普通金属的表面镀上这种贵重金属薄层的技术。在此重点介绍电镀、化学镀、电刷镀、热浸镀或真空镀等几种常用的表面镀层技术。

1. 电镀

电镀是利用外加直流电作用,从电解液中析出金属,并在工件表面沉积,从而获得与工件牢固结合的金属覆盖层的方法。

电镀的基本原理如图 5-17 所示。在分别接入直流电源正、负极的两洁净铜片间,充入酸性硫酸铜溶液作为介质,就构成了一个简单的电镀铜装置。电镀时,在外电场驱使下,阳极(接正极铜片)表面铜原子失去电子,氧化成溶入溶液的铜离子;而运动到阴极(接负极铜片)表面的铜离子则获得电子,还原成铜原子,沉积在阴极表面形成铜镀层。

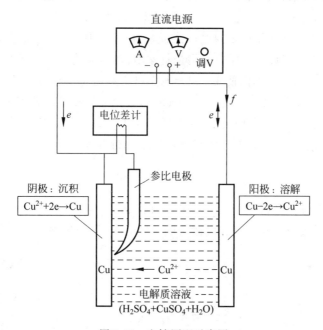

图 5-17 电镀原理示意图

电镀的优点是工艺条件易于控制,利于对微观过程施加影响和进行必要的调控,可直接获得功能镀层;镀层种类多,适用范围宽,大小零件、异形工件都可实施工程电镀;多为常温常压水溶液施镀,设备条件要求低、投资少。缺点是对环境保护要求高,工艺过程较复杂,生产周期长。电镀主要用于改善材料的外观,提高材料的各种物理、化学性能,赋予材料表面特殊的耐蚀性、耐磨性、装饰性、焊接性及电、磁、光等特性。

2. 化学镀

化学镀是指在没有外电流通过的情况下,利用化学方法使溶液中的金属离子还原为金属,并沉积在基体表面,从而形成镀层的一种表面加工方法。

化学镀的特点是镀层厚度非常均匀,化学镀液的分散力接近 100%;可以在非金属(非导体)如塑料、玻璃、陶瓷及半导体材料表面上施镀;工艺设备简单,不需要电源、输电系统及辅助电极;化学镀是靠基材的自催化活性才能起镀,其结合力一般均优于电镀;镀层有光亮或半光亮的外观,晶粒细、致密、孔隙率低,某些化学镀层还具有特殊的物理和化学性能。化学镀适用于制备 Ni、Co、Pd、Cu、Au 和某些合金 NiP、Nl-Mo-P 等各种镀层,广泛应用于印制电路板、接插件、高能微波器件和电容器等。

3. 电刷镀

电刷镀技术是采用专用的直流电源,其正极接镀笔,作为刷镀时的阳极;其负极接工件,作为刷镀时的阴极。镀笔通常采用高纯细石墨块作阳极材料,石墨块外面包裹上棉花和耐磨的涤棉套。刷镀时使浸满镀液的镀笔以一定的相对运动速度在工件表面上移动,并保持适当的压力。这样,在镀笔与工件接触的那些部位,镀液中的金属离子在电场力的作用下扩散到工件表面,在表面获得电子后还原成金属原子,这些金属原子沉积结晶就形成了镀层,且随着刷镀时间的增长镀层增厚,其原理如图 5-18 所示。

电刷镀具有以下特点:设备多为便携式或可移动式,体积小、重量轻,便于现场使用或进行野外抢修;镀液大多数是金属有机络合物水溶液,络合物在水中有相当大的溶解度,能在较宽的电流密度和温度范围内使用;镀笔与工件保持一定的相对运动速度,散热条件好,不易使工件过热;镀液能随镀笔及时送到工件表面,大大缩短了金属离子扩散过程,镀层的沉积速度快;使用手工操作,方便灵活,非常适用于大型设备的不解体现场维修。电刷镀主要用于机械设备的维修,也用来改善零部件表面的物理和化学性能。

4. 热浸镀

热浸镀简称"热镀",是将工件浸在熔融的液态金属中,在工件表面发生一系列物理和化学反应,取出冷却后表面形成所需金属镀层的工艺方法,其原理如图 5-19 所示。

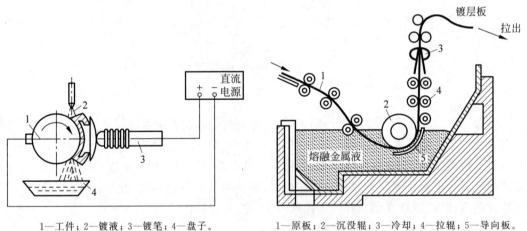

1—工件;2—镀液;3—镀笔;4—盘子。
图 5-18 电刷镀原理示意图

1—原板;2—沉没辊;3—冷却;4—拉辊;5—导向板。
图 5-19 热浸镀原理示意图

热浸镀用钢、铸铁、铜作为基体材料,其中以钢最为常用。常用的镀层金属是低熔点金属及其合金,如锡、锌、铝、铅、Al-Sn、Al-Si、Pb-Sn 等。热镀锌是应用最普遍、有效且经济的保护手段,如广泛用于厂房钢结构、输电铁塔、桥梁结构、高速公路护栏以及建筑、车辆制造等。

5. 真空镀

真空镀是在真空条件下,通过蒸馏或溅射等方式,在塑件表面沉积各种金属和非金属薄膜的工艺方法。该方法的突出优点是速度快，附着力好。缺点是价格较高，可进行操作的金属类型较少。一般用作较高档产品的功能性镀层。

5.4.3 化学膜层技术

化学膜层是金属表层原子与介质中的阴离子相互反应，在金属表面形成附着力良好的化合物防护层。在此重点介绍以下三种化学膜层制备技术。

1. 钢铁的表面氧化与磷化

钢铁的表面氧化又称"发蓝"或"发黑"，是将钢铁零件在空气-水蒸气或化学物质（如含苛性钠、硝酸钠或亚硝酸钠等）的溶液中加热到适当温度，使其表面形成一层蓝色或黑色氧化膜，以改善其耐蚀性和外观的工艺方法。

钢铁的表面磷化是将钢铁零件放入磷酸盐溶液中，使金属表面获得一层不溶于水的磷酸盐薄膜的工艺方法。薄膜呈灰色或暗灰色，其耐蚀能力优于发蓝。

2. 铜及铜合金的表面氧化

铜及铜合金的表面氧化，是用化学氧化或电化学氧化方法，使铜或铜合金零件表面生成一层黑色、蓝黑色等颜色的氧化膜的工艺方法。该方法广泛用于电器、仪表、电子工业和日用五金等零件的表面防护处理。

3. 铝及铝合金的阳极氧化

铝及铝合金的表面阳极氧化是在电解液中，以铝或铝合金工件为阳极，经电解在表面形成与基体结合牢固的氧化膜层的工艺方法。经阳极氧化处理获得的氧化膜硬度高、耐磨，有较高的耐蚀性；氧化膜光洁、光亮，透明度较高，经染色可得到各种色彩鲜艳夺目的表面。该方法广泛用于航空、电气、电子、机械制造和轻工业部门。

5.5 热处理工艺训练

5.5.1 退火与正火

试样：45钢，尺寸 $\phi 20$ mm × 30 mm。正火后要求硬度范围为 160～200 HB，退火后要求硬度范围为 140～180 HB。

1. 设备与工具准备

①SX2-8-10型箱式电阻炉；②HBE-3000A型电子布氏硬度计；③钳子、金相砂纸等。

2. 操作步骤及要领

（1）退火工艺。加热温度 820±10℃，保温时间 15 min，随炉冷却。

(2) 正火工艺。加热温度 840±10℃，保温时间 15 min，空冷。

45 钢退火与正火操作步骤及要领见表 5-1。

表 5-1　45 钢退火与正火操作步骤及要领

序号	操作步骤	操作要领	
		退火	正火
1	检查设备	检查电源线、炉膛等是否正常	
2	接通电源加热，并观察箱式电阻炉的温度显示	加热到 820℃并保温	加热到 840℃并保温
3	将试样装入炉内	炉温达到 820℃时，装入试样	炉温达到 840℃时，装入试样
4	加热	观察箱式电阻炉运转是否正常，观察电阻炉到设定的温度后是否进入保温状态	
5	保温	当箱式电阻炉到设定的温度后，开始记录保温时间，保温时间均为 15 min	
6	试样冷却	试样保温 15 min 后，切断电源，随炉冷却，到室温后用钳子夹出试样	试样保温 15 min 后，切断电源，打开炉门，用钳子夹出试样，置于通风处空冷
7	安全检查	检查箱式电阻炉电源是否切断，炉门是否关闭	

3. 硬度检测

用 HBE-3000A 电子布氏硬度计分别对退火和正火热处理后的试样进行硬度检测。

(1) 硬度检测试样制备。将试样去除油污、氧化皮等污垢，用金相砂纸研磨试样两端面至平行和光整。

(2) HBE-3000A 电子布氏硬度计操作规程。①根据样件的材质、热处理状态等情况，选择对应大小的试验力和压头，将压头装入主轴孔中；②试验力保持时间：黑色金属 10～15 s，有色金属 30 s；③将试件平稳地放置在工作台面上，且将被测部位置于压头正下方位置；④打开电源，先按清零键进行清零，消除残值；⑤检测时，顺时针转动手轮，待试件接触压头时，试验力开始显示，当初始试验力接近自动加荷值时，必须缓慢、平稳上升，到达自动加荷值时仪器会发出警示声响，这时停止转动手轮，加荷指示灯(LOADING)亮，负荷自动加载；⑥当运行到所选定的试验力时，保荷开始，保荷指示灯(DWEL)亮，加荷指示灯熄灭，并进入倒计时；⑦待保荷时间结束，保荷指示灯熄灭，自动进行卸荷，同时卸荷指示灯(UNLOADING)亮，卸荷结束后指示灯熄灭，反向转动手轮，使试件与压头分开，杠杆回复到起始位置，硬度计完成一次工作；⑧利用配套的读数显微镜测量压痕的直径，对照布氏硬度对照表，查出对应的硬度值并记录下来，该值即为所测布氏硬度值，至此完成一次试验；⑨测试完毕，切断电源，盖上防尘罩。

5.5.2　调质处理

试样：45 钢，尺寸 $\phi 20$ mm×30 mm。淬火后，要求硬度范围为 50～58 HRC；高温回火后，要求硬度范围为 25～30 HRC。

1. 设备与工具准备

①SX2-8-10型箱式电阻炉;②HR-150A型洛氏硬度计;③淬火水槽;④钳子、金相砂纸、铁丝等。

2. 操作步骤及要领

(1) 淬火工艺。加热温度830±10℃,保温时间15 min,水冷。
(2) 高温回火工艺。加热温度560±10℃,保温时间90 min,空冷。

表5-2所示为45钢淬火操作步骤及要领;表5-3所示为其高温回火操作步骤及要领。

表5-2　45钢淬火操作步骤及要领

序号	操作步骤	操 作 要 领
1	领取试样	45钢试样,每位学生1个,分成4组,先做淬火工艺操作训练
2	检查设备是否正常	检查电源线、炉膛等是否正常
3	接通电源加热	将4台箱式电阻炉温度设定在830℃保温,并观察温度显示
4	将试样分别装入炉内	当炉温达到830℃时,装入淬火试样
5	加热	观察箱式电阻炉运转是否正常,观察电阻炉升到设定的温度后是否进入保温状态,如温度进一步上升,则立即向指导教师报告
6	保温	当箱式电阻炉升到设定的温度后,开始记录保温时间,保温时间均为15 min
7	试样冷却	试样保温15 min后,切断电源,打开炉门,用钳子夹出试样,迅速入水,并不断在水中搅动,以保证冷却均匀
8	安全检查	检查箱式电阻炉电源是否切断,炉门是否关闭

表5-3　45钢高温回火操作步骤及要领

序号	操作步骤	操 作 要 领
1	试样准备	每位学生将自己已经淬火后的试样准备好,分成4组,做高温回火工艺操作训练
2	检查设备是否正常	教师带领学生检查电源线、炉膛等是否正常
3	接通电源加热	将4台箱式电阻炉温度设定在560℃保温,并观察温度显示
4	将试样分别装入炉内	当炉温达到560℃时,装入高温回火试样
5	加热	观察箱式电阻炉运转是否正常,观察电阻炉升到设定的温度后是否进入保温状态,如温度进一步上升,则立即向指导教师报告
6	保温	当箱式电阻炉升到设定的温度后,开始记录保温时间,保温时间为90 min
7	试样冷却	试样保温90 min后,切断电源,打开炉门,用钳子夹出试样,空冷
8	安全检查	检查箱式电阻炉电源是否切断,炉门是否关闭

3. 硬度检测

应用HR-150A型洛氏硬度计,先后对淬火和高温回火热处理后的试样进行硬度检测。

(1) 硬度检测试样制备。分别将已经淬火和高温回火后的试样去除油污、氧化皮等污垢,用金相砂纸将试样两端面磨至平行、平整。

（2）HR-150A型洛氏硬度计操作规程。①选择压头类型：一般根据试样材料估计其硬度值，选择压头类型和初、主试验力（为了用同一洛氏硬度试验计测定软硬不同材料的洛氏硬度，可采用不同的压头与不同的试验力，从而组成了几种不同的洛氏硬度标尺，见表5-4）；②加载初试验力：顺时针方向缓慢地转动手轮，使试样与压头接触，继续转动手轮，并观察指示器1上的小指针（见图5-7），待其指到规定标志后，停止转动手轮，此时表明已加上初试验力；③指针对"0"：转动调整盘，使大指针对准表盘刻度"0"处；④加载主试验力：拉动加力手柄，加主试验力，此时指示器上大指针转动，待其停止转动后，加主试验力完毕；⑤读出洛氏硬度值：将卸力手柄推回原位置，卸除主试验力，此时，大指针所指刻度即为试样的洛氏硬度值，读数并作好记录；⑥逆时针转动手轮，下降工作台，卸除初试验力，取下试样；⑦按上述试验步骤，在该试样的不同位置测出3次以上硬度值，其平均值即为该试样硬度值。

表 5-4　常用的洛氏硬度标尺试验条件和使用范围

硬度标尺	压头类型	总试验力/N	硬度值有效范围	应用举例
HRC	120°金钢石圆锥体	1471.0	20～67 HRC	一般淬火钢、高强度调质钢等
HRB	φ1/16in 钢球	980.7	25～100 HRB	软钢、退火钢、铜合金等
HRA	120°金刚石圆锥体	588.4	60～85 HRA	硬质合金、表面淬火钢等

5.5.3　热处理安全操作要求

（1）必须按规定穿戴劳保用品，不准穿凉鞋、拖鞋、裙子和戴围巾进入车间，女生必须戴工作帽，将长发或辫子纳入帽内。

（2）操作者应熟悉各类仪器设备的结构和特点，严格按操作规程进行操作。未得到指导老师许可，不得擅自开关电源和使用各类仪器设备。

（3）使用电阻炉前，实习指导老师必须仔细检查电源开关、插座及导线，保证其绝缘良好，以防发生漏电、触电事故。

（4）必须在断电状态下往炉内装、取工件，并注意轻拿轻放，工件或工具不得接触或碰撞电热元件，更不允许将工件随意扔入炉内。

（5）严禁直接用手抓拿热处理工件，应按规定使用专用工具或夹具，并戴好防护手套；热处理后未冷透的工件不可用手触摸，以防烫伤。

（6）工件从加热炉内取出淬火时，要注意避让同学，进入水槽要迅速，淬火水槽周围禁止堆放易燃易爆物品。

（7）严禁私自操作硬度计；不得拆卸显微镜，不得用手触摸镜片。

（8）电阻炉发生故障时，应立即关闭电源，并报告指导老师；不得自行打开电源箱，不得自行拆卸维修。

（9）每天实习结束后，应关掉总电源，并按规定做好整理工作和实习场所的清洁卫生工作。

习题 5

5-1 何谓钢的热处理?简述热处理的目的和用途。
5-2 按加热和冷却方式的不同,钢的热处理是如何进行分类的?
5-3 何谓退火?简述退火的类型、特点及应用。
5-4 何谓正火?简述正火的目的及应用。
5-5 何谓淬火?简述淬火的目的及应用。
5-6 亚共析钢、共析钢和过共析钢的淬火加热温度有何不同?
5-7 何谓回火?简述回火的类型、特点及应用。
5-8 材料淬火后为什么要回火?
5-9 常用的热处理设备有哪些?
5-10 简述常用热处理加热炉的类型、特点及其应用。
5-11 何谓感应加热表面淬火?简述其特点及应用。
5-12 何谓火焰加热表面淬火?简述其特点及应用。
5-13 何谓表面化学热处理?常用化学热处理方法有哪些类型?
5-14 何谓渗碳?简述固体渗碳和气体渗碳的基本特点。
5-15 何谓渗氮?简述渗氮的特点及应用。
5-16 何谓激光表面处理?简述激光表面处理的常用方法及其特点。
5-17 何谓热喷涂技术?简述其特点及应用。
5-18 何谓涂装?常用的涂装方法有哪些?
5-19 常用表面镀层技术有哪些?简述其工艺原理及特点。
5-20 何谓钢铁的表面发蓝与磷化?

自测题

第6章 机械加工与特种加工

【本章导读】 在机械制造领域,切削加工占有极其重要的地位,机器上相当多的零件都是通过切削加工的方法获得的,因而了解和掌握常见的切削加工方法就显得很有必要。本章将主要讲解机械加工中的冷加工、数控加工和特种加工,包括机械加工的基础知识,车削加工、铣削加工、磨削加工、孔加工、齿轮加工、特种加工等的工艺方法及加工特点,以及数控加工及其编程方法等内容。实训环节中,通过现场讲解和示范操作,让学生了解常用的金属切削加工方法,刀具、夹具、辅具以及各类机床的组成和合理选用,对比普通机床和数控机床、传统加工方法和特种加工方法的异同,指导学生自己动手采用普通机床或数控机床制作达到图纸要求的实习工件,采用线切割加工设备和激光加工设备制作自行设计图案的工艺品。

6.1 机械加工基础知识

机械加工是指通过一种机械设备对工件的外形尺寸或性能进行改变的过程。按加工方式不同可分为切削加工和压力加工。

切削加工是指通过操纵机床,利用刀具、磨具或磨料将毛坯上多余的材料切除,以获得形状、尺寸精度和表面质量等都符合图样要求的加工过程。

压力加工是利用金属在外力作用下所产生的塑性变形,来获得具有一定形状、尺寸和力学性能的原材料、毛坯或零件的生产方法,又称为"金属压力加工"或"金属塑性加工"。详见第2章材料塑性成形有关内容。

6.1.1 金属切削加工及机床简介

金属切削加工主要方法有车削、刨削、铣削、钻削、磨削等(见图6-1),所对应的加工设备分别为车床、刨床、铣床、钻床、磨床等。切削加工是目前机械制造的主要手段,占有重要的地位,机器上40%~60%的零件是通过切削加工的方法获得的。另外针对直径较小零件的攻螺纹、套螺纹以及研磨与刮研等,通常是通过钳工,以手工操作为主的方法来完成的。详见第7章钳工有关内容。

金属切削机床是机械制造业的主要加工设备之一。通过切削直接改变金属毛坯的形状和尺寸,使其成为符合图样技术要求的机械零件。为便于使用、管理,需对金属切削机床加以分类并编制型号。机床基本上是按其加工方法及用途进行分类的,我国将机床分为11大类:车床、钻床、镗床、磨床、齿轮加工机床、螺纹加工机床、铣床、刨插床、拉床、锯床及其他机床。在每一类机床中,按工艺特点、布局形式、结构特点细分为若干组,每组细分为若干系列。

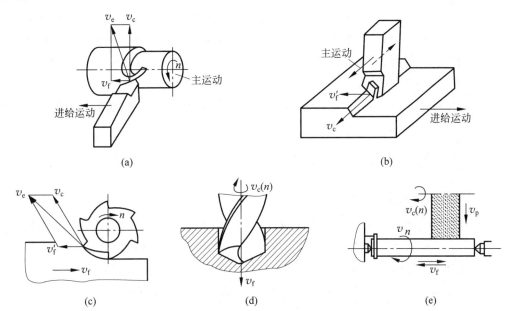

图 6-1　常见的金属切削加工方法
(a) 车削;(b) 刨削;(c) 铣削;(d) 钻削;(e) 磨削

6.1.2　金属切削刀具、辅具、夹具简介

1. 金属切削刀具

金属切削刀具一般由切削部分和夹持部分组成。夹持部分是用来将刀具夹持在机床上的部分,有带孔和带柄两类。切削部分是刀具上直接参与切削工作的部分,其结构主要有整体式、焊接式、机夹式、机夹可转位式和镶片式。

金属切削刀具按工件加工表面的形式的不同可分为外表面加工刀具、孔加工刀具、螺纹加工刀具、齿轮加工刀具、切断刀具等;按切削运动方式和相应的刀刃形状的不同可分为通用刀具、成形刀具、展成法齿轮刀具。

2. 辅具

辅具按功能和类别划分,可以分为设备类辅具、专用加工类辅具、吊装转运类辅具、通用工具等。设备类辅具包括车床的中心架、跟刀架等附件,铣床用的回转盘、分度盘等;专用加工类辅具包括通用组合夹具,专门设计的用以满足工序精度的专用定位工装等;吊装转运类辅具包括磁力吸盘、吊装夹具、转运小车、垫脚块等；通用工具包括五金类榔头、扳手、台钳等。

3. 夹具

机床夹具是在机床上用以装夹工件的一种装置，其作用是使工件相对于机床或刀具有个正确的位置，并在加工过程中保持这个位置不变。机床夹具的结构主要包括定位元件、夹紧装置、夹具体、连接元件、对刀和导向元件、其他装置及元件。机床夹具按夹具的通用特性的不同可分为通用夹具、专用夹具、可调夹具、组合夹具、随行夹具等；按夹具使用的机床的不同可分为车床夹具、钻床夹具、镗床夹具、磨床夹具、数控机床夹具等；按夹具的动力源的不同可分为手动夹具、气动夹具、液压夹具、气-液夹具、电磁夹具、真空夹具等。利用夹具可以提高劳动生产率，保证加工精度，扩大机床的工艺范围，改善操作者的劳动条件。

6.1.3　金属切削刀具的材料

1. 刀具材料应具备的性能

刀具在切削过程中和工件直接接触的切削部分要承受极大的切削力，尤其是切削刃及紧邻的前、后刀面，其长期处在切削高温环境中，并且切削中的各种不均匀、不稳定因素，还将对刀具切削部分造成不同程度的冲击和影响，因而刀具材料应具备以下几方面性能：①足够的硬度和耐磨性；②足够的强度与韧性；③较高的耐热性和传热性；④较好的工艺性和经济性。

2. 刀具材料的分类

刀具材料可分为工具钢（包括碳素工具钢、合金工具钢）、高速钢、硬质合金、涂层刀具、陶瓷和超硬材料（包括金刚石、立方氮化硼等）六大类。其中尤以高速钢、硬质合金、涂层刀具应用最为广泛。

1）高速钢

高速钢是一种含有较高成分 W、Mo、Cr、V 等元素的高合金工具钢，具有较高强度和韧性，较好耐热性等特点。适合于制造结构复杂的成形刀具、孔加工刀具等（如各类钻头、铣刀、齿轮刀具等）。高速钢按用途不同可分为普通高速钢和高性能高速钢。

(1) 普通高速钢包括钨系高速钢（代表牌号 W18Cr4V）和钨钼系高速钢（代表牌号 W6Mo5Cr4V2），这类高速钢工艺性好，可满足一般工程材料的切削加工。

(2) 高性能高速钢是在普通高速钢成分中再添加一些 C、V、Co、Al 等合金元素，进一步提高了钢的耐热性和耐磨性。这类高速钢刀具的寿命为普通高速钢的 1.5～3 倍。可用于加工不锈钢、耐热钢、钛合金及高强度钢等难加工的材料。

2）硬质合金

硬质合金是用高硬度、高熔点的金属碳化物（如 WC、TiC 等）和金属黏结剂（Co 等），经高压成形，高温烧结而成。硬质合金的硬度、耐磨性、耐热性均超过高速钢，但其强度和韧性以及工艺性均不如高速钢。在国标 GB/T 2075—2007 中,硬质合金按被加工工件材料的不同分为六类,不同的类别用一个大写字母和一种颜色来加以区别。各类中随着字母后面数值的增大,其所对应的合金材料的耐磨性下降,韧性增强。其中尤以 P 类、M 类、K 类硬质合金最为常见。

(1) P 类——识别颜色为蓝色,适于加工一般的奥氏体钢材,主要成分为 WC、TiC 和黏结剂 Co,常用的有 P01、P10、P30 等。数值小的 P01 适用于精加工,数值大的 P30 适用于粗加工。

(2) M 类——识别颜色为黄色,适于加工不锈钢,主要成分为 WC、TiC 和 TaC 或 NbC 以及黏结剂 Co,常用的有 M10、M20 等。M10 适用于精加工,M20 适用于粗加工。

(3) K 类——识别颜色为红色,适于加工铸铁类材料,主要成分为 WC 和黏结剂 Co,常用的有 K01、K10、K20 等。K01 适用于精加工,K20 适用于粗加工。

(4) N 类——识别颜色为绿色,适于加工有色金属材料以及非金属材料等。

(5) S 类——识别颜色为褐色,适于加工耐热合金材料和钛合金等。

(6) H 类——识别颜色为灰色,适于加工淬硬材料、冷硬铸铁等硬材料。

3) 涂层刀具材料

涂层刀具材料是在韧性较好的硬质合金或高速钢刀具基体上,采用化学气相沉积(CVD)或物理气相沉积(PVD)的工艺方法,涂覆一薄层($5\sim12\ \mu m$)高硬度、高耐磨性、难熔金属化合物而形成。刀具涂层材料有 TiC、TiN、Al_2O_3 及一些复合、多元涂层、新型纳米超薄膜涂层等。

涂层刀具既保持了普通硬质合金或高速钢刀具基体的强度和韧性,又使表面有更高的硬度、耐磨性和高的耐热性,刀具性能大大提高。实践证明,涂层刀具在高速切削钢件和铸铁时表现出优良的切削性能,同时比未涂层刀片的刀具寿命提高 1~3 倍,甚至可达 5~10 倍。涂层刀具在数控加工领域中有巨大潜力,目前数控机床所用切削刀具中有约 80%涂层刀具,它将是数控加工领域中最重要的刀具品种。

4) 陶瓷材料

陶瓷材料是以氧化铝或氮化硅为主要成分,经压制成形后烧结而成的一种刀具材料。它有很高的硬度和耐磨性,硬度达 91~95 HRC,耐热性高达 1200℃以上,化学性能稳定,故能承受较高的切削速度。但陶瓷材料的最大弱点是抗弯强度低和冲击韧性差,主要用于钢、铸铁、有色金属、高硬度材料和高精度零件的精加工。

5) 超硬材料

(1) 金刚石粉天然和人造两种,天然金刚石由于资源有限、价格昂贵用得很少。金刚石是目前已知的最硬物质,其硬度接近 10000 HV,是硬质合金的 80~120 倍,但韧性差。在 800℃时,金刚石中的碳与铁族金属发生扩散反应,因此不宜加工黑色金属。主要用于有色金属以及非金属材料的高速精加工。

(2) 立方氮化硼(CBN)是由氮化硼在高温、高压、催化剂作用下转变而成。它具有仅次于金刚石的硬度和耐磨性,硬度可达 8000~9000 HV,耐热性高达 1400℃左右。化学稳定性好,与铁族元素亲和力小,但强度低,焊接性差,主要用于淬硬钢、冷硬铸铁、高温合金和一些难加工材料的精加工。

6.1.4 机械加工工艺规程的制定

1. 机械加工工艺规程的格式

用来规定零件机械加工工艺过程和操作方法等的工艺文件称为机械加工工艺规程。

工艺规程是组成技术文件的主要部分,是工艺装备、材料定额、工时定额设计与计算的主要依据,是直接指导工人操作的生产法规,它与产品成本、劳动生产率、原材料消耗有直接关系。

把工艺规程的内容填入一定格式的卡片,即成为生产准备和施工依据的工艺卡片。常用的工艺卡片有机械加工工艺卡、机械加工工序卡等。

1) 机械加工工艺卡

机械加工工艺卡是以工序为单位,详细说明工件制作工艺过程的工艺文件(见表6-1)。它是用来帮助工人生产、车间管理人员及技术人员掌握整个零件加工过程的一种主要技术文件,广泛用于成批生产的零件和小批生产的重要零件。

2) 机械加工工序卡

机械加工工序卡是在工艺卡片的基础上,按每道工序所编制的一种工艺文件,用于指导工人的操作,主要用于大批量生产中的关键工序或成批生产中的重要零件。

2. 机械加工工艺规程制定原则

(1) 所设计的工艺规程必须保证机器零件的加工质量和装配质量达到设计图样上规定的各项技术要求。

(2) 工艺过程应具有较高的生产效率,尽量降低制造成本,使产品能尽快投放市场。

(3) 在充分利用本企业现有生产条件的基础上,尽可能采用国内外先进工艺技术和经验。

(4) 注意减轻工人的劳动强度,保证生产安全。

切削加工
质量概述

6.1.5 切削加工质量

切削加工质量包括零件的加工精度和表面质量。零件的加工精度是指零件的实际几何参数与其理想几何参数间相符合的程度。加工精度又可分为尺寸精度、形状精度和位置精度。

1. 尺寸精度

尺寸精度是指零件的实际尺寸和理想尺寸相符合的程度,即尺寸准确的程度。尺寸精度由尺寸公差控制,同一基本尺寸的零件,公差值小的,精度高;公差值大的,精度低。国标中将标准公差等级分为20级,分别用IT01,IT0,IT1,IT2,…,IT18表示。IT01公差值最小,精度最高。常用尺寸公差等级为IT6~IT11。

表 6-1　机械加工工艺卡

机械加工工艺卡片				产品型号		零件图号					共　页	第　页
				产品名称		零件名称						
材料牌号		毛坯种类		毛坯外形尺寸		每毛坯件数		每台件数				备注
工序号	工步	装夹	工序内容	同时加工零件数	切削用量			设备名称及编号	工艺装备名称及编号		技术等级	工时定额
					切削深度/mm	切削速度/(m/min)	每分钟转数或往复次数	进给量/min		夹具	刀具	量具		单件	准终
				编制（日期）		审核（日期）		会签（日期）				
标记	处数	更改文件号	签字	日期	标记	处数	更改文件签字	日期				

2. 形状精度

形状精度是指零件同一表面的实际形状与理想形状相符合的程度。一个零件的表面形状不可能做得绝对准确，因而为满足产品的使用要求，对零件表面形状要加以控制。国家标准规定，零件表面形状精度用形状公差来控制。形状公差有六项，即直线度、平面度、圆度、圆柱度、线轮廓度和面轮廓度。其符号见表6-2。

表6-2 零件表面形状精度

项目	直线度	平面度	圆度	圆柱度	线轮廓度	面轮廓度
符号	—	▱	○	⌭	⌒	⌓

通常形状精度与加工方法、机床精度、工件安装和工艺系统刚性等因素有关。

3. 位置精度

位置精度是指零件点、线、面的实际位置与理想位置相符合的程度。位置精度包括定向（平行度、垂直度、倾斜度）、定位（同轴度、对称度、位置度）以及跳动（圆跳动、全跳动）。正如零件的表面形状不能做得绝对准确一样，表面位置误差也是不可避免的。国家标准规定，位置精度用位置公差来控制。位置公差有八项，其符号见表6-3。

表6-3 零件表面位置精度

项目	平等度	垂直度	倾斜度	位置度	同轴度	对称度	圆跳动	全跳动
符号	∥	⊥	∠	⊕	◎	═	↗	↗↗

4. 表面粗糙度

表面粗糙度是表面质量的主要指标，另外加工硬化、表面残余应力等也是表面质量的考察指标。机械加工中，无论采取何种方法加工，由于刀痕及振动、摩擦等原因，都会在工件的已加工表面上留下凹凸不平的峰谷。用这些微小峰谷的高低程度和间距大小来描述零件表面的微观特征称为表面粗糙度，也称"微观不平度"。表面粗糙度的评定参数很多，最常用的是轮廓算术平均偏差 Ra，其单位为 μm。常用加工方法所能达到的表面粗糙度 Ra 值见表6-4。

表6-4 常用加工方法所能达到的表面粗糙度值

加工方法	表面特征	$Ra/\mu m$
粗车、粗铣、粗刨、钻孔等	可见明显刀痕	50
	可见刀痕	25
	微见明显刀痕	12.5
半精车、精车、精铣、精刨、粗磨、铰孔等	可见加工痕迹	6.3
	微见加工痕迹	3.2
	不见加工痕迹	1.6
精铰、精磨等	可辨加工痕迹方向	0.8
	微辨加工痕迹方向	0.4
	不辨加工痕迹方向	0.2

6.2 车削加工

6.2.1 普通车床分类及其组成、通用夹具与附件

1. 普通车床分类

车床种类繁多,按其用途和结构的不同,主要分为卧式车床、立式车床、落地车床、转塔车床、仪表车床、单轴自动和半自动车床、多轴自动和半自动车床、仿形车床、多刀车床及专门化车床等。车床依其类型和规格,可按类、组、型三级编成不同的型号。国标 GB/T 15375—2008 规定,车床型号由汉语拼音字母和数字组成。如 C6132 车床,其中:

C——车床类别代号(C 为"车"汉语拼音的第一字母);
6——车床组别代号(卧式车床组);
1——车床型别代号(普通车床);
32——车床主参数代号(车床最大回转直径的 1/10,即 320 mm)。

常见的普通车床是能对轴、盘、环等类型工件进行多种工序加工的卧式车床,常用于加工工件的内外回转表面、端面、沟槽和各种内外螺纹等。采用相应的刀具和附件,还可进行钻孔、扩孔、铰孔、攻螺纹、套螺纹和滚花等。普通卧式车床是车床中应用最广泛的一种,约占车床类总数的 65%,因其主轴为水平方式布置故称为卧式车床。

2. 普通卧式车床的组成

CA6140 型普通卧式车床的主要组成部件有主轴箱、进给箱、溜板箱、刀架、尾架、光杠、丝杠和床身,如图 6-2 所示。

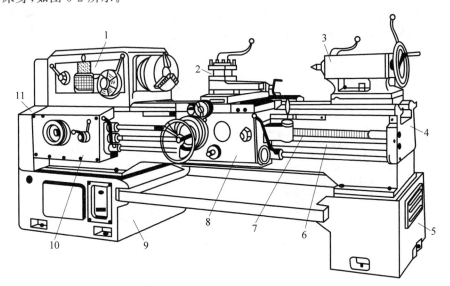

1—主轴箱;2—刀架;3—尾架;4—床身;5—后床腿;6—光杠;
7—丝杠;8—溜板箱;9—前床腿;10—进给箱;11—挂轮箱。

图 6-2 CA6140 卧式车床外形图

1) 主轴箱

主轴箱又称"床头箱",它的主要任务是将主电机传来的旋转运动经过一系列的变速机构,使主轴得到所需的正反两种转向的不同转速;同时主轴箱分出部分动力传给进给箱。主轴箱中主轴是车床的关键零件,其在轴承上运转的平稳性直接影响工件的加工质量,一旦主轴的旋转精度降低,则机床的加工精度及使用价值就会降低。

2) 进给箱

进给箱又称"走刀箱",进给箱中装有进给运动的变速机构。调整其变速机构,可得到所需的进给量、螺距(或导程),并通过光杠或丝杠将运动传至溜板箱,进而带动刀架运动以进行切削。

3) 丝杠与光杠

用以连接进给箱与溜板箱,并把进给箱的运动和动力传给溜板箱,使溜板箱获得纵向和横向的直线运动。丝杠是专门为车削各种螺纹而设置的,在进行工件的其他表面车削时,只用光杠,不用丝杠。

4) 溜板箱

溜板箱是车床进给运动的操纵箱,内装有将光杠和丝杠的旋转运动变成刀架直线进给运动的机构。通过光杠传动实现刀架的纵向或横向进给运动,通过丝杠带动刀架做纵向直线运动,以便车削螺纹。

5) 刀架

刀架体本身的功能是用来装夹、固定刀具,普通车床常见的刀架体为四方体刀架(或四工位刀架)。刀架体安装在车床的小拖板上面,可实现刀具做纵向、横向或斜向进给运动。

6) 尾座

尾座用来安装作定位支撑用的后顶尖,也可以安装钻头、铰刀等孔加工刀具来进行孔加工。

3. 通用夹具和机床附件

车床上安装工件的夹具及附件有三爪自定心卡盘(见图 6-3)、四爪单动卡盘(见图 6-4)、跟刀架、中心架、顶尖、花盘、弯板等。当被加工工件形状不够规则,生产批量又较大时,生产中常采用专用车床夹具安装工件。

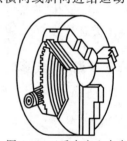

图 6-3 三爪自定心卡盘

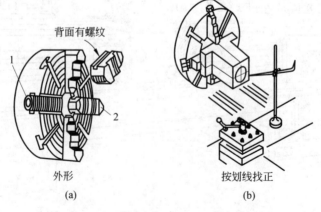

1—螺杆;2—卡爪。

图 6-4 四爪单动卡盘装夹工件的方法

(a) 四爪卡盘结构;(b) 用划线盘找正工件

三爪自定心卡盘是车床最常用的通用夹具。三爪卡盘上的三爪是同步动作的,能自动定心和夹紧,其装夹工件方便,但定心精度不高,工件上同轴度要求较高的表面,应尽可能在一次装夹中车出。对于一般较短的回转体类工件,较适用于用三爪卡盘装夹,但对于较长的回转体类工件,用此方法则刚性较差。所以,对一般较长的工件,尤其是较重要的工件,不能直接用三爪自定心卡盘装夹,而要用一端夹住,另一端用后顶尖顶住的一夹一顶的装夹方法,或采用两顶针装夹的方法,如图6-5所示。

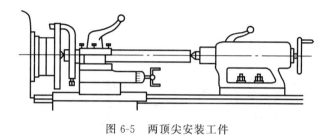

图6-5 两顶尖安装工件

6.2.2 车削加工工艺特点、车刀组成与分类

1. 车削加工工艺特点

车削是以工件的匀速转动作为主运动,刀具的直线运动作为进给运动,利用切削刀具与旋转工件的相对运动,去除多余的金属层,以获得符合技术要求工件的切削过程。其工艺特点如下:

(1) 易于保证各加工表面之间的位置精度。

(2) 切削过程是连续进行的,所以切削平稳,生产效率较高。

(3) 适用于有色金属零件的精加工。对于那些由于材料本身硬度低、塑性及韧性较高,而不易采用砂轮磨削的零件精加工,可以利用车削、精细车削来完成。

(4) 车刀的结构简单,易于制造和刃磨,成本低廉。还可根据工艺需要,对车刀的几何形状和几何角度进行灵活的刃磨与修正。

(5) 车削操作的技术含量较高,主要表现在实际操作中操作者灵巧的操作技能以及车刀的刃磨技术。

2. 车刀组成与分类

车刀由刀头和刀杆两部分所组成。刀杆是车刀的夹持部分;刀头是切削部分,它由刀面、刀刃和刀尖组成。常用的外圆车刀有三个刀面、两条刀刃和一个刀尖组成,简称"三面二刃一尖",如图6-6(a)所示。三面指的是刀具的前刀面、主后刀面和副后刀面;二刃指的是刀具的主切削刃和副切削刃;一尖指的是刀具的刀尖,它是主切削刃和副切削刃的交点,实际在刃磨过程中,该点是一段折线或微小圆弧,以提高刀尖的强度。

车刀按结构形式不同可分为整体车刀、焊接车刀、机夹车刀和机夹可转位车刀,如图6-6所示;按刀具材料不同分类,常见的有高速钢、硬质合金、陶瓷和涂层车刀等;按功能用途不同可分为外圆车刀、端面车刀、内孔车刀、切断刀、切槽刀、螺纹车刀等多种形式。

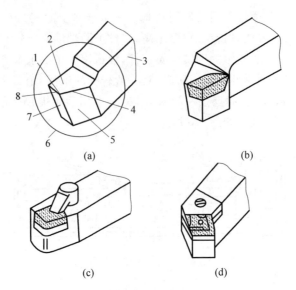

1—刀尖；2—前刀面；3—刀杆；4—主切削刃；5—主后刀面；6—刀头；7—副后刀面；8—副切削刃。

图 6-6 车刀的结构形式

(a) 整体车刀；(b) 焊接车刀；(c) 机夹车刀；(d) 机夹可转位车刀

6.2.3 车刀切削角度及其选择原则

刀具要从工件上切下金属，必须具有一定的角度，要确定和测量刀具角度，需要引入一个空间坐标参考系来作为刀具角度参考系。刀具角度参考系分为静态参考系（见图 6-7）与工作（动态）参考系。静态参考系是刀具设计计算、绘图标注、刃磨测量角度时的基准，刀具工作参考系是确定刀具切削运动中角度的基准。

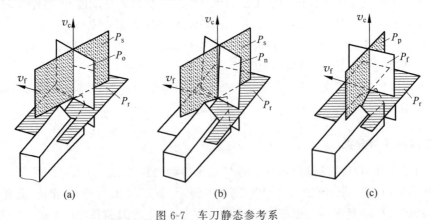

图 6-7 车刀静态参考系

(a) 正交平面参考系；(b) 法平面参考系；(c) 假定工作平面、背平面参考系

刀具角度参考系根据剖面的不同又分为正交平面参考系、法平面参考系、假定工作平面与背平面参考系，其中最常用的是正交平面参考系。正交平面参考系由基面 P_r、切削平面 P_s、正交平面 P_o 组成，其各平面的相互位置关系如图 6-7(a)所示。法平面参考系、假定工

作平面与背平面参考系有关平面相互位置关系如图 6-7(b)、(c)所示。由这些假想的平面再与刀头上存在的三面二刃配合作用就可构成实际起作用的刀具角度。在正交平面参考系下,车刀的主要角度有前角 γ_o、后角 α_o、主偏角 κ_r、副偏角 κ_r' 和刃倾角 λ_s,如图 6-8 所示。

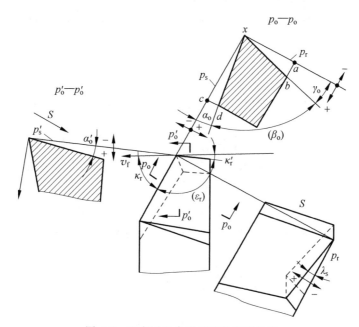

图 6-8　正交平面参考系下的刀具角度

1) 前角 γ_o

在正交平面内测量的前刀面与基面之间的夹角,表示前刀面的倾斜程度。前刀面位于基面下方则前角为正值,反之为负值,相重合为零。

(1) 前角的作用。增大前角,可使刀刃锋利、切削力降低、切削温度降低、刀具磨损变小、表面加工质量提高。但过大的前角会使刃口强度降低,容易造成刃口损坏。另外前角的大小对表面粗糙度、排屑和断屑等也有一定影响。

(2) 选择原则。用硬质合金车刀加工钢件(塑性材料等),一般选取 $\gamma_o=10°\sim20°$;加工灰口铸铁(脆性材料等),一般选取 $\gamma_o=5°\sim15°$。精加工时,可取较大的前角;粗加工时,应取较小的前角。工件材料的强度和硬度大时,前角取较小值,有时甚至取负值。

2) 后角 α_o

在正交平面内测量的主后刀面与切削平面之间的夹角,表示主后刀面的倾斜程度。

(1) 后角的作用。减少主后刀面与工件之间的摩擦,并影响刃口的强度和锋利程度。

(2) 选择原则。粗加工时,一般取 $\alpha_o=5°\sim7°$;精加工时取 $8°\sim10°$。

3) 主偏角 κ_r

在基面内测量的主切削刃与进给方向在基面上投影的夹角。

(1) 主偏角的作用。减小主偏角,则切削刃工作长度增加、散热条件变好、已加工表面粗糙度值减小,但背向力增大;增大主偏角,则有利于切屑折断,有利于孔加工刀具使切屑沿轴向顺利流出。

(2) 选择原则。车刀常用的主偏角有 45°、60°、75°、90°几种。工件粗大、刚性好时,可取较小值。车细长轴时,为了减少背向力,避免引起工件弯曲变形,宜选取较大值。

4) 副偏角 κ_r'

在基面内测量的副切削刃与进给方向在基面上投影的夹角。

(1) 副偏角作用。减小副切削刃及副后面与已加工表面之间的摩擦;减小副偏角有利于已加工表面获得好的表面粗糙度。

(2) 选择原则。一般取 5°~15°。精车时取 5°~10°,粗车时取 10°~15°。

5) 刃倾角 λ_s

在切削平面内测量的主切削刃与基面间的夹角,刀尖为切削刃最高点时为正值,反之为负值,主切削刃与基面平行时为零。

(1) 刃倾角的作用。主要影响主切削刃的强度和控制切屑流出的方向。刃倾角为正值,切屑流向待加工表面;刃倾角为 0°时,切屑沿着垂直于主切削刃的方向流出;刃倾角为负值时,切屑流向已加工表面,且刀具强度增强。

(2) 选择原则。一般在 0°~±5°之间选择。粗加工时,常取负值,以保证主切削刃有良好的强度;精加工时,常取正值,可避免切屑划伤已加工表面。

6.2.4 金属切削加工及切屑控制

1. 切削加工的本质

金属的切削加工过程就其实质来说,是工件材料的切削层在刀具的刀刃和前刀面作用下受到挤压,沿剪切面产生剪切滑移变形,而转变为切屑,同时形成已加工表面的过程。随着切削进给的连续进行,新的切削层被不断投入,产生新的已加工表面与切屑,直至加工完成。

2. 切屑形状的分类

在实际生产中,常见的切屑形状一般有带状屑、C 形屑、崩碎屑、宝塔状卷屑、长紧卷屑、发条状卷屑、长螺卷屑等,如图 6-9 所示。

(1) 带状屑(见图 6-9(a))。高速切削塑性金属材料时,如不采取断屑措施,极易形成带状屑。带状屑连绵不断,常会缠绕在工件或刀具上,易划伤工件表面或打坏刀具的切削刃,甚至伤人,因此应尽量避免形成带状屑。但有时也希望得到带状屑,以使切屑能顺利排出,例如在立式镗床上镗盲孔时。

(2) C 形屑(见图 6-9(b))。车削一般的碳钢、合金钢材料时,如采用带有断屑槽的车刀则易形成 C 形屑。C 形屑没有了带状屑的缺点,但 C 形屑多数是切屑碰撞在车刀后刀面或工件表面而折断形成的,切屑高频率的碰断和折断会影响切削过程的平稳性,从而影响已加工表面的粗糙度。所以,精加工时一般不希望得到 C 形屑,而多希望得到长螺卷屑(见图 6-9(g)),使切削过程比较平稳。

(3) 崩碎屑(见图 6-9(c))。在车削铸铁、脆黄铜、铸青铜等脆性材料时,极易形成针状或碎片状的崩碎屑,既易飞溅伤人,又易研损机床。若采用卷屑措施,则可使切屑连成短卷状。

(4) 宝塔状卷屑(见图 6-9(d))。数控加工机床或自动线加工时,希望得到此形屑,因为这样的切屑不会缠绕在刀具和工件上,而且清理也方便。

(5) 长紧卷屑(见图 6-9(e))。长紧卷屑形成过程比较平稳,清理也方便,在普通车床上是一种比较好的屑形。

(6) 发条状卷屑(见图 6-9(f))。在重型车床上用大背吃刀量、大进给量车削钢件时,切屑又宽又厚,这时通常将断屑槽的槽底圆弧半径加大,使切屑成发条状在加工表面上碰撞折断,并靠其自重坠落。

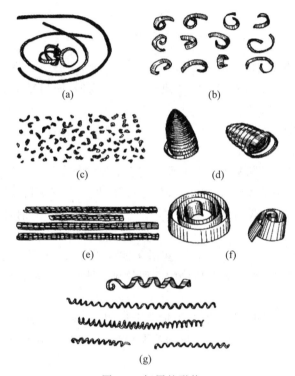

图 6-9 切屑的形状

(a) 带状屑;(b) C 形屑;(c) 崩碎屑;(d) 宝塔状卷屑;(e) 长紧卷屑;(f) 发条状卷屑;(g) 长螺卷屑

3. 影响断屑的因素

在加工塑性材料过程中,如果不能够及时断屑,产生的带状切屑就会缠绕在工件表面上,将会严重影响切削加工的顺利进行,甚至还会发生设备与人身安全事故,操作者往往不得不停下机床来进行处理。因此,在金属切削加工过程中断屑就显得极为重要了。影响断屑的主要因素有断屑槽、切削用量、刀具角度和加工工件材料等。

1) 断屑槽的影响

(1) 断屑槽形状的影响。断屑槽形状一般分为折线型、直线圆弧型以及全圆弧型三种,如图 6-10 所示。

折线型断屑槽(见图 6-10(a))的两段直线的夹角($180°-\delta_{Bn}$)小,则切屑易折断;直线圆弧型断屑槽(见图 6-10(b))与全圆弧型断屑槽(见图 6-10(c)),其断屑槽底圆弧半径(r_{Bn})小时,切屑易折断。一般折线型与直线圆弧型断屑槽适用于切削碳素钢、合金结构钢、工具钢等,全圆弧型断屑槽适用于切削紫铜、不锈钢等高塑形材料。

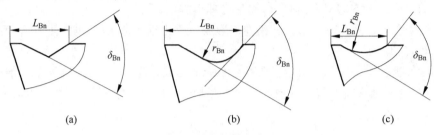

图 6-10　断屑槽的类型
(a) 折线型；(b) 直线圆弧型；(c) 全圆弧型

(2) 断屑槽宽度的影响。一般断屑槽宽度(L_{Bn})小时,切屑易折断。同时断屑槽宽度也与进给量 f、背吃刀量 a_p 的大小有关。当进给量 f 增大时,断屑槽的宽度应相应加宽；背吃刀量大时,槽也应适当加宽。

(3) 断屑槽斜角的影响。断屑槽与主切削刃的斜角常见的有外斜式、平行式和内斜式三种,如图 6-11 所示。

外斜式(见图 6-11(a))断屑槽,其断屑槽前宽后窄,前深后浅,切削时易形成 C 型屑。在中等背吃刀量时断屑范围较宽,断屑效果稳定可靠,生产中应用较为广泛。倾斜角 τ 的数值主要按工件材料确定,一般切削中碳钢时,取 $8°\sim10°$；切削合金钢时,取 $10°\sim15°$。在大背吃刀量时,一般多改用平行式。

平行式(见图 6-11(b))断屑槽的切屑变形不如外斜式大,切屑大多是碰在工件加工表面上折断。切削中碳钢时,平行式断屑槽的断屑效果与外斜式基本相仿,但进给量应略加大一些。

内斜式(见图 6-11(c))断屑槽,其断屑槽前窄后宽,前浅后深,倾斜角一般取 $8°\sim10°$,内斜式断屑槽易形成长紧卷屑,但切削用量的范围相当窄,主要应用于精车或半精车。

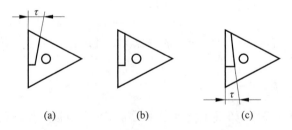

图 6-11　断屑槽与主切削刃的倾斜方式
(a) 外斜式；(b) 平行式；(c) 内斜式

2) 切削用量的影响

首先进给量的影响最大,增大进给量,切屑容易折断；其次是背吃刀量,小的背吃刀量断屑效果要好；最后是切削速度,一般降低切削速度有利于切屑的断屑。在实际工作中,主要以增大进给量来达到断屑目的。

3) 刀具角度的影响

影响最大的是主偏角。在背吃刀量一定的情况下,主偏角越大,切屑越容易断屑。

4)加工工件材料的影响

加工材料的强度越高、塑形越大、韧性越好,则加工时的切屑就越不易折断。

6.3 铣削加工

铣削加工概述

6.3.1 普通铣床的类型、常用铣削刀具及铣床附件

1. 普通铣床的类型

铣床是用铣刀对工件进行铣削加工的机床,除了能铣削平面、各类沟槽、轮齿、螺纹和花键轴外,还能加工比较复杂的型面,效率较刨床高,在机械制造和修理部门中得到广泛应用。普通铣床种类很多,常用的有卧式铣床、立式铣床、工具铣床、龙门铣床、键槽铣床、仿形铣床等。其中卧式铣床和立式铣床应用最广。

(1)卧式万能升降台铣床简称"万能铣床",其主轴是水平的,与工作台面平行,是铣床中应用较广的一种。带有转台的卧铣,由于其工作台除了能作纵向、横向和垂直方向移动外,还能在水平面内左右扳转 45°,使安装在工作台上的分度头和挂轮配合加工螺旋槽,故称为万能卧式铣床。铣床型号与车床一样,也是由汉语拼音字母和数字组成,如图 6-12 所示为 X6132 卧式铣床,其中:

X——铣床类别代号(X 为"铣"汉语拼音的第一字母);

6——铣床组别代号(卧式铣床组);

1——铣床型别代号(万能升降台铣床);

32——铣床主参数代号(铣床工作台宽度的 1/10,即工作台宽度为 320 mm)。

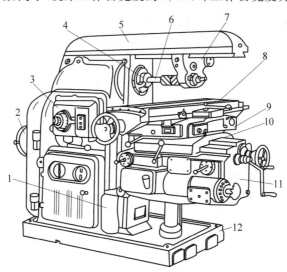

1—床身;2—电动机;3—变速机构;4—主轴;5—横梁;6—刀杆;7—刀杆吊架;
8—纵向工作台;9—转台;10—横向滑台;11—升降台;12—底座。

图 6-12 X6132 卧式万能铣床升降台铣床

(2) 立式铣床其主轴与工作台面垂直,如图 6-13 所示。有时根据加工的需要,可以将立铣头偏转一定的角度。

2. 常用铣削刀具

铣刀是由多刃刀齿组成的一种刀具,每一个刀齿相当于一把简单的刀具。铣刀的分类很多,通常按照安装方式、用途与结构来进行分类。

1) 按照铣刀安装方式分类

可分为带孔的铣刀和带柄的铣刀两大类。带柄铣刀多用于立式铣床,带孔铣刀多用于卧式铣床。

2) 按照铣刀的用途分类

(1) 圆柱形铣刀。用于卧式铣床上加工平面。

(2) 面铣刀。用于立式铣床、端面铣床或龙门铣床上加工平面。

(3) 立铣刀。用于加工沟槽和台阶面等。

(4) 三面刃铣刀。用于加工各种沟槽和台阶面。

(5) 角度铣刀。用于铣削成一定角度的沟槽。

(6) 锯片铣刀。用于加工深槽和切断工件。

此外,还有键槽铣刀、燕尾槽铣刀、T 形槽铣刀和各种成形铣刀等。

3) 按照铣刀的结构分类

(1) 整体式。刀体和刀齿制成一体。

(2) 整体焊齿式。刀齿用硬质合金或其他耐磨刀具材料制成,并钎焊在刀体上。

(3) 镶齿式。刀齿用机械夹固的方法紧固在刀体上。这种可换的刀齿可以是整体刀具材料的刀头,也可以是焊接刀具材料的刀头。

(4) 可转位式。这种结构已广泛用于面铣刀、立铣刀和三面刃铣刀等。

常用铣刀及其用途如图 6-14 所示。

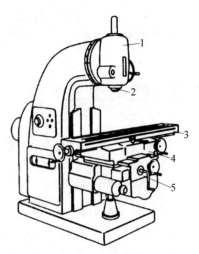

1—铣头;2—主轴;3—工作台;
4—床鞍;5—升降台。

图 6-13 立式铣床

3. 铣床附件

铣床的主要附件有万能分度头(简称"分度头")、平口钳、万能铣头和回转工作台,如图 6-15 所示。

1) 分度头的结构和分度方法

在铣削加工中,利用分度头可以实现铣六方、齿轮、花键和刻线等工作,分度头在单件小批量生产中应用较广。

(1) 分度头的结构。如图 6-16(a)所示,分度头可通过其底座上的导向键来定位,并用螺钉紧固在工作台上;三爪自定心卡盘用来装夹工件;分度时,摇动分度手柄,通过齿轮副和蜗杆蜗轮传动带动分度头主轴进行分度。由于分度头的齿轮传动比为 1∶1,蜗轮与蜗杆

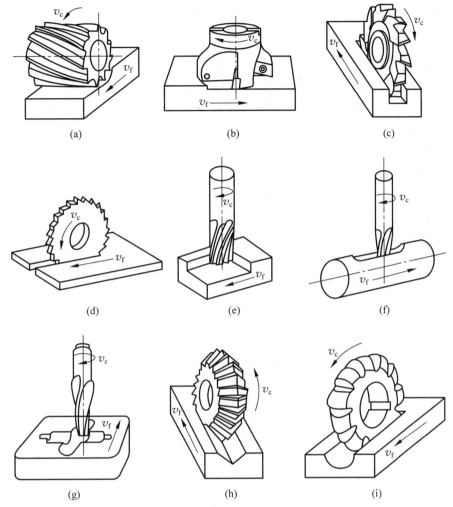

图 6-14 常见铣刀及其用途

(a) 圆柱形铣刀;(b) 面铣刀;(c) 三面刃铣刀;(d) 锯片铣刀;
(e) 立铣刀;(f) 键槽铣刀;(g) 指状铣刀;(h) 角度铣刀;(i) 成形铣刀

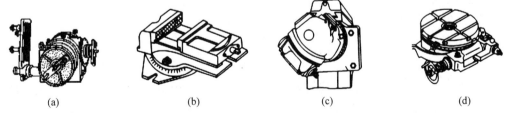

图 6-15 常用铣床附件

(a) 万能分度头;(b) 平口钳;(c) 万能铣头;(d) 回转工作台

传动比为 40∶1(见图 6-16(b)),因此,若工件圆周需分 z 等份,则针对每一等份,分度手柄的转数 n 应为 $n=\dfrac{40}{z}$。如果求出的分度手柄转数 n 不是整数,则其分数部分可利用分度盘上的等分孔来确定。分度盘一般备有两块,两块分度盘的正反面皆加工有均布的孔数不等的多圈等分孔，加工时可根据需要选择，如图 6-17 所示。

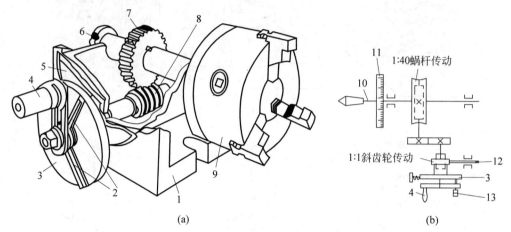

1—底座；2—分度拨叉；3—分度盘；4—分度手柄；5—回转体；6—分度头主轴；7—40 齿蜗轮；
8—单头蜗杆；9—三爪自定心卡盘；10—主轴；11—刻度环；12—挂轮轴；13—定位销。

图 6-16　万能分度头的结构
(a) 外形结构；(b) 传动系统

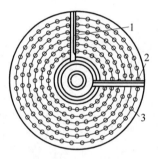

1,2—分度拨叉；3—分度盘。

图 6-17　分度盘

(2) 分度方法。分度头分度的方法有直接分度法、简单分度法、角度分度法和差动分度法等。这里以常用的简单分度法为例，来介绍铣齿数为 35 的齿轮的分度方法。对于齿数是 35 的齿轮，在进行分度时，其每齿对应的分度手柄转数为

$$n = \frac{40}{z} = \frac{40}{35} = 1\frac{1}{7}（圈）$$

即每分一齿，手柄需转过 $1\frac{1}{7}$ 圈，其中 1/7 圈需通过分度盘来控制。将分度手柄上的定位销调整到孔数为 7 的倍数的孔圈上（如孔数为 28），在分度手柄转过 1 整圈后，再沿孔数为 28 的孔圈转过 4 个孔距即可。

$$n = 1\frac{1}{7} = 1\frac{4}{28}$$

2) 平口钳

平口钳是一种通用夹具，经常用其安装一些外形规则的小型工件。

3) 万能铣头

在卧式铣床上装上万能铣头,不仅能完成各种立铣的工作,而且还可以根据铣削的需要,把铣头主轴扳成任意角度。

4) 回转工作台

回转工作台又称为"转盘""平分盘""圆形工作台"等,它的内部有一套蜗轮蜗杆。摇动手轮,通过蜗杆轴,就能直接带动与转台相连接的蜗轮转动,常用于圆弧形表面和圆弧形槽的加工。

6.3.2　铣削加工工艺特点、铣削用量及其选择原则

1. 铣削加工工艺特点

铣削加工是在铣床上利用铣刀对零件进行加工的一种工艺过程。铣削加工工艺特点如下:

(1) 断续加工,容易产生振动。其相比较于车削加工,有切削冲击,因而需要考虑刀具承受冲击载荷的问题。

(2) 生产率较高。其为多齿工作,旋转运动利于高速铣削。

(3) 开放式加工。其切削过程为开放式的,排屑比较容易。

(4) 刀齿散热条件较好。

(5) 工艺范围广。可以完成平面、各类沟槽、轮齿、螺纹和花键轴、比较复杂的型面等的加工任务。

2. 铣削用量

铣削用量是指在铣削过程中所选用的切削用量,是衡量铣削运动大小的参数。铣削用量包括四个要素,即铣削速度、进给量、背吃刀量(铣削深度 a_p)和侧吃刀量(铣削宽度 a_e),如图6-18所示。

(1) 切削速度 v_c。铣刀切削刃上最大外圆处某点主运动的线速度,单位为 m/min 或 m/s。

(2) 进给量。铣刀在进给运动方向上相对工件的单位移动量。由于铣刀为多刃刀具,有以下三种度量方法。

① 每齿进给量 f_z(mm/z)是指铣刀每转过一个刀齿,在进给方向上相对工件的位移量;

② 每转进给量 f(mm/r)是指铣刀每回转一周,在进给方向上相对工件的位移量;

③ 每分钟进给量 v_f(mm/min)是指铣刀每分钟在进给方向上相对工件的位移量,又称"进给速度"。

三种进给量之间的关系为

$$v_f = fn = f_z zn$$

式中,z 为铣刀齿数;n 为铣刀每分钟转速,r/min。

(3) 背吃刀量(铣削深度)a_p。在平行于铣刀轴线方向测量的切削层尺寸(切削层是指工件上正被刀刃切削着的那层金属)。

(4) 侧吃刀量(铣削宽度)a_e。在垂直于铣刀轴线方向测量的切削层尺寸。

因圆周铣与端面铣时铣刀相对于工件的方位不同,故背吃刀量与侧吃刀量在圆周铣与

端面铣中也有所不同,如图 6-18 所示。

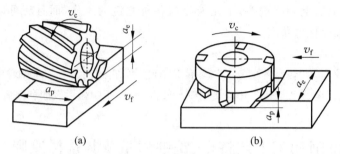

图 6-18　铣削用量

(a)在卧铣上铣平面；(b)在立铣上铣平面

3. 铣削用量选择的原则

在保证加工质量的前提下,充分利用铣刀的切削能力和机床的性能,以获得高的生产效率和低的加工成本。

1) 粗加工选择原则

在工艺系统(包括铣床、铣刀与夹具)有足够刚度的前提下,一般选择较大的铣削深度和铣削宽度,然后选大的进给量,最后选择适当的铣削速度。选择方法是：铣削无硬皮的钢料时,铣削深度一般取 3～5 mm；铣削铸钢或铸铁时,铣削深度一般取 5～7 mm。当铣削宽度较小时,铣削深度可相应增大。

2) 半精加工的选择原则

铣削深度一般为 0.5～2 mm,铣削宽度的选择原则不变。铣削速度尽量取较大的值,进给量取较小的值。

3) 精加工的选择原则

精铣加工时,铣削深度一般取 0.5 mm 左右,铣削速度在推荐范围内取最大值。当采用高速钢铣刀铣削中碳钢或灰口铸铁时,铣削速度可取 20～60 m/min 之间；采用硬质合金铣刀铣削上述材料时,铣削速度可取 90～200 m/min,进给量应取较小值。

磨削加工概述

6.4　磨削加工

6.4.1　磨床及磨削加工特点

1. 磨床

磨床是利用磨具对工件表面进行磨削加工的机床。大多数的磨床是使用高速旋转的砂轮进行磨削加工,少数的是使用油石、砂带等其他磨具和游离磨料进行加工,如珩磨机、超精加工机床、砂带磨床、研磨机和抛光机等。磨床是一种精加工设备,常用于内外圆柱面、圆锥面、平面及各种成形表面等的精加工,还可以刃磨刀具和进行切断等。常用的磨床有外圆磨床(见图 6-19)、内圆磨床(见图 6-20)、平面磨床(见图 6-21)。

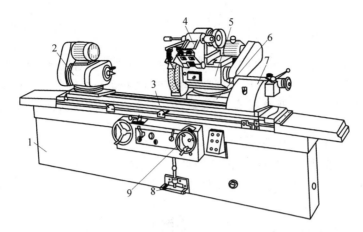

1—床身；2—头架；3—工作台；4—内圆磨具；5—砂轮架；6—滑鞍；7—尾架；8—脚踏操作板；9—横向进给轮。

图 6-19 万能外圆磨床

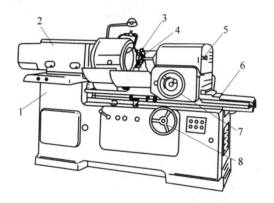

1—床身；2—头架；3—砂轮修整器；4—砂轮；5—磨具架；6—工作台；7—操纵磨具架手轮；8—操纵工作台手轮。

图 6-20 内圆磨床

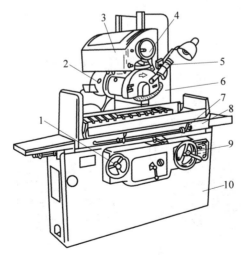

1—驱动工作台手轮；2—磨头；3—滑板；4—横向进给手轮；5—砂轮修整器；
6—立柱；7—行程挡块；8—工作台；9—垂直进给手轮；10—床身。

图 6-21 平面磨床

2. 磨削加工工艺特点

磨削是利用磨具、磨料以较高的线速度进行加工的总称。磨削加工常见的有外圆磨削（见图 6-22）、内圆磨削（见图 6-23）、平面磨削（见图 6-24）等。磨削加工有以下特点：

（1）每颗磨粒切去切屑厚度很薄，一般只有几微米，因此加工表面可以获得很高的精度和很低的表面粗糙度值。

（2）可以加工高硬度材料，特别是淬硬零件的精加工。

（3）磨削时，需要使用大量的工作液，降低磨削温度，及时冲走屑末。

（4）广泛用于各类表面、成形面的精加工。如回转体表面、平面、齿形、花键等。

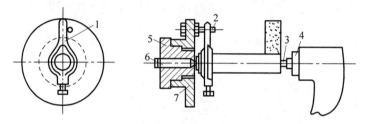

1—鸡心夹头；2—拨杆；3—后顶尖；4—尾座套筒；5—头架主轴；6—前顶尖；7—拨盘。

图 6-22 外圆磨削（两顶尖装夹）

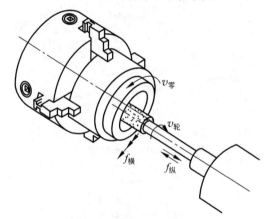

图 6-23 内圆磨削（四爪单动卡盘安装）

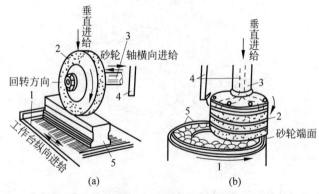

1—磁性吸盘；2—砂轮；3—砂轮轴；4—冷却液管；5—工件。

图 6-24 平面磨削方法

（a）周磨；（b）端磨

6.4.2 砂轮的静平衡及其安装

1. 砂轮的静平衡

为使砂轮工作平稳,直径大于 125 mm 的砂轮一般都要进行平衡试验。如图 6-25 所示,将砂轮装在心轴 2 上,再将心轴放在平衡架 6 的平衡轨道 5 的刃口上,若不平衡,较重部分总是转到下面,这时可移动法兰盘端面环槽内的平衡铁 4 进行调整。经反复平衡调试,直到砂轮可在刃口上任意位置都能静止,即说明砂轮各部分的质量分布均匀,这种方法称为静平衡。

2. 砂轮的安装

砂轮在高速下工作,安装时应首先检查外观有没有裂纹,然后再用木锤轻敲,如果声音嘶哑,则禁止使用,否则砂轮破裂后会飞出伤人。安装砂轮时,要求将砂轮不松不紧的套在轴上。在砂轮和法兰盘之间应使用皮革或橡胶弹性垫板,以便压力均匀分布,螺母的拧紧力不能过大,否则会导致砂轮破裂,如图 6-26 所示。

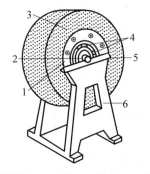

1—砂轮套筒;2—心轴;3—砂轮;4—平衡铁;
5—平衡轨道;6—平衡架。

图 6-25 砂轮的平衡

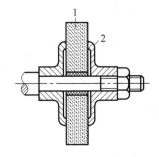

1—砂轮;2—弹性垫板。

图 6-26 砂轮的安装

6.5 常用孔加工与齿轮加工方法

6.5.1 常用孔加工方法

孔加工方法常见的有钻孔、扩孔、铰孔和镗孔四种。

1. 钻孔与扩孔

钻孔是用钻头在工件上直接加工出与钻头直径相同大小的孔的一种加工方法。钻孔加工的精度较低,常用于粗加工或不重要孔的终加工。扩孔是用麻花钻或扩孔钻扩大孔径的加工方法,其加工精度略高于钻孔,属于粗加工和半精加工。常用钻孔与扩孔的加工设备有钻床、车床等。

2. 铰孔

铰孔是用定尺寸铰刀或可调尺寸铰刀在已加工孔的基础上再进行微量切削,目的是提高孔的精度和降低孔的表面粗糙度 Ra 值。铰孔可以在车床、镗床或加工中心上进行(有时也用手工铰)。铰孔主要用于孔径不大,但精度要求高的内孔精加工,常用的工艺路线组合有钻—铰或钻—扩—铰。

3. 镗孔

镗削加工概述

镗孔可以在多种机床上进行,一般回转体类零件上的孔多在车床上加工,而箱体类零件上的孔或孔系(轴线相互平行或垂直的若干个孔)则常用镗床加工。镗床特别适合于箱体、机架等结构复杂的大型零件上的多孔加工,此外,还能加工平面、沟槽等。图 6-27 所示为卧式镗床结构示意图。

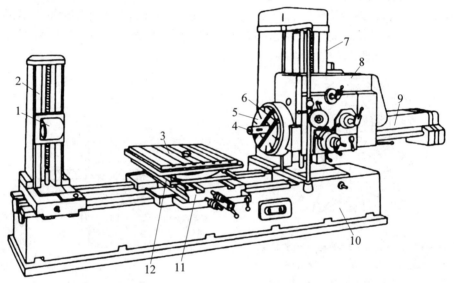

1—后支架;2—后立柱;3—工作台;4—镗轴;5—平旋盘;6—径向刀具溜板;
7—前立柱;8—主轴箱;9—后尾筒;10—床身;11—下滑座;12—上滑座。

图 6-27 卧式镗床

镗孔方式按其主运动和进给运动的形式可分为如图 6-28 所示的三种:

(1) 工件旋转,刀具做进给运动。在车床类机床上加工套类零件属于这种方式(见图 6-28(a))。

(2) 工件不动,刀具做旋转和进给运动。这种加工方式多在镗床上进行(见图 6-28(b)),适合加工孔深不大而孔径较大的壳体孔。

(3) 刀具旋转,工件做进给运动。这种加工方式适合镗削箱体两壁相距较远的同轴孔系(见图 6-28(c))。

镗削加工可以分粗镗、半精镗和精镗,一般镗孔的尺寸精度公差等级可达 IT7～IT8,孔内壁粗糙度 Ra 值为 0.8～$1.6\ \mu m$,适合孔径较大、精度要求较高的孔加工。

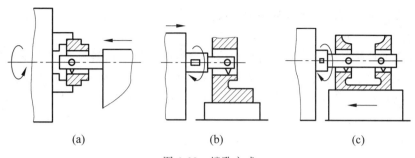

图 6-28 镗孔方式
(a) 刀具进给；(b) 刀具进给和旋转；(c) 刀具旋转

6.5.2 常用齿轮加工方法

按加工工艺分,齿轮加工的方法有两种,即成形法和展成法。成形法是使用切削刃形状与被切齿轮的齿槽形状完全相符的成形刀具切出齿轮的方法,这种方法制造出来的齿轮精度较低,只能用于低速的齿轮传动,常见的有铣齿、拉齿等。展成法是利用齿轮刀具与被切齿轮的啮合运动而切出齿轮齿形的方法,利用这种方法制造出来的齿轮精度高,但需要专用机床,常见的有滚齿机、插齿机等。

1. 成形法

铣齿方法属于成形法。铣齿时,工件安装在铣床的分度头上,用一定模数的盘状(或指状)铣刀对齿轮齿间进行铣削,如图 6-29 所示。当加工完一个齿间后,进行分度,再铣下一个齿间。

铣齿特点：设备简单,刀具成本低,生产率低,加工齿轮的精度低。用成形法铣齿轮所需运动简单,不需专门的机床,但要用分度头分度。这种方法一般用于单件小批量生产低精度的齿轮。

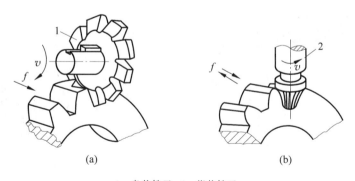

1—盘状铣刀；2—指状铣刀。

图 6-29 成形法加工齿轮
(a) 用盘形齿轮铣刀铣齿轮；(b) 用指状齿轮铣刀铣齿轮

2. 展成法

用展成法加工齿轮时,齿轮表面的渐开线用展成法形成,展成法具有较高的生产效率和加工精度。齿轮加工机床绝大多数采用展成法。

滚齿

1）滚齿

滚齿加工的原理是模拟一对压力角和模数均相等的交错轴斜齿轮副啮合滚动的过程，将其中的一个齿轮的齿数减少到一个或几个，轮齿的螺旋倾角很大，就成了蜗杆，再将蜗杆开槽并铲背，就成了齿轮滚刀。当机床使滚刀和工件严格地按一对斜齿圆柱齿轮啮合的传动比关系做旋转运动时，滚刀就可在工件上连续不断地切出齿来，如图 6-30 所示。

滚齿特点：适应性好，生产率高，加工后的齿廓表面粗糙度不如插齿加工的齿廓表面粗糙度好，主要用于加工直齿、斜齿圆柱齿轮和蜗轮。

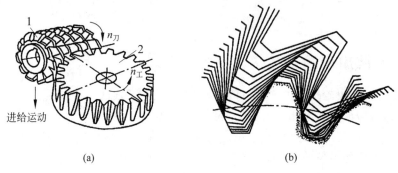

1—滚齿刀；2—齿坯。

图 6-30　滚齿原理

插齿

2）插齿

插齿机可用来加工内、外啮合的圆柱齿轮，尤其适合于加工内齿轮和多联齿轮，这是滚齿机无法加工的，如图 6-31 所示。装上附件，插齿机还能加工齿条，但插齿机不能加工蜗轮。

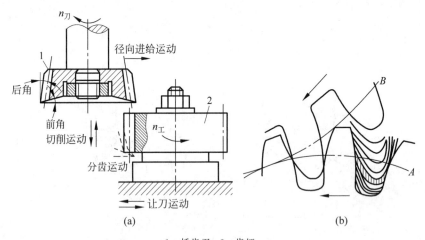

1—插齿刀；2—齿坯。

图 6-31　插齿原理

剃齿

3）剃齿

剃齿是由剃齿刀带动工件自由转动并模拟一对螺旋齿轮做双面无侧隙啮合的过程，剃齿刀与工件的轴线交错成一定角度。剃齿常用于未淬火圆柱齿轮的精加工，生产效率很高，是软齿面精加工最常见的加工方法之一。

4)珩齿

珩齿是一种用于加工淬硬齿面的齿轮精加工方法,工作时珩磨轮与工件之间的相对运动关系与剃齿相同,所不同的是作为切削工具的珩磨轮,是用金刚砂磨料加入环氧树脂等材料作结合剂浇铸或热压而成的塑料齿轮。

5)磨齿

磨齿加工的主要特点是:加工精度高,一般条件下加工精度可达 4～6 级,由于采用强制啮合方式,不仅修正误差的能力强,而且可以加工表面硬度很高的齿轮。

6.6 特种加工

特种加工常用于传统加工技术和方法难以获得预期的结果,甚至无法加工的零件的加工。如高强度、高硬度等难加工金属材料零件的加工;复杂型面、薄壁、小孔、窄缝等特殊结构形状的加工等。常见的特种加工方法有电火花线切割加工、电火花成形加工、激光加工、电解加工、超声波加工等。

6.6.1 线切割加工概述及程序编制

1. 线切割加工

线切割加工是电火花线切割加工的简称,是用线状电极(钼丝或钨丝)依据电火花放电熔蚀工件完成加工的。线切割机床分为快走丝和慢走丝两大类,快走丝机床是电极丝做快速的往复运动,走丝速度在 1～12 m/s,如图 6-32 所示;慢走丝机床电极丝做单向运动,一般走丝速度低于 0.25 m/s。

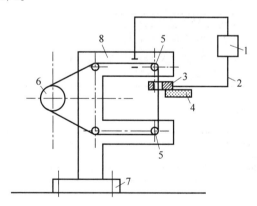

1—脉冲电源;2—电极丝;3—工件;4—工作台;5—导轮;6—储丝筒;7—床身;8—丝架。

图 6-32 快速走丝线切割机床

2. 线切割加工工艺特点

(1) 无论被加工的材料硬度如何,只要是导体或半导体材料都能实现加工。

(2) 无需金属切削刀具,工件材料的预留量少,有效节约贵重材料。

(3) 虽然加工的对象主要是平面形状,但能够方便加工各种复杂形状的型孔、微孔、窄缝等。

(4) 直接采用精加工和半精加工一次加工成形,一般不需要中途转换。

(5) 只对工件材料进行图形轮廓加工,图形内外的余料还可以利用。

(6) 自动化程度高,操作方便,加工周期短,成本低。

3. 线切割加工程序的格式

数控线切割机床加工时,按照线切割加工的图形,用线切割控制系统所能接受的代码编好程序,然后输入机床控制系统,机床按指令顺序进行加工。编程方法有两种:一种是手工编程,另一种是计算机辅助编程。目前,我国线切割机床的程序格式采用国标 3B 格式和国际标准 ISO 格式。

我国生产的高速走丝线切割机床一般采用 3B 格式编程。3B 格式的每个程序段由 5 个指令代码组成,见表 6-5。

表 6-5 3B 程序格式

B	X	B	Y	B	J	G	Z
分隔符	X 坐标值	分隔符	Y 坐标值	分隔符	计数长度	计数方向	加工指令

(1) B 为分隔符,将 X、Y、J、G、Z 的数值分开;如果 B 后的数值为 0 时,0 可以省略不写,但必须保留分隔符 B;X、Y 是点在相对坐标系中的坐标绝对值;X、Y、J 单位为 μm。

(2) X、Y 值的确定。

直线	以直线的起点为相对坐标原点,X、Y 表示直线终点坐标绝对值
圆弧	以圆弧的圆心为相对坐标原点,X、Y 表示圆弧起点坐标绝对值

(3) 计数长度 J 的确定。

直线	若 G=GX,J 值是直线在 X 轴上的投影长度; 若 G=GY,J 值是直线在 Y 轴上的投影长度
圆弧	若 G=GX,J 值是各个象限圆弧在 X 轴投影的绝对值的总和; 若 G=GY,J 值是各个象限圆弧在 Y 轴投影的绝对值的总和

(4) 计数方向 G 的判定。

直线	以直线的起点为相对坐标原点,取终点坐标绝对值大的坐标轴为计数方向
圆弧	以圆弧的圆心为相对坐标原点,取终点坐标绝对值小的坐标轴为计数方向

(5) 加工指令 Z 的确定。

直线	直线用 L 表示; 直线终点落在第几象限,L 后面就用数字几表示,比如:直线终点落在第 1 象限,Z=L1; 直线与坐标轴重合时,与 X 轴正向一致,Z=L1,与 Y 轴正向一致,Z=L2,依次类推
圆弧	按照圆弧最先进入的象限分为 R1、R2、R3、R4,顺时针用 S 表示,逆时针用 N 表示; 圆弧共有 8 个指令:SR1、SR2、SR3、SR4、NR1、NR2、NR3、NR4

4. 线切割加工编程实例

如图 6-33 所示为一小鸭的创意设计图纸（零件材料为厚度 2 mm 的铝板），从图示编程起点开始，沿着逆时针方向加工，用 CAXA 线切割软件自动编程生成的 3B 代码如下：

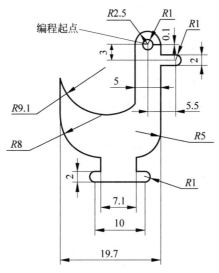

图 6-33 编程例图

```
Start Point  =     0.00000,   0.00000  ;    X    ,    Y
N1:  B     1500 B       0 B    1500 GX    L1 ;    1.500,    60.000
N2:  B     1000 B       0 B    2000 GY   NR3 ;    3.500,     0.000
N3:  B     1500 B       0 B    1500 GX    L1 ;    5.000,     0.000
N4:  B        0 B    2000 B    2000 GY    L4 ;    5.000,    -2.000
N5:  B     3000 B       0 B    3000 GX    L1 ;    8.000,    -2.000
N6:  B        0 B    1000 B    2000 GX   SR1 ;    8.000,    -4.000
N7:  B     3000 B       0 B    3000 GX    L3 ;    5.000,    -4.000
N8:  B        0 B   12115 B   12115 GY    L4 ;    5.000,   -16.115
N9:  B     4987 B     359 B    4774 GX   SR1 ;    0.252,   -21.468
N10: B        0 B    2718 B    2718 GY    L4 ;    0.252,   -24.186
N11: B     1747 B       0 B    1747 GX    L1 ;    1.999,   -24.186
N12: B        0 B    1000 B    2000 GX   SR1 ;    1.999,   -26.186
N13: B    10000 B       0 B   10000 GX    L3 ;   -8.001,   -26.186
N14: B        0 B    1000 B    2000 GX   SR3 ;   -8.001,   -24.186
N15: B     1183 B       0 B    1183 GX    L1 ;   -6.818,   -24.186
N16: B        0 B    2643 B    2643 GY    L2 ;   -6.818,   -21.543
N17: B      115 B    7999 B    8005 GY   SR3 ;  -14.703,   -13.538
N18: B        1 B    7222 B    7222 GY    L2 ;  -14.704,    -6.316
N19: B     8908 B    2049 B   14704 GX   NR3 ;   -0.000,   -11.335
N20: B        0 B   11335 B   11335 GY    L2 ;   -0.000,    -0.000
N21: B     2500 B       0 B    4900 GY   SR2 ;    4.998,     0.100
N22: B     1503 B       0 B    1503 GX    L3 ;    3.495,     0.100
N23: B      995 B     100 B    1900 GY   NR1 ;    1.500,    -0.000
N24: B     1500 B       0 B    1500 GX    L3 ;   -0.000,    -0.000
N25: DD
```

电火花成形加工

6.6.2 电火花成形加工概述

1. 电火花成形加工

电火花成形加工是利用工具电极和工件电极之间放电产生电腐蚀现象来进行加工的方法,又被称为"放电加工"或"电蚀加工",英文简称 EDM。这一过程大致分为四个阶段:工作液介质在电场作用下被电离、形成放电通道、电火花蚀除、被蚀除电极材料的抛出,如图 6-34 所示。微细电火花加工是 EDM 的一个分支,一般是指用微小棒状电极加工或用线电极研磨微孔、微槽等微小结构。

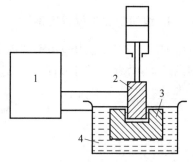

1—脉冲电源;2—工具电极;
3—工件;4—工作介质。

图 6-34 电火花加工原理

电火花加工特点

2. 电火花成形加工工艺特点

(1) 脉冲放电的能量密度高,能加工普通切削加工方法难以切削的材料和复杂形状工件。不受材料硬度、热处理状况影响。

(2) 脉冲放电持续时间极短,放电时产生的热量传导扩散范围小,材料受热影响范围小,不产生毛刺和刀痕沟纹等缺陷。

(3) 加工时,工具电极与工件材料不接触,两者之间宏观作用力极小,工具电极材料无须比工件材料硬。

(4) 可以改进工件结构,简化加工工艺,提高工件使用寿命,降低工人劳动强度。

(5) 直接使用电能加工,便于实现自动化。

电火花加工的不足之处是:加工后表面产生变质层,在某些应用中须对其进一步去除;工作液的净化、循环再利用和加工中产生的排放物的处理成本比较高。

激光加工工作原理

6.6.3 激光加工概述

1. 激光加工

激光是一种亮度高、方向性好、单色性好的相干光。激光加工技术是利用激光束与物质相互作用的特性,对材料(包括金属与非金属)进行切割、焊接、表面处理、打孔及微加工等的一门加工技术。激光加工的基本设备由激光器、导光聚焦系统和加工系统组成,如图 6-35 所示。

激光加工特点

2. 激光加工工艺特点

(1) 加工材料范围广,金属材料和非金属材料都可进行加工,特别适于高熔点材料、耐热合金及陶瓷、宝石、金刚石等硬脆材料的加工。

(2) 激光加工属于非接触加工,无受力变形;受热区域小,工件热变形小,加工精度高。

(3) 工件可离开加工机进行加工,并可通过空气、惰性气体或光学透明介质进行加工。

(4) 可进行微细加工,激光聚集后可实现直径 0.01 mm 的小孔加工和窄缝切割。

（5）加工速度快，加工效率高。如在宝石上打孔，加工时间仅为机械加工方法的1%左右。

（6）由于激光加工无接触，且激光光源的能量和速度都可以进行调节。所以，不仅可以进行打孔和切割，也可进行焊接、热处理等工作。另外，可控性好，易于实现自动化。

激光加工技术目前主要有激光焊接、激光切割、表面改性、激光打标、激光钻孔和微加工等。

激光加工应用

3. 激光切割加工实例

在实际生产中，激光切割加工应用较为广泛。下面以正天激光的非金属激光切割机加工创意设计图形（见图6-36）为例，来说明其加工的一般步骤和设备操作方法。

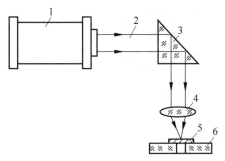

1—激光器；2—激光束；3—全反射镜；
4—聚焦物镜；5—工件；6—工作台。

图6-35　激光加工原理

图6-36　加工例图

（1）首先利用CAD软件设计创意图形保存成.DXF格式，接着将该文件导入激光切割软件RDWorksV8中进行加工参数设置。如图6-37所示，加工方式选择激光切割，切削速度设置为10 mm/s，功率设置为70%，其他参数采用默认数值。设置好参数后，单击右侧"下载"按钮，将设置好的图形传入激光加工设备中。

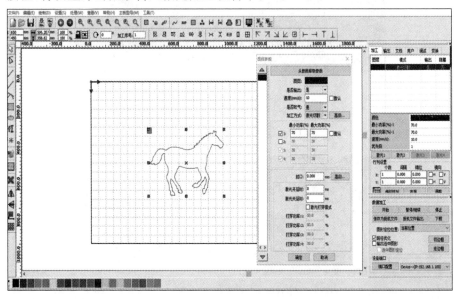

图6-37　软件参数设置

(2) 在设备加工区域放入一块 3 mm 厚度的待切割木板,然后进行设备的焦点调节。切割头上有一个旋钮(见图 6-38(a)),松开旋钮后可以移动镜筒的位置,将调焦块(见图 6-38(b))放在材料的表面和镜筒中间,调节镜筒与木板之间距离为 6 mm,如图 6-38(c)所示。

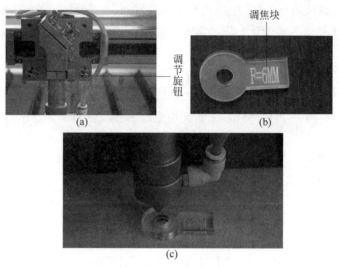

图 6-38　调节焦点

(3) 当电脑屏幕显示传输完成后,按下设备控制板(见图 6-39(a))上的"文件"键,选择刚刚传输的文件进行加工;按下控制器"上下左右"键选择激光头合适位置;按下"定位"键,标定目前位置为图形的左下角;按下"边框"键,激光头会沿加工区域运动,可以验证标定点是否符合要求。如果加工区域不符合要求,可重新移动激光头,进行定位。如果符合要求,关闭设备的安全罩,按下"启动"键进行加工,如图 6-39(b)所示。

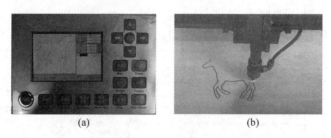

图 6-39　设备加工

(4) 加工完成后,打开安全罩取出加工完成的作品,如图 6-40 所示。

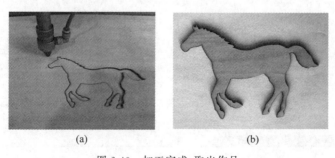

图 6-40　加工完成,取出作品

在进行激光切割加工的过程中,为了保证加工质量及加工过程的顺利进行,需要注意以下几个方面的问题。

(1) 激光功率。功率设置的大小与激光的能量成正比。功率越大,能量越高,雕刻越深,反之雕刻越浅。因此,在雕刻的时候可根据需要来设置功率的大小,从而达到最佳的效果。

(2) 焦点位置。随着焦距的加大,雕刻的光斑变大,雕刻的精细度变差,会导致图片变得模糊,同时光斑的变大也导致重复雕刻的产生,加剧了材料表面的碳化,雕刻的颜色将随之变深。

(3) 切割速度。在功率相同的条件下,切割速度太快,可能会导致无法切透,所以在正常范围内,尽可能使用大功率,增加切割或者扫描的速度,以便节省加工时间。

(4) 辅助气体气压。在雕刻过程中产生的粉尘会吸附在聚焦镜上面,如果不及时清洁,会降低雕刻效果,甚至损坏镜片。所以在一般的情况下,为保护聚焦镜,在不影响雕刻效果的前提下选择强吹气。

6.6.4 其他特种加工方法

1. 电解加工

电解加工是一种电化学加工,它是基于金属在电解液中溶解的原理对工件进行成形加工。20世纪50年代中期在苏联和美国开始应用,目前在模具制造,特别是大型模具制造中应用较为广泛。

如图6-41所示,工件接直流电源的正极称为工件阳极。按所需形状制成的工具接直流电源负极称为工具电极。电解液从两极间隙(0.1~0.8 mm)中高速(5~60 m/s)流过。当工具电极向工件阳极进给并保持一定间隙时即产生电化学反应,在相对于电极的工件表面上,金属材料按对应于工具电极型面的形状不断地被溶解到电解液中,电解产物被高速电解液流带走,于是在工件阳极的相应表面上就加工出与工具电极型面相对应的形状。

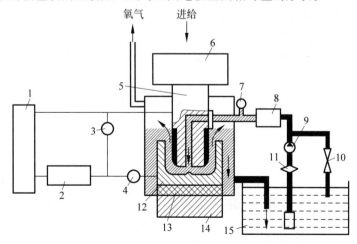

1—电源;2—短路保护等控制装置;3—电压表;4—电流表;5—工具电极;6—动力头;7—压力表;8—流量计;9—泵;10—溢流阀;11—过滤器;12—工件阳极;13—绝缘底板;14—机床工作台;15—电解液槽。

图6-41 电解加工的工作原理

1) 电解加工工艺的特点

(1) 加工范围广。

(2) 生产率高,且加工生产率不直接受加工精度和表面粗糙度的限制。

(3) 加工质量好,可获得一定的加工精度和较低的表面粗糙度值。

(4) 可用于加工薄壁和易变形零件。

(5) 工具电极无损耗。

2) 电解加工工艺的局限性

(1) 加工间隙受到许多参数的影响,不易严格控制,加工精度偏低,难以获得高加工精度及高加工稳定性,难以加工尖角和窄缝。

(2) 生产准备周期长,需要工具电极设计、流场设计,设备投资较多。

(3) 电解产物可能产生污染,需要进行废液处理。

3) 电解加工的应用

电解加工广泛应用在各种膛线、花键孔、深孔、锻模、内齿轮、链轮、叶片、异形零件及去毛刺、倒角等加工。

2. 超声波加工

超声波加工是利用超声振动的工具在有磨料的液体介质或干磨料中,产生磨料的冲击、抛磨、液压冲击和由此产生的气蚀作用来去除材料,以及利用超声振动使工件相互结合的加工方法,如图 6-42 所示。

超声波加工特点:

(1) 超声波加工主要适于加工各种硬脆材料,特别是不导电材料和半导体材料,如玻璃、陶瓷、宝石、金刚石等。

(2) 工具与工件相对运动简单,因而机床结构简单。

(3) 对工件的宏观作用力小、热影响小,可加工某些不能承受较大切削力的薄壁、薄片等零件。

(4) 工具材料的硬度可低于工件硬度。

(5) 超声波加工能获得较好的加工质量。一般尺寸精度可达 0.01~0.05 mm,表面粗糙度 Ra 值可达 0.4~0.1 μm。

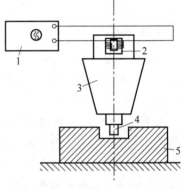

1—超声波发生器;2—换能器;
3—变幅杆;4—工具;5—工件。

图 6-42 超声波加工原理

目前,超声波加工主要用于硬脆材料的孔加工、套料、切割、雕刻以及研磨金刚石拉丝模等。

3. 电子束加工

电子束是利用能量密度高的高速电子流,在一定真空度的加工舱中,将电子加速到约二分之一光速,并将高速电子束聚焦后轰击工件,使工件材料熔化、蒸发和汽化而被去除的高能束加工。

电子束加工特点:

(1) 电子束加工是一种精密微细的加工方法。

(2) 非接触式加工,不会产生应力和变形。

(3) 加工速度很快,能量使用率可高达90%,生产效率极高。

(4) 加工过程可自动化。

(5) 在真空腔中进行,污染少,材料加工表面不氧化。

(6) 电子束加工需要一整套专用设备和真空系统,价格较贵。

电子束加工可用于打孔、焊接、切割、热处理、蚀刻等热加工及辐射、曝光等非热加工,生产中应用较多的是焊接、打孔和蚀刻。

4. 离子束加工

离子束加工工作原理

离子束的加工原理类似于电子束加工。离子质量是电子的数千倍或数万倍,一旦获得加速,则动能较大。真空环境下,电子枪产生电子束,再引入已抽成真空且充满惰性气体的电离室中,使低压惰性气体离子化。由负极引出阳离子,又经加速、集束过程,高速撞击到工件表面,靠机械动能将材料去除,不像电子束那样需将动能转化为热能才能去除材料。

离子束加工特点:

离子束加工特点

(1) 散射小,加工高精度。在溅射加工时,可以将工件表面的原子逐个剥离,实现微精加工;而在注入加工时,能精确地控制离子注入的深度和浓度。

(2) 高纯度、无污染,适于易氧化材料和高纯度半导体加工。

(3) 宏观作用力很小,无应力、热变形,适合对脆性材料、极薄的材料、半导体材料等的加工。

离子束加工应用

(4) 设备成本高、加工效率低。

离子束加工主要应用于刻蚀加工、镀膜加工、离子注入。

6.7 数控加工

数控机床是用数字化代码作指令,受数控系统控制的自动加工机床。数控加工首先是根据零件图样及工艺要求,编制零件数控加工程序并输入数控系统(CNC),然后数控系统对数控加工程序进行译码、刀补处理、插补计算,并由可编程控制器(PLC)协调控制机床刀具与工件的相对运动,实现零件的自动加工。世界上第一台数控机床由美国的PARSONS公司和麻省理工学院联合研制,于1952年投入使用。

6.7.1 常见数控系统及其基本功能指令

1. 常见的数控系统

对于数控机床来说,数控系统就相当于是机床的大脑。目前国内外数控系统种类繁多,其中国外较知名的数控系统主要有日本的发那科(FANUC)数控系统、德国的西门子(Siemens)数控系统、德国的海德汉(Heidenhain)数控系统、日本的马扎克(MAZAK)数控系统、日本的三菱(Mitsubishi)数控系统、美国的哈斯(HAAS)数控系统、西班牙的发格(FAGOR)数控系统、法国的NUM数控系统等。

国产数控系统主要有武汉华中"世纪星"系列数控系统、北京凯恩帝公司的 KND 数控系统、广州数控公司的 GSK 数控系统、沈阳机床的 i5 数控系统等。

下面以 FANUC 0i 系统为例来介绍有关的编程基础知识。

2. 数控加工基本功能指令

把零件的加工工艺路线、工艺参数、刀具运动轨迹、位移量、切削参数（切削速度 v_c、进给量 f、背吃刀量 a_p）及辅助功能，按照数控机床规定的指令代码及程序格式编写成加工程序，输入到数控机床的控制装置中，从而控制机床运行，这一过程称为数控机床程序的编制。

1) 程序结构

一个完整的数控加工程序由程序号、程序内容和程序结束三部分组成。

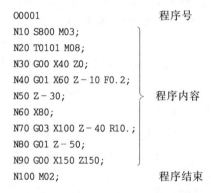

```
O0001                     程序号
N10 S800 M03;
N20 T0101 M08;
N30 G00 X40 Z0;
N40 G01 X60 Z-10 F0.2;
N50 Z-30;                 程序内容
N60 X80;
N70 G03 X100 Z-40 R10.;
N80 G01 Z-50;
N90 G00 X150 Z150;
N100 M02;                 程序结束
```

(1) 程序号是程序的标识，用以区别其他程序。程序号由地址码及 1~9999 范围内的任意整数组成，不同的数控系统的程序号地址码是不同的，如 FANUC 系统用英文字母"O"、Siemens 系统用"%"等。

(2) 程序内容是整个程序的核心，它是由许多程序段组成的，每个程序段又是由若干个代码字组成。代码字是控制系统的具体指令，它由表示地址的英文字母（称为地址码）、符号（正负号）和数字组成。

如上例中的"N40 G01 X60 Z-10 F0.20;"即为一个程序段。

上面程序段中：N20 为程序段顺序号；G01 为直线插补指令；X60 Z-10 为终点绝对坐标值；F0.2 为进给量为 0.2 mm/r；";"为程序段结束符。

FANUC 系统常用地址码英文字母的含义见表 6-6。

表 6-6 FANUC 0i 系统地址码的英文字母含义

功　能	地　址　符	意　义
程序号	O、P	程序编号、子程序号的指定
程序段号	N	程序段顺序编号
准备功能	G	指令动作的方式
坐标字	X、Y、Z	坐标轴的运动指令
	A、B、C；U、V、W	附加轴的运动指令
	I、J、K	圆弧圆心坐标
	R	圆弧半径

续表

功 能	地 址 符	意 义
进给速度	F	进给速度指令
主轴功能	S	主轴转速指令
刀具功能	T	刀具偏置指令
辅助功能	M、B	主轴、冷却液的开关、工作台分度等
补偿功能	H、D	补偿号指令
暂停功能	P、X、U	暂停时间指定
循环次数	L	子程序及固定循环的重复次数
参数	P、Q、R	固定循环参数指令

（3）程序结束是以程序结束指令 M02（或 M30）来结束整个程序。

2）基本功能指令

数控加工的基本功能指令有准备功能 G 指令、辅助功能 M 指令、主轴速度 S 指令、进给功能 F 指令、刀具功能 T 指令。

（1）准备功能 G 指令，用于指定数控机床的运动方式、坐标系设定、刀具补偿等多种加工操作，为数控系统的插补运做好准备。

指令格式：G□□（G00～G99 共 100 种）

注意：G 代码按功能的不同分为若干组，同一组的 G 代码不能在同一程序段出现，否则只有最后一个 G 代码有效。FANUC 数控车床和数控铣床各 G 代码功能含义见表 6-7、表 6-8。

表 6-7　FANUC 0iT 系统数控车床准备功能 G 代码

G 代码	组 别	功 能
*G00	01	快速定位
G01		直线插补运动
G02		顺时针圆弧插补运动
G03		逆时针圆弧插补运动
G04	00	暂停
G27		返回参考点检测
G28		返回参考点
G32	01	螺纹切削
*G40	07	取消刀尖半径补偿
G41		刀尖半径左补偿
G42		刀尖半径右补偿
G50	00	设定工件坐标系，设定主轴最高转速
G90	01	内、外径车削循环
G92		螺纹切削循环
G94		端面车削循环
G70	00	精加工循环
G71		内、外径粗加工循环

续表

G 代码	组别	功能
G72	00	端面粗加工循环
G73	00	固定形状粗加工循环
G74	00	间断纵向面切削循环
G75	00	间断端面切削循环
G76	00	自动螺纹加工循环
G96	02	恒线速度控制有效
*G97	02	恒线速度控制取消
G98	05	进给速度按每分钟设定
*G99	05	进给速度按每转设定

注：*表示系统开机初始默认状态。

表 6-8　FANUC 0iM 系统数控铣床准备功能 G 代码

代码	组别	功能	备注	代码	组别	功能	备注
G00	01	点定位		G57	14	选择工件坐标系 4	
G01	01	直线插补		G58	14	选择工件坐标系 5	
G02	01	顺时针方向圆弧插补		G59	14	选择工件坐标系 6	
G03	01	逆时针方向圆弧插补		G65	00	宏程序调用	非模态
G04	00	暂停	非模态	*G66	12	宏程序模态调用	
G15	17	极坐标指令取消		G67	12	宏程序模态调用取消	
G16	17	极坐标指令		G68	16	坐标旋转有效	
G17	02	XY 平面选择		*G69	16	坐标旋转取消	
G18	02	XZ 平面选择		G73		高速深孔啄钻循环	非模态
G19	02	YZ 平面选择		G74		左旋攻螺纹循环	非模态
G20	06	英制(in)输入		G76		精镗孔循环	非模态
G21	06	公制(mm)输入		*G80		取消固定循环	
G27	00	机床返回参考点检查	非模态	G81		钻孔循环	
G28	00	机床返回参考点	非模态	G82		沉孔循环	
G29	00	从参考点返回	非模态	G83	09	深孔啄钻循环	
G30	00	返回第 2、3、4 参考	非模态	G84		右旋攻螺纹循环	
G31	00	跳转功能	非模态	G85		绞孔循环	
G33	01	螺纹切削		G86		镗孔循环	
G40	07	刀具半径补偿取消		G87		反镗孔循环	
G41	07	刀具半径补偿——左		G88		镗孔循环	
G42	07	刀具半径补偿——右		G89		镗孔循环	
G43	07	刀具长度补偿——正		*G90	03	绝对尺寸	
G44	07	刀具长度补偿——负		G91	03	增量尺寸	
G49	07	刀具长度补偿取消		G92	00	设定工作坐标系	非模态
G50	11	比例缩放取消		*G94	05	每分进给	
G51	11	比例缩放有效		G95	05	每转进给	
G52	00	局部坐标系设定	非模态	*G96	13	恒周速控制方式	
G53	00	选择机床坐标系	非模态	G97	13	恒周速控制取消	
G54	14	选择工件坐标系 1		G98	10	固定循环返回起始点方式	
G55	14	选择工件坐标系 2		*G99	10	固定循环返回 R 点方式	
G56	14	选择工件坐标系 3					

注：*表示系统开机初始默认状态。

(2) 辅助功能 M 指令,用来指定数控机床辅助装置的接通和断开。如主轴启停及正反转、冷却液的开与关、尾架或卡盘的夹紧与松开等。

指令格式:M□□ (M00~M99 共 100 种)

FANUC 数控系统 M 代码功能含义见表 6-9。

表 6-9 FAUNC 0i 系统 M 指令表

代码	功能	代码	功能
M00	程序停止	M08	切削液开
M01	选择停止	M09	切削液关
M02	程序结束	M30	程序结束
M03	主轴正转	M98	调用子程序
M04	主轴反转	M99	返回主程序
M05	主轴停止		

(3) 主轴功能 S 指令,用于指定主轴转速或线速度。

数控机床有恒转速(r/min)与恒线速(m/min)控制两种模式。

恒线速控制模式由指令 G96 指定,指令格式:G96 S_;

恒转速控制模式由指令 G97 指定,指令格式:G97 S_;

(4) 进给功能 F 指令,用于指定刀具进给速度或进给量。

数控机床进给模式有每转进给(mm/r)和每分进给(mm/min)两种。数控车床常采用每转进给模式,数控铣床及加工中心常采用每分钟进给模式。

每分进给模式由指令 G98 指定,指令格式:G98 F_;

每转进给模式由指令 G99 指定,指令格式:G99 F_;

(5) 刀具功能 T 指令,用于指定刀具与刀具偏置量,由字母 T 和其后的 4 位数字组成。

指令格式:T□□□□

其中 T 指令后的前两位数字表示刀具刀位号,后两位为此刀具的补偿号。如 T0101 表示调用 1 号刀,同时调用 1 号刀具补偿值。

3) 子程序

子程序是为了简化程序,而把一个程序中包含的几何形状和工艺参数完全相同的加工轨迹,编制成某个程序存储在存储器中以供主程序调用。

调用子程序的格式:

M98 P□□□ □□□□;   在主程序中调用子程序
M99;   子程序结束并返回主程序,常用在子程序结尾

地址 P 后的前三位数字为子程序重复调用次数,后四位为子程序号。如"M98 P51002;",表示连续调用 1002 号子程序 5 次。当只调用一次时,调用次数可省略不写。

6.7.2 数控机床坐标系与对刀操作

1. 数控机床坐标系

1) 坐标轴方向及其命名

为了方便编程,在国际标准中规定,编程时不必考虑数控机床具体的运动形式,即不管进给运动是刀具还是工件,一律假定刀具相对于静止的工件做进给运动。标准中还规定机床坐标系采用右手笛卡儿直角坐标系。如图6-43所示,大拇指的方向为 X 轴的正方向,食指的方向为 Y 轴的正方向,中指的方向为 Z 轴的正方向;A、B、C 表示绕 X、Y、Z 轴的回转,其正方向由右手法则确定。对于卧式数控车床各轴的方向如图6-44(a)所示,对于立式的数控铣床及卧式数控铣床各轴的方向如图6-44(b)、(c)所示。由于数控铣床 X、Y 轴是工件运动,依据数控机床的运动规定,其正方向与原定方向相反,并用 X' 和 Y' 指示正方向。

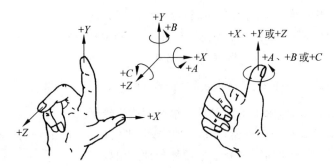

图6-43 右手笛卡儿直角坐标系

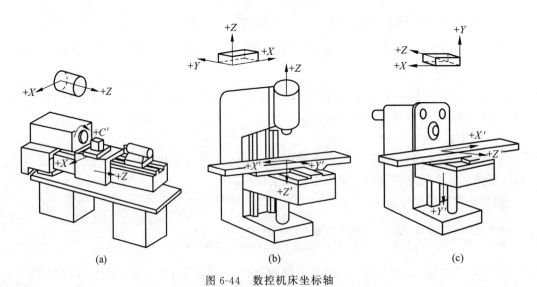

图6-44 数控机床坐标轴
(a)卧式数控车床;(b)立式数控铣床;(c)卧式数控铣床

2)机床坐标系和工件坐标系

(1)机床坐标系和机床原点、机床参考点

机床坐标系又称"机械坐标系",是机床上一个固定的坐标系,机床坐标系是用来确定工件位置和机床运动部件位置的基本坐标系。

机床原点又称为"机械原点",即机床坐标系的原点。该点是机床上一个作为加工基准的特定点,其位置是由机床设计和制造单位确定的,在机床调试完成后便确定了,通常不允许用户改变。

机床参考点是具有增量位置测量系统的数控机床所必须具有的,其对机床原点的坐标是一个已知定值,通常在数控铣床上机床参考点和机床原点是重合的,而在数控车床上机床参考点是机床的正向极限点位置,图 6-45 为数控车床参考点示意图。数控机床可以根据参考点在机床坐标系中的坐标值来间接确定机床原点的位置,从而实现机床坐标系的建立,这一过程一般通过机床在开机后的"回零"操作实现。

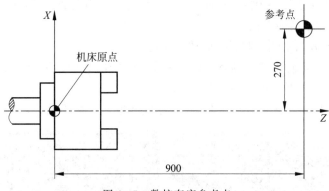

图 6-45　数控车床参考点

(2)工件坐标系和编程原点

工件坐标系是用于定义刀具相对工件的运动关系的坐标系,又被称为"编程坐标系"。工件坐标系是由编程人员根据零件图样及加工工艺,以零件上某一固定点为原点建立的坐标系。工件坐标系的原点称为程序原点或工件原点。

工件坐标系选择原则:①工件原点选在工件图样的设计基准或工艺基准上,以利于编程。②工件原点尽量选在尺寸精度高、表面粗糙度值低的工件表面上。③工件原点最好选在工件的对称中心上。④要便于测量和检验。

2. 数控机床对刀

数控程序中所有的坐标数据都是在工件坐标系中确立的,而工件坐标系并不和机床坐标系重合,所以在工件装夹到机床上后,必须告诉机床,程序数据所依赖的工件坐标系与机床坐标系间的尺寸联系。要实现这样一个过程,就需要对刀。对刀操作就是用来确定机床坐标系和工件坐标系之间的相互关系。

在数控铣床中,采用 G54 指令构建工件坐标系时,是先测定出欲预置的工件原点在机床坐标系中的坐标(即相对于机床原点的偏置值),并把该偏置值预置在 G54 对应的寄存器中来建立工件坐标系。

在数控车床中,更常用的是直接将工件原点在机床坐标系中的坐标值设置到刀偏地址寄存器中,并通过 T□□□□指令直接调用刀偏值来构建工件坐标系。

1) 数控车床试切对刀法的一般步骤

(1) 在 MDI 方式下(或在手动方式下)启动主轴。

(2) 选择手轮工作方式,然后摇动手轮移动 X 轴和 Z 轴,使刀具靠近工件,并沿工件的径向切入工件 1~2 mm,试切工件外圆,车削出长 5~10 mm 的圆柱面。

(3) 保持 X 轴方向不变,刀具沿 Z 轴方向退刀,按主轴停止键使其停转后,测量试切后的工件直径(假定试切后,经测量直径为 ϕ78.582)。

(4) 在机床 MDI 面板上按相应的参数设定键(如 FANUC 系统为"OFS/SET"键),依次进入"补正""形状"补偿设定界面,通过上下光标键找到当前刀具所相对应的刀补号,如:T0101 对应的 01 号刀的刀补号为 01,则在 01 号刀具补偿界面输入"X78.582",按"测量"键,则 X 轴方向刀具偏置量被设入指定的刀偏号,如图 6-46(a)所示。

(5) 摇动手轮移动 X 轴和 Z 轴,使刀具靠近工件,并沿工件轴向切入工件的右边端面 1~2 mm,切削并产生新的端面。

(6) 保持 Z 轴方向不动,刀具沿 X 轴方向退刀。

(7) 同理,在 MDI 面板进入"形状"补偿画面输入"Z0",按"测量"键,则 Z 轴方向刀具偏置量被设入指定的刀偏号,如图 6-46(b)所示。

(8) 对所有使用的刀具重复以上步骤,以完成其他刀具偏置设定。

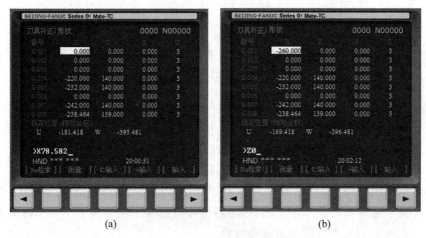

图 6-46　数控车床刀补设定

(a) X 轴方向对刀输入画面;(b) Z 轴方向对刀输入画面

2) 数控铣床的对刀方法

(1) 用百分表找工件孔的中心。如图 6-47 所示,将装有百分表的磁性表座吸附在机床主轴端面上,然后在手轮工作方式下,摇动手轮将百分表头移动到孔的回转中心处。调节磁性座上伸缩杆的长度和角度,使百分表的触头接触工件孔的表面,并使其有 0.2 左右的压缩量。用手慢慢转动主轴,使百分表触头沿着孔的圆周面转动。观察百分表指针的偏移情况,并据此慢慢移动工作台的 X 轴和 Y 轴。多次反复后,待主轴转动一周时,百分表指针的跳动量在允许的对刀误差内(如 0.01mm),这时主轴的中心就是工件 X 轴和 Y 轴的原点。

（2）用寻边器找工件的对称中心。光电寻边器（见图6-48）和普通刀具一样可以装夹在主轴上。其柄部和触头之间有一个固定的电位差，当触头与金属工件接触时，即通过床身形成回路电流，寻边器上的指示灯就被点亮。使用中，当触头与工件表面处于极限接触（进一步即点亮，退一步则熄灭），即认为定位到工件表面的位置处。如图6-49所示，先后定位到工件外（内）边缘正对的两侧表面，分别记下对应的 X_1、X_2 和 Y_1、Y_2 坐标值，则对称中心在机床坐标系中的坐标应是 $((X_1+X_2)/2,(Y_1+Y_2)/2)$，此点即为工件 X 轴和 Y 轴的原点。刀具试切对刀法与其类似，这里不再赘述。

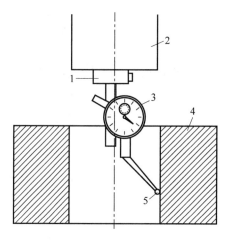

1—磁性表座；2—主轴；3—百分表；4—工件；5—表头。

图6-47　百分表找中心

图6-48　光电式寻边器

（3）刀具 Z 轴方向对刀。Z 轴方向对刀点通常都是以工件的上下表面为基准的，可利用 Z 轴方向设定器进行精确对刀，其原理与寻边器相同。如图6-50所示，若以工件上表面为工件零点，设 Z 轴方向设定器的标准高度为50，则当刀具下表面与 Z 轴方向设定器接触致指示灯亮时，刀具在工件坐标系中的坐标应为 $Z=50$，将此时刀具在机床坐标系中的 Z 坐标值减50后的结果记下来。

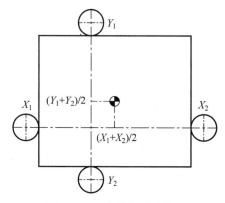

图6-49　寻边器找对称中心

图6-50　光电式 Z 轴方向设定器

（4）工件坐标系的建立。用上述方法找到工件中心（或边线交点）之后，将该点在机床坐标系中的 X、Y、Z 坐标值，预置到G54（或者G55/G56/G57/G58/G59）寄存器的 X、Y、Z

地址中,即可完成 X、Y、Z 轴方向的对刀。加工时,程序直接调用 G54 即可。

6.7.3 数控机床基本 G 指令

下面介绍数控车床基本 G 指令的编程格式,数控铣床基本 G 指令与数控车床一样,只是加工的坐标平面由数控车床的 XOZ 坐标平面变成了 XOY 坐标平面。

1. G00 快速定位

指令格式:G00 X_ Z_;

其中,X、Z 为目标点的绝对坐标值。

功能:使刀具从当前点,以系统设定的速度,快速定位至坐标为 (X,Z) 的目标点。

2. G01 直线插补

指令格式:G01 X_ Z_ F_;

其中,F 为进给量。

功能:使刀具从当前点,以指令的进给量,沿直线插补至坐标为 (X,Z) 的目标点。用于切削加工直线。

3. G02、G03 圆弧插补

1) 圆弧插补的顺逆判断

圆弧插补指令分为顺时针圆弧插补指令(G02)和逆时针圆弧插补指令(G03)。圆弧插补顺逆的判断方法为:沿圆弧所在平面的垂直坐标轴的负方向看去,顺时针方向为 G02,逆时针方向为 G03,如图 6-51 所示。

2) G02/G03 编程格式

(1) 用圆弧半径 R 指定圆心位置

指令格式:G02 X_ Z_ R_ F_;
　　　　　G03 X_ Z_ R_ F_;

其中,R 为圆弧半径。

功能:使刀具从圆弧起点,以指令的进给量,沿半径为 R 的圆弧插补至坐标为 (X,Z) 的目标点。用于切削加工圆弧。

(2) 用 I、J、K 指定圆心位置

指令格式:G02 X_ Z_ I_ J_ K_ F_;
　　　　　G03 X_ Z_ I_ J_ K_ F_;

其中,I、J、K 分别为圆弧中心坐标相对于圆弧起点坐标在 X 轴方向、Y 轴方向和 Z 轴方向的坐标增量值。

3) 说明

①当用圆弧半径指定圆心位置时,系统规定圆心角 $\alpha \leqslant 180°$ 时,R 为正值;$\alpha > 180°$ 时,R 为负值,如图 6-52 所示。②用半径 R 指定圆心位置时,不能描述整圆。

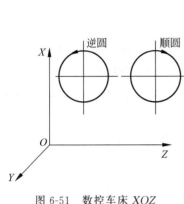

图 6-51 数控车床 XOZ 平面圆弧顺逆判断

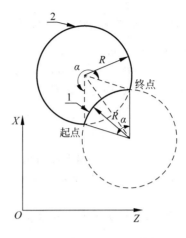

1—"+R"编程；2—"-R"编程。

图 6-52 半径 R 编程

4. G40、G41、G42 刀具圆弧半径补偿

G40 为刀具半径补偿取消；G41 为刀具半径补偿左补偿；G42 为刀具半径补偿右补偿。其判定规则为：沿刀具进给方向看，刀具在加工轮廓的左侧用 G41 指令；刀具在加工轮廓的右侧用 G42 指令，如图 6-53 所示。

指令格式：G41(G42/G40) G00/G01；

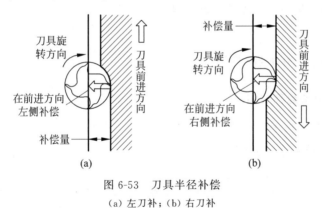

图 6-53 刀具半径补偿
（a）左刀补；（b）右刀补

6.7.4 数控车床复合循环指令

1. G92 螺纹加工单一固定循环

指令格式：G92 X_ Z_ F_ ;
式中，F 为螺纹的导程。
功能：该指令常用于加工内外圆柱螺纹。

2. G71 外圆/内孔粗加工复合循环

指令格式：G71 U(Δd)R(e);
　　　　　G71 P(ns)Q(nf)U(Δu)W(Δw)F(f);

式中，Δd 为 X 轴方向的背吃刀量（半径指定）；e 为 X 轴方向退刀量（半径指定）；ns 为指定精加工路线的第一个程序段顺序号；nf 为指定精加工路线的最后一个程序段顺序号；ΔU 为 X 轴方向上精加工余量的距离和方向（直径指定）；ΔW 为 Z 轴方向上精加工余量的距离和方向；f 为粗加工进给量。

功能：主要用于切除棒料毛坯大部分加工余量，尤其适用于台阶轴的加工。

3. G73 固定形状粗加工复合循环

指令格式：G73 U(Δi)W(Δk)R(d);
　　　　　G73 P(ns)Q(nf)U(Δu)W(Δw)F(f);

式中，Δi 为 X 轴方向粗加工余量的大小和方向（半径指定）；Δk 为 Z 轴方向粗加工余量的大小和方向；d 为分割数，即粗加工重复次数，其余参数同 G71。

功能：适用于切削铸件、锻件等坯料件或外形尺寸非单调变化的零件。

4. G70 精加工复合循环

格式：G70 P(ns) Q(nf);
功能：用于切除粗加工复合循环留下的余量。

数控车削实例

6.7.5　数控加工编程实例

1. 数控车削加工编程实例

1）编制如图 6-54 所示零件的加工程序

毛坯材料为直径 $\phi30$ mm 的 45 钢。

编程步骤如下：

（1）刀具选择。1 号刀具为 93°外圆刀，2 号刀具为刀宽 4 mm 的切槽刀，3 号刀具为刀尖角 60°的外螺纹刀。

（2）切削用量的选择。粗加工时，切削速度取 400 r/min、背吃刀量取 1.5 mm、进给量取 0.2 mm/r，精加工余量 X 轴方向留 1 mm、Z 轴方向留 0.1 mm；精加工时，切削速度取 1200 r/min、进给量取 0.1 mm/r。

（3）螺纹外径及底径的计算。外螺纹加工前的外圆直径按经验值取：16－0.15＝15.85 mm；外螺纹底径按经验值取：16－1.3×1.5＝14.05 mm。

（4）设置工件坐标系。工件坐标系原点设在工件右端面的回转中心处，如图 6-54 所示。

（5）确定循环加工指令。图示零件外轮廓为单调变化的，故选用 G71 进行粗加工，选用 G70 进行精加工。

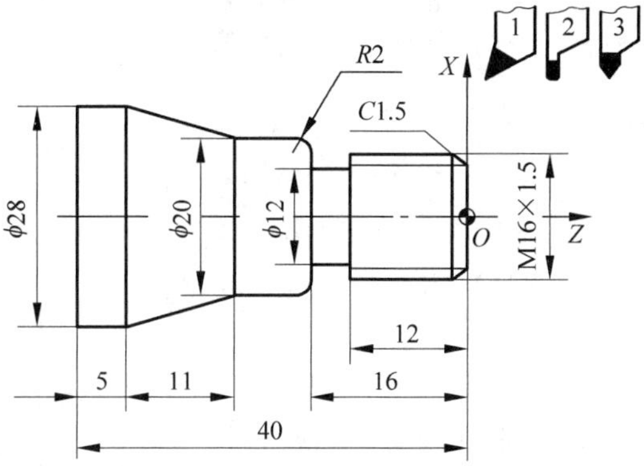

图 6-54 数控车床编程综合实例

外轮廓加工程序：

O0001	程序号
M03 S400;	主轴正转,400 r/min
T0101;	调用 1 号 93°外圆刀及其刀补
G00 X32 Z2;	快速定位到循环点
G71 U1.5 R0.5;	G71 粗加工复合循环
G71 P10 Q20 U1 W0.1 F0.2;	G71 粗加工复合循环,粗加工进给量 0.2 mm/r
N10 G00 X13;	起始程序段顺序号
G01 Z0.0 F0.1;	直线插补,精加工进给量 0.1 mm/r
G01 X15.85 Z-1.5;	倒角
G01 Z-16;	
G01 X16;	
G03 X20 Z-18 R2;	逆时针圆弧插补,圆弧半径 2 mm
G01 Z-24;	
G01 X28 Z-35;	
N20 G01 Z-40;	结束程序段顺序号
G70 P10 Q20　S1200;	G70 精加工复合循环,切削速度 1200 r/min
G00 X100 Z100;	快速定位到换刀点
T0100;	撤销 1 号刀具补偿
M30;	程序结束

切槽及外螺纹加工程序：

O0002	
M03 S400;	
T0202;	调用 2 号切槽刀及其刀补
G00 X21 Z-16;	
G01 X12 F0.1;	以 0.1 mm/r 的进给量切槽,刀宽 4 mm
X25.0 F0.3;	以 0.3 mm/r 的进给量退刀
G00 X100.0 Z100.0;	
T0200;	
M03 S500;	
T0303;	调用 3 号螺纹刀及其刀补
G00 X21.0 Z5.0;	快速定位到循环点
G92 X15 Z-14.0 F1.5;	G92 螺纹加工固定循环
X14.4;	G92 螺纹加工固定循环

```
X14.1;                       G92 螺纹加工固定循环
X14.05;                      G92 螺纹加工固定循环
G00 X100.0 Z100.0;
T0300;
M30;
```

2) 编制如图 6-55 所示零件的加工程序，应用 G73 固定形状粗加工复合循环，毛坯材料为直径 $\phi30$ mm 的 45 钢。

编程步骤如下：

(1) 刀具选择。刀具选用 93°外圆刀，且该刀具装在 1 号刀位。

(2) 切削用量的选择。粗加工时，切削速度取 400 r/min、背吃刀量取 2 mm、进给量取 0.2 mm/r，精加工余量 X 轴方向留 2 mm、Z 轴方向留 0 mm；精加工时，切削速度取 1200 r/min、进给量取 0.1 mm/r。

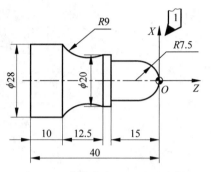

图 6-55　数控车床 G73 编程实例

(3) 设置工件坐标系。工件坐标系原点设在工件右端面的回转中心处，如图 6-55 所示。

(4) 加工指令的选择。本例零件的外形轮廓为非单调变化，故粗加工选用 G73，用 G70 进行精加工。

(5) G73 指令参数的确定。Δi＝(毛坯直径－工件最小直径－精加工余量)/2＝(30－0－2)/2＝14，Δk＝0，d＝Δi/背吃刀量 a_p＋1＝14/2＋1＝8。

```
O0001
M03 S400;
T0101;
G00 X32.0 Z2.0;              快速定位到循环点
G73 U14 W0.0 R8;             G73 粗加工复合循环
G73 P10 Q20 U2.0 W0.0 F0.2;
N10 G00 X0.0;
G01 Z0.0 F0.1;
G03 X15.0 Z－7.5 R7.5;
G01 Z－15.0;
X20.0 ;
Z－17.5;
G02 X28.0 Z－30.0 R9.0;
N20 G01 Z－40.0;
G70 P10 Q20 S1200;
G00 X100.0 Z100.0;
T0100;
M30;
```

2. 数控铣削加工编程实例

(1) 编制图 6-56 所示零件数控铣削加工程序，材料为铝合金，加工深度为 2 mm，刀具直径 $\phi6$ mm，编程坐标系原点设置工件的对称中心位置。

数控铣削实例

```
O0001
M03 S1000;
G90 G54 G00 Z100;          绝对坐标,G54 工件坐标系,快速定位至坐标位置
G00 X0 Y-25;
G00 Z3;
G01 Z-2 F100;              直线插补,进给速度为 100 mm/min
G02 X0 Y-25 I0 J25 F300;   顺时针圆弧插补,进给速度为 300 mm/min
G03 X0 Y0 R12.5;           逆时针圆弧插补,进给速度为 300 mm/min
G02 X0 Y25 R12.5;
G00 Z3;
G00 X0 Y12.5;
G01 Z-2 F100;              钻孔,进给速度为 100 mm/min
G00 Z3;
G00 X0 Y-12.5;
G01 Z-2;                   钻孔,进给速度为 100 mm/min
G00 Z100;
M30;
```

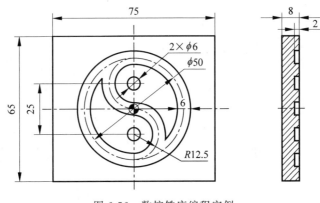

图 6-56 数控铣床编程实例

(2) 编制如图 6-57 所示零件数控铣削加工程序,材料为铝合金,刀具直径 $\phi 10$ mm,编程坐标系原点设置工件的对称中心位置。

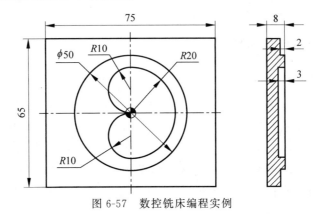

图 6-57 数控铣床编程实例

主程序:

```
O0001
M03 S1000;
```

```
G90 G54 G40 G00 Z100;
G00 X0 Y-50;
G00 Z3;
G01 Z-2 F100;
D1 M98 P100 F200;         调用子程序 O100,调用 1 号刀补 D1 = 21
D2 M98 P100;              调用子程序 O100,调用 2 号刀补 D2 = 13
D3 M98 P100;              调用子程序 O100,调用 3 号刀补 D3 = 5
G00 Z3;
G00 X0 Y10;
G01 Z-3 F100;
D4 M98 P200;              调用子程序 O200,调用 4 号刀补 D4 = 8
D5 M98 P200;              调用子程序 O200,调用 5 号刀补 D5 = 5
G00 Z100;
M30;
```

子程序：

```
O100;                     加工 φ50 外圆
G41 G01 X0 Y-25;          建立刀具半径左补偿
G02 X0 Y-25 I0 J25;
G40 G01 X0 Y-50;
M99;
```

子程序：

```
O200                      加工内轮廓
G41 G01 X0 Y20;
G03 X0 Y0 R10;
G03 X0 Y-20 R10;
G03 X0 Y20 R20;
G40 G01 X0 Y10;
M99;
```

6.7.6　加工程序的仿真

1. 自动编程与数控仿真加工概述

自动编程是指编程的大部分或全部工作量都是由计算机自动完成的一种编程方法。采用自动编程的初衷是解决由于手工编程时计算烦琐,甚至无法实现编程的问题。

计算机辅助设计(computer aided design,CAD)。CAD 技术的首要任务是为产品设计和生产对象提供方便、高效的数字化表示和表现的工具。数字化表示是指用数字形式为计算机所创建的设计对象生成内部描述,如二维图、三维线框、曲面、实体和特征模型。

计算机辅助制造(computer aided manufacturing,CAM)。目前多指计算机辅助编程,可以解决编程过程中大量的和复杂的数学计算,从而大大提高编程效率。

在实际应用中,CAD/CAM 需要紧密结合,才能形成一个完整的系统。在这个系统中设计和制造的各个阶段可利用公共数据库中的数据,即通过公共数据库将设计和制造过程紧密地联系为一个整体。数控自动编程系统利用设计的结果和产生的模型,形成数控加工机床所需的信息。

计算机数控仿真是应用计算机技术对数控加工操作过程进行模拟仿真的一门新技术。该技术面向实际生产过程的机床仿真操作,加工过程的三维动态逼真再现,有效解决了因数控设备昂贵和有一定危险性,很难做到每位学生"一人一机"的问题,在培养全面熟练掌握数控加工技术的实用型技能人才方面发挥了显著作用。

数控加工仿真一般由四个部分组成,一是 NC 程序的编译、解释,二是刀具加工轨迹仿真,三是刀具加工过程仿真,四是刀具加工过程中的干涉碰撞检查。

数控加工仿真,首先是仿真系统对 NC 程序的编译解释和对 NC 程序的语义分析与坐标变换,生成 NC 坐标信息文件;其次 NC 坐标文件解释程序从 NC 坐标信息文件中读取加工仿真所需的刀具信息、刀具运动指令及坐标信息,并从刀具库中读取相应的加工刀具信息;最后调用相应的加工仿真算法,完成零件的刀具轨迹仿真、加工过程仿真和干涉碰撞检查仿真。在加工仿真时既可以进行数控代码的全过程仿真,也可以进行单步加工仿真。

数控仿真技术分类一般分为两种类型,一是几何仿真,二是物理仿真。几何仿真不考虑切削参数、切削力等物理因素,只考虑刀具与工件的运动,以验证数控加工代码的正确性与合理性,以减少或者消除因为程序错误而导致的机床损伤、刀具损坏及零件报废等问题。物理仿真使用物理规律模拟整个切削加工过程,考虑受力、速度、加速度、质量、密度、能量等物理因素,模拟加工过程中动态力学特性进行刀具破损预测、刀具振动计算以及切削参数控制,从而达到优化切削过程的目的,由于切削机理复杂,因此物理仿真建模难度较大。目前在数控加工仿真方面成熟的仿真软件有美国 CGTECH 公司开发的仿真系统 VERICUT、北京斐克 VNUC、南京宇航 Yhcnc、南京斯沃、上海宇龙等。

2. 仿真加工步骤

下面以 VNUC 数控仿真软件为例,分析数控仿真加工的操作方法。

1)打开仿真软件选择机床

打开 VNUC 数控仿真软件,进入 VNUC 主界面后,如图 6-58 所示。选择菜单栏"选项/选择机床和系统",进入如图 6-59 所示选择机床对话框,选择"卧式车床/FANUCOiMate-TC"系统,则出现如图 6-60 所示控制操作面板。

2)开机回参考点

按"系统电源",按并弹起急停按钮,则系统开机上电。按"回零"按钮,再按"+Z"和"+X"按钮,各轴原点指示灯变亮,即回参考点。

3)安装工件

首先在菜单栏中选择"工艺流程/毛坯",在对话框中选择"新毛坯",如图 6-61 所示,按照对话框提示设置毛坯参数,选择夹具后确定。在毛坯列表对话框中选择某毛坯并选"安装此毛坯/确定",在毛坯位置对话框中调整好毛坯在夹具中的位置。从视图区可以见到工件毛坯被安装到夹具上。

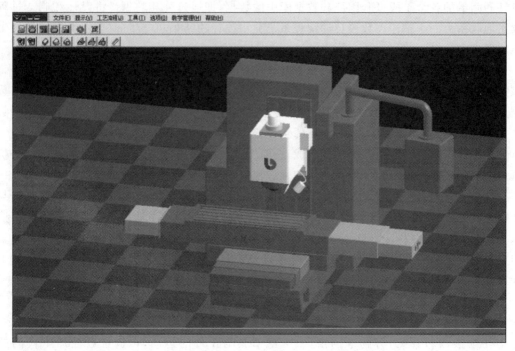

图 6-58 VNUC 主界面

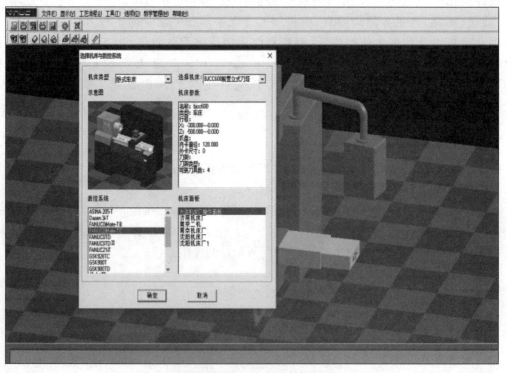

图 6-59 选择机床对话框

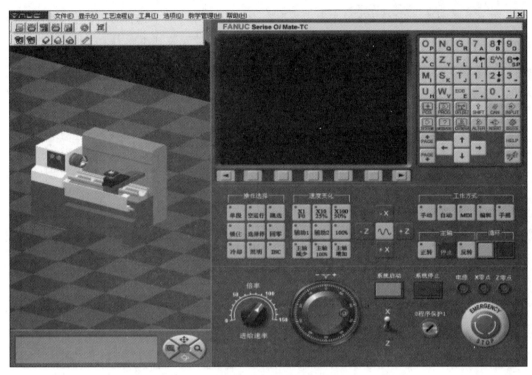

图 6-60 机床控制操作面板

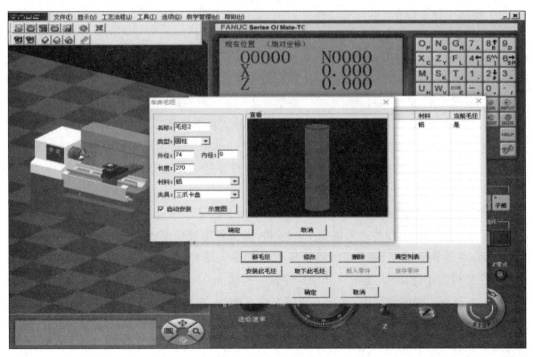

图 6-61 设置毛坯参数对话框

4) 安装刀具

在菜单栏中选择"工艺流程/车刀刀库",在刀具设置对话框中选择刀具类型,如图 6-62 所示,设置刀具参数后确定。视图区各刀具"对号入座",被安装到车床刀架上。

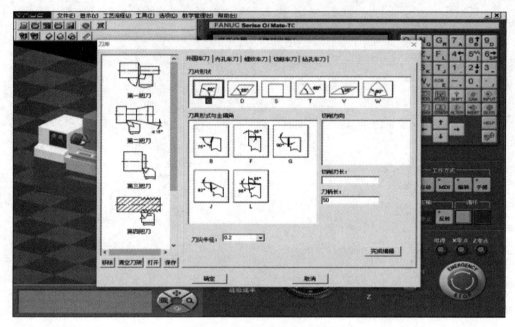

图 6-62 设置刀具参数对话框

5) 建立工件坐标系

假设工件坐标系原点建在工件右端面中心。打开主轴正转,选工作方式为手动或手轮,分别移动 X 轴和 Z 轴,用试切对刀法车削端面、外圆。切削端面后刀具沿 X 轴方向退离工件后,按"偏置/设置"键,再按软键"坐标系",调出工件坐标系设定界面,将光标移到 G54 的"Z"之后,在命令行输入"0",再按软键"测量"。试切一段外圆,刀具沿 Z 轴方向退离工件后,在菜单栏选择"工具/选项/测量",测量出毛坯的试切直径值。将光标移到 G54 的"X"之后,在命令行输入 X 的测量值,按软键"测量",如图 6-63 所示,系统即可自动计算并显示出 G54 坐标系的 X 零点的机床坐标值。至此 G54 工件坐标系建立完毕,在程序中用 G54 调用该坐标系即可。

6) 编辑或上传 NC 程序

(1) 编辑程序。选择并进入编辑工作方式,再按程序键功能键"PROG",然后选择进入程序界面,在该界面通过 MDI 面板将程序指令先输入缓冲区,然后按"INSERT"键插入即可。程序段可以单独输入,也可以几个程序段一起输入。

(2) 上传 NC 程序。同上,在进入程序编辑界面后,在菜单栏选择"文件/加载 NC 代码文件",出现图 6-64 所示浏览磁盘界面,寻找并双击找到的程序文件(此文件路径是个人设置的),该程序将自动出现在显示窗口中。

7) 程序校验

工作方式选择为"自动""机床锁住""空运行",然后按"循环启动",则主轴旋转,进给运

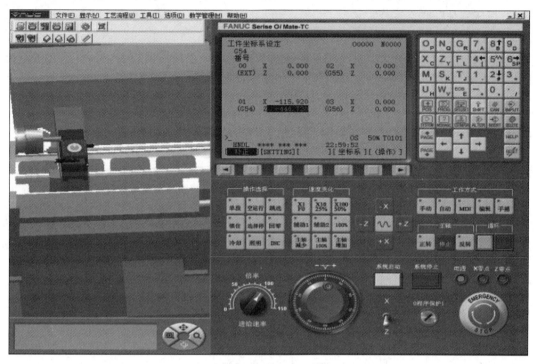

图 6-63 测量 G54 坐标系

图 6-64 浏览磁盘查找程序文件对话框

动锁住,坐标值动态显示。根据坐标值的变化情况检查刀具运动轨迹是否正确,校验结束后解除"机床锁住"和"空运行"。

8) 自动加工

确认程序无误后,就可以进行零件的正式加工了。加工前还需检查主轴转速和进给速度倍率旋钮位置是否合适。检查无误后,按"循环启动"按钮,机床开始自动加工。

机械加工安全

6.8 金属切削加工安全要求及其对环境的影响

6.8.1 金属切削加工安全要求

在 1996 年实施的(JB/T 7741—1995)《金属切削加工安全要求》行业标准中,对金属切削加工的一般安全要求、加工场地安全要求、加工操作安全要求、物料搬运安全要求和个人防护要求等都作了明确的规定,详见《金属切削加工安全要求》标准中有关要求。

1. 金属切削加工安全常识

(1) 加工前必须按规定穿戴好劳动防护用品,操作旋转类机床不准戴手套。

(2) 加工前,应按照机床润滑图标的规定加注润滑油,低速、空载运转机床。经检查机床正常后,方能正式进行加工操作,不准不检查机床就加工工件。

(3) 使用的工量辅具及刃具等不准放在机床的旋转件、移动件和导轨面上,严禁乱堆乱放。

(4) 机床运转时,不准装卸、测量工件,不准触摸或敲击正在旋转的工件。

(5) 清除切屑必须要使用钩子或刷子等专用工具,不得直接用手拉切屑。

(6) 毛坯、半成品应按规定堆放整齐,通道中不准堆放任何物品,并应随时清除油污、积水和切屑等。

2. 机床安全操作规程

机床安全操作规程是指导操作人员正确使用和维护设备的技术规范性文件,每个操作人员都必须严格遵守,以保证机床正常运行,减少故障,防止设备与人身事故的发生。本节以较有代表性的车床说明其操作规程。

(1) 车床开车前,必须按照安全操作的要求,正确穿戴好劳动防护用品,认真检查机床各部位和防护装置是否完好。

(2) 车床启动前,要检查手柄位置是否正常,手动操作各移动部件有无碰撞或不正常现象,润滑部位要加油润滑。

(3) 工件、刀具和夹具都必须装夹牢固才能切削。

(4) 卡盘上的扳手在夹紧工件后不要忘记取下,以免开车时飞出伤人。小拖板不要往前摇出太长,也不要往后摇出太多,以免撞坏拖板下方的导轨面。

(5) 车床主轴变速、装夹工件、测量工件、清除切屑或离开车床等都必须停车。

(6) 工件转动中,不准手摸工件或用棉丝擦拭工件,不准用手清除切屑。

（7）切削时，人站立位置应偏离切屑飞出方向，以免切屑伤人。

（8）工作结束后，应切断机床电源，将刀具和工件从工作部位退出，清理好所使用的工具、夹具、量具，并做好机床的清洁工作。

6.8.2 金属切削加工对环境的影响

金属切削加工除消耗能源和资源外，还有废液、废气、粉尘和噪声等的排放。例如切削液和从切削液中挥发出的有害气体、切削振动和噪声、切削热和热辐射等，对环境都有不同程度的污染。降低切削加工对环境影响的措施有很多，如采用先进的切削加工工艺（如少无切削加工和干式切削加工）、降低能耗以及废液、废气和切屑的回收再利用等。下面以磨削加工为例，说明切削加工对环境的影响。

1. 噪声危害

磨削机械是高噪声机械，除了磨削机械自身的传动系统噪声、干式磨削的排风系统噪声和湿式磨削的冷却系统噪声外，磨削加工的速度高也是产生磨削噪声的主要原因。

2. 粉尘危害

磨削加工时微量切削，切屑细小，尤其是磨具的自砺作用，以及对磨具进行修整，都会产生大量的粉尘。细微粉尘可长时间悬浮于空气中不宜沉落。长期大量吸入磨削粉尘会导致肺组织纤维化，引起尘肺病。

3. 磨削液危害

有些种类的磨削液及其添加剂对人体有影响，长期接触可引起皮炎；油基磨削液的雾化会使操作环境恶化，损伤人的呼吸器官；磨削液的种类选择不当，还会侵蚀磨具，降低其强度，增加磨具破坏的危险性；湿磨削的电解磨削若管理不当，还会影响电气安全。

另外研磨用的易燃稀释剂、油基磨削液及其雾化，磨削时产生的火花，特别是磨削镁合金，是引起火灾的不安全因素。

习题 6

6-1 车床、铣床的加工适用范围是什么？

6-2 车床常用夹具有哪些？

6-3 我国将机床分为哪 11 大类？

6-4 简述磨削加工对环境的影响。

6-5 简述车刀刃倾角的定义及作用。

6-6 简述车刀前角对加工的影响及选择原则。

6-7 在加工过程中，影响断屑的因素有哪些？

6-8 钻孔、扩孔、铰孔之间有什么区别？

6-9 按用途区分，铣刀有哪些常用的类型？

6-10　铣削进给量有哪几种表达方式？它们之间有什么关系？

6-11　齿轮加工按工艺分为哪几种方法？各自的特点是什么？

6-12　简述滚齿机和插齿机加工的适用范围。

6-13　磨削加工的主要特点是什么？

6-14　我国线切割加工常用的编程格式是什么？

6-15　简述电火花加工工艺特点。

6-16　简述超声波加工原理。

6-17　常用数控机床编程基本指令有哪些？各自的作用是什么？

6-18　简述刀具材料应具备的性能。

6-19　常用刀具材料分为哪几类？

6-20　简述工件坐标系选择原则。

6-21　在车床上加工45号中碳钢，应该选用什么类型的硬质合金材料？针对粗精加工应该如何选择其牌号？

6-22　简述数控车床加工的一般步骤。

6-23　涂层刀具与普通刀具相比有哪些特性？

6-24　习题6-24图所示为某产品上的滚轮小轴，试列出起单件小批生产的机械加工简明工艺过程（要求包含工序内容、工件装夹方式、加工使用的设备和刀具名称）。

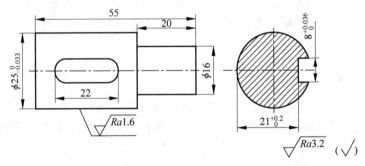

习题6-24图　小轴

6-25　加工习题6-25图所示隔套零件$\phi 16$的孔，若孔的表面粗糙度Ra值为$25\ \mu m$，应该采用何种加工方式？若孔的表面粗糙度Ra值为$1.6\ \mu m$，又应该采用何种加工方式？

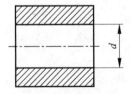

习题6-25图　隔套

自测题

第7章 钳　工

【本章导读】 在工业生产中,钳工是一个传统且不可或缺的工艺环节,即使在制造业飞速发展的今天,一些采用机械方法不适宜或不能解决的零件加工或生产环节,如零件加工过程中的划线、精密加工(如机床导轨面的刮削等)、修配及设备维修等,大都还需由钳工来完成。本章主要讲解了钳工的一些基本操作、量具使用以及机械装配、拆卸的相关基本知识。实训环节中,通过现场讲解和示范操作划线、锯削、锉削、攻螺纹、装配、刮削及测量等,指导学生正确的钳工操作规范动作,让学生自己动手制作达到图纸规定要求的实习工件,也可以制作自行设计图案的创意作品,通过出力流汗和精细劳作,使其体会到工匠精神及劳动收获后的喜悦,培养学生吃苦耐劳的品格。

7.1 钳工概念及基本操作

7.1.1 钳工的概念

钳工是利用手持工具对金属进行加工的一种方法,具有使用工具简单、加工灵活多样、操纵方便和适用面广等特点。其基本操作包括划线、錾削、锯削、锉削、钻孔、扩孔、锪孔、铰孔、攻螺纹、套螺纹、装配、刮削、研磨、矫正和弯曲、铆接以及测量等。

钳工的工作范围主要有:①用钳工工具进行修配及小批量零件的加工;②精度较高的样板及模具的制作;③整机产品的装配和调试;④机器设备(或产品)使用中的调试和维修。

1. 钳工工作台

钳工工作台简称"钳台",用于安装台虎钳、放置工具量具、进行钳工操作等。有单人使用和多人使用两种,常用硬质木材或钢材做成。工作台要求平稳、结实,台面高度一般以装上台虎钳后钳口高度恰好与人手肘齐平为宜,如图 7-1 所示。

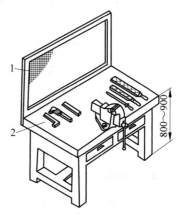

1—防护网;2—量具。
图 7-1　钳工工作台

2. 台虎钳

台虎钳是钳工最常用的一种夹持工具,在其上能完成錾切、锯削、锉削、攻螺纹、套螺纹等多种钳工操作。台虎钳主体常用铸铁制成,主要有固定式和回转式两种。下面以回转式台虎钳为例,介绍其基本结构及工作原理。

回转式台虎钳由固定钳身、活动钳身、底座和夹紧盘组成,如图 7-2 所示。底座用螺钉固定在钳台上,固定钳身由锁紧螺钉固定在底座上。底座内装有夹紧盘,通过旋松锁紧螺钉,固定钳身即可在底座上转动,以变更台虎钳方向。连接手柄的丝杠穿过活动钳身旋入固定钳身的螺母内,扳动手柄使丝杠从螺母中旋出或旋进,从而带动活动钳身移动,使钳口张开或合拢,以松开或夹紧零件。

为了延长台虎钳的使用寿命,台虎钳上端咬口处用螺钉紧固着两块经过淬硬的钢质钳口。钳口的工作面上有斜形齿纹,使零件夹紧时不易滑动。夹持零件的精加工表面时,应在钳口和零件间垫上由纯铜皮或铝皮等软材料制成的护口片(俗称"软钳口"),以免夹坏零件表面。

台虎钳规格以钳口的宽度表示,一般为 100~200 mm。

3. 台式钻床

钻床是用于孔加工的一种机械设备,其规格一般用可加工孔的最大直径表示,如 Z516A,表示最大钻孔直径为 16 mm。台式钻床(简称台钻)应用最为广泛,一般安装在台面上使用,具有小型、轻便、灵活等特点,适用于加工中、小型零件上的孔,如图 7-3 所示。

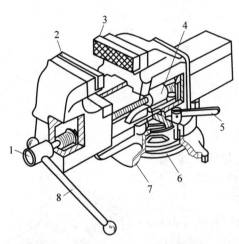

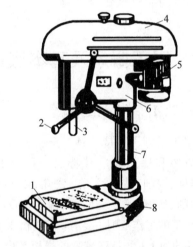

1—丝杠;2—活动钳口;3—固定钳口;4—螺母;
5—锁紧螺钉及手柄;6—夹紧盘;7—底座;8—手柄。

图 7-2 回转式台虎钳

1—工作台;2—进给手柄;3—主轴;4—皮带罩;
5—电动机;6—钻床本体;7—立柱;8—机座。

图 7-3 台式钻床

4. 手电钻

手电钻可加工直径 12 mm 以下的孔,常用于不便使用钻床钻孔的场合,如图 7-4 所示。常用手电钻的电源有单相(220 V、36 V)和三相(380 V)两种,新型的锂电池充电钻(12 V、18 V、16.8 V、21 V)具有携带方便、操作简单、使用灵活等特点,已经开始流行。

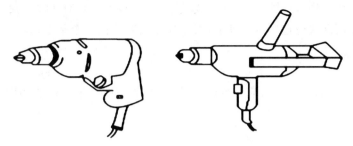

图 7-4 手电钻

7.1.2 钳工基本操作

1. 划线

根据图样要求在毛坯或半成品上划出加工位置、加工界限或加工时找正用的辅助线的操作称为划线。划线分平面划线和立体划线两种。平面划线是在零件的一个平面或几个互相平行的平面上划线。立体划线是在工件的几个互相垂直或倾斜的平面上划线。划线多用于单件、小批量生产,新产品试制和工、夹、模具制造。划线的精度较低,用划针划线的精度为 0.25~0.5 mm,用高度尺划线的精度为 0.1 mm 左右。

1) 平面划线

平面划线如图 7-5(a)所示,划线方法与步骤为:

(1) 根据图样要求,选定划线基准。

(2) 对零件进行划线前的准备(清理、检查、涂色等)。在零件上划线部位涂上一层薄而均匀的涂料(即涂色),使划出的线条清晰可见。零件不同,涂料也不同。一般在铸、锻毛坯件上涂石灰水,小的毛坯件上也可以涂粉笔,钢铁半成品上一般涂龙胆紫(也称"兰油")或硫酸铜溶液,铝、铜等有色金属半成品上涂龙胆紫或墨汁。

(3) 划出加工界限(直线、圆、圆弧等)。

(4) 在划出的线上打样冲眼。

2) 立体划线

立体划线是平面划线的复合运用,如图 7-5(b)所示。

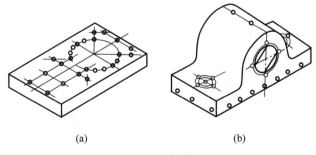

图 7-5 划线
(a) 平面划线;(b) 立体划线

它和平面划线有许多相同之处,如划线基准一经确定,其后的划线步骤大致相同;不同之处在于一般平面划线应选择两个基准,而立体划线要选择三个基准。

3) 常用划线工具

(1) 划线平台

划线平台又称"划线平板",常用铸铁制成,它的上平面经过精刨或刮削,是划线的基准平面。

(2) 划针、划线盘与划规

划针是用来在零件上直接划出线条的一种工具,由工具钢淬硬后将尖端磨锐或焊上硬质合金尖头制成,如图 7-6 所示。弯头划针可用于直线划针划不到的地方。使用划针划线时必须使针尖紧贴钢直尺或样板。

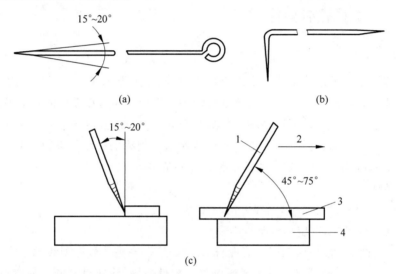

1—划针;2—划线方向;3—钢直尺;4—零件。

图 7-6 划针

(a) 直头划针;(b) 弯头划针;(c) 划针划线方法

划线盘的直针尖端焊上硬质合金,用来划与针盘平行的直线;另一端弯头针尖用来找正零件,如图 7-7 所示。

划规常用于在毛坯或半成品上划圆、划弧、等分线段、等分角度等,如图 7-8 所示。

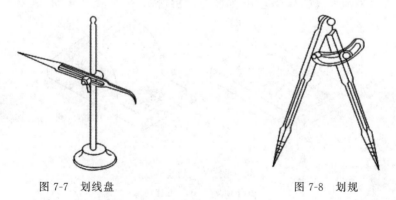

图 7-7 划线盘　　　　　图 7-8 划规

(3) 量高尺、高度游标尺与直角尺

① 量高尺是用来校核划针盘划针高度的量具,其上的钢尺零线紧贴平台,如图 7-9 所示。

② 高度游标尺实际上是量高尺与划线盘的组合。划线脚与游标连成一体,前端镶有硬质合金,一般用于已加工面的划线,如图 7-10 所示。

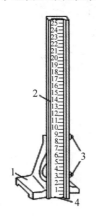 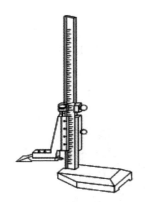

1—底座;2—钢直尺;3—锁紧螺钉;4—零线。

图 7-9　量高尺　　　　　　　图 7-10　高度游标尺

③ 直角尺(90°角尺),简称"角尺"。它的两个工作面经精磨或研磨后成精确的直角。90°角尺既是划线工具又是精密量具。90°角尺有扁 90°角尺(见图 7-11(a))和宽座 90°角尺(见图 7-11(b))两种。前者用于平面划线中在没有基准面的零件上划垂直线;后者用于立体划线中,用它靠住零件基准面划垂直线,或用它找正零件的垂直线或垂直面。

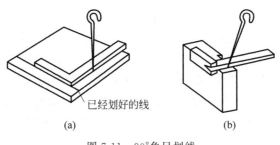

图 7-11　90°角尺划线
(a) 扁 90°角尺;(b) 宽座 90°角尺

(4) 支承用的工具和样冲

① 方箱。它是用灰铸铁制成的空心长方体或正方体。它的 6 个面均经过精加工,相对的平面互相平行,相邻的平面互相垂直,如图 7-12 所示。方箱用于支承划线的零件。

② V 形铁。它主要用于安放轴、套筒等圆形零件,如图 7-13 所示。V 形槽夹角通常为 90°或 120°。方箱也可作 V 形铁使用。

③ 千斤顶。它常用于支承毛坯或形状复杂的大零件划线,如图 7-14 所示。使用时,三个一组顶起零件,调整顶杆的高度便能方便地找正零件。

④ 样冲。它是用工具钢制成并经淬硬处理的一种工具。样冲用于在划好的线条上打出小而均匀的样冲眼,以免零件上已划好的线在搬运、装夹过程中因碰、擦而模糊不清,影响加工,如图 7-15 所示。

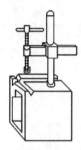
图 7-12 方箱

图 7-13 V形铁

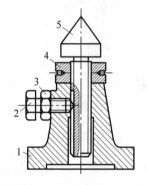

1—底座；2—导向螺钉；3—锁紧螺母；4—圆螺母；5—顶杆。

图 7-14 千斤顶

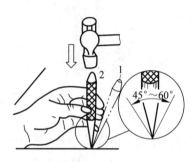

1—对准位置；2—打样冲眼。

图 7-15 样冲及使用

锯削

2. 锯削

用手锯把原材料或零件锯开，或在其上锯出沟槽的操作称为锯削。手锯由锯弓和锯条组成，锯弓有固定式和可调式两种，如图 7-16 所示。锯条一般用工具钢或合金钢制成，并经淬火和低温回火处理。锯条规格用锯条两端安装孔之间的距离表示，并按锯齿齿距不同分为粗齿、中齿、细齿三种。粗齿锯条适用于锯削软材料和截面较大的零件。细齿锯条适用于锯削硬材料和薄壁零件。锯齿在制造时按一定的规律错开排列形成锯路。

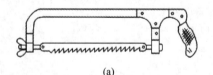
(a)

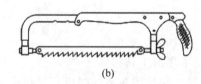
(b)

图 7-16 手锯

(a) 固定式锯弓；(b) 可调式锯弓

锯削操作要领如下：

1）锯条安装

安装锯条时，锯齿方向必须朝前，锯条绷紧程度要适当。

2）握锯及锯削操作

一般握锯方法是右手握稳锯柄，左手轻扶弓架前端。锯削时站立位置如图 7-17 所示。锯削时推力和压力由右手控制，左手压力不要过大，主要应配合右手扶正锯弓，锯弓向前推出时加压力,回程时不加压力、在零件上轻轻滑过。锯削往复运动速度应控制在每分钟 40 次左右,锯弓的往返长度一般应不小于锯条长度的 2/3,最好是使锯条全部长度参与切削。

3) 起锯

锯条开始切入零件称为起锯。起锯方式有近起锯和远起锯两种,如图 7-18 所示,起锯时要用左手拇指指甲挡住锯条,起锯角约为 15°。锯弓往复行程要短,压力要轻,锯条要与零件表面垂直,当起锯到槽深 2~3 mm 时,起锯可结束,逐渐将锯弓改至水平方向进行正常锯削。

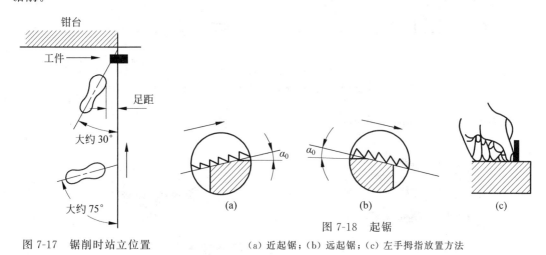

图 7-17　锯削时站立位置

图 7-18　起锯
(a) 近起锯;(b) 远起锯;(c) 左手拇指放置方法

3. 锉削

锉削

用锉刀从零件表面锉掉多余的材料,使零件达到图样要求的尺寸、形状和表面粗糙度的操作称为锉削。锉削的加工范围主要包括平面、台阶面、角度面、曲面、沟槽和各种形状的孔等。

锉刀是锉削的主要工具,锉刀用高碳钢(T12、T13)制成,并经热处理淬硬至 62~67 HRC,如图 7-19 所示。

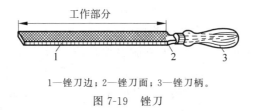

1—锉刀边;2—锉刀面;3—锉刀柄。

图 7-19　锉刀

1) 锉刀分类

(1) 按用途来分,锉刀可分为普通锉、特种锉和整形锉(什锦锉)三类。

(2) 按锉齿的大小分,可分为粗齿锉、中齿锉、细齿锉、粗油光锉和细油光锉等。

(3) 按齿纹分,可分为单齿纹锉刀和双齿纹锉刀。单齿纹锉刀的齿纹只有一个方向,与锉刀中心线成 70°,一般用于锉软金属,如铜、锡、铅等。双齿纹锉刀的齿纹有两个互相交错的排列方向,先剁上去的齿纹为底齿纹,后剁上去的齿纹为面齿纹。底齿纹与锉刀中心线成

45°,齿纹间距较疏；面齿纹与锉刀中心线成 65°，间距较密。由于底齿纹和面齿纹的角度不同，间距疏密不同，所以，锉削时锉痕不重叠，锉出来的表面平整而且光滑。

(4) 按断面形状分，可分为平锉（板锉）、方锉、三角锉、圆锉和半圆锉，平锉（板锉）用于锉平面、外圆面和凸圆弧面。方锉用于锉平面和方孔；三角锉用于锉平面、方孔及 60°以上的锐角；圆锉用于锉圆和内弧面；半圆锉用于锉平面、内弧面和大的圆孔。特种锉刀用于加工各种零件的特殊表面，如图 7-20 所示。

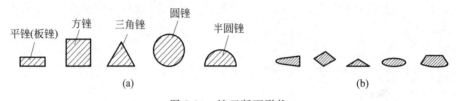

图 7-20　锉刀断面形状
(a) 普通锉刀断面形状；(b) 特种锉刀断面形状

锉刀的握持方法如图 7-21 所示。

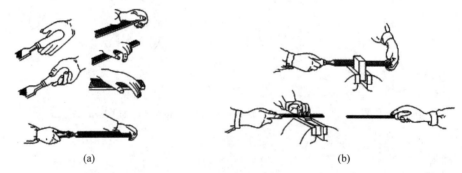

图 7-21　握锉方法
(a) 大锉刀的握法；(b) 中、小锉刀的握法

另外，由多把各种形状的整形锉刀所组成的"什锦"锉刀，主要用于修锉小型零件及模具上难以机械加工的部位。普通锉刀的规格一般用锉刀的长度、齿纹类别和锉刀断面形状表示。

2) 锉削方法

锉削方法分为平面锉削和弧面锉削两种。

锉削时操作者的身体重心放在左脚，右膝要伸直，双脚始终站稳不移动，靠左膝的屈伸而做往复运动。开始时，身体向前倾斜 10°左右，右肘尽可能向后收缩，如图 7-22(a)所示；在最初三分之一行程时，身体逐渐前倾至 15°左右，左膝稍弯曲，如图 7-22(b)所示；其次三分之一行程，右肘向前推进，同时身体也逐渐前倾到 18°左右，如图 7-22(c)所示；最后三分之一行程，用右手腕将锉刀推进，身体随锉刀向前推的同时自然后退到 15°左右的位置上，如图 7-22(d)所示；锉削行程结束后，把锉刀略提起一些，身体姿势恢复到起始位置。

锉削过程中，两手用力时刻在变化。开始时，左手压力大推力小，右手压力小推力大。随着推锉过程，左手压力逐渐减小，右手压力逐渐增大。锉刀回程时不加压力，以减少锉齿的磨损。锉刀往复运动速度一般为每分钟 30 次到 40 次，推出时慢，回程时可快些。

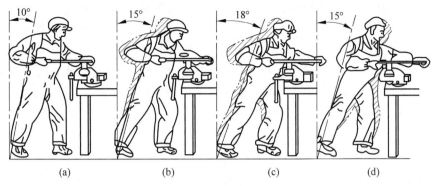

图 7-22 锉削姿势

锉削平面的方法有 3 种,分别为顺向锉、交叉锉和推锉,如图 7-23 所示。锉削平面时,锉刀要按一定方向进行锉削,在锉削回程时稍作平移,逐步将整个面锉平。

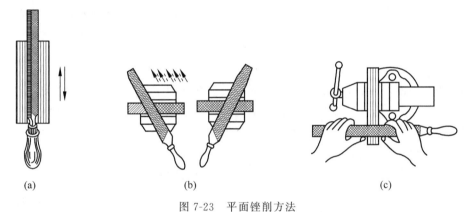

图 7-23 平面锉削方法
(a) 顺向锉;(b) 交叉锉;(c) 推锉

外圆弧面一般可采用平锉进行锉削,常用的锉削方法有两种:顺锉法如图 7-24(a)所示,锉刀横着圆弧方向锉,可锉成接近圆弧的多棱形(适用于曲面的粗加工);滚锉法如图 7-24(b)所示,锉刀向前锉削时右手下压,左手随着上提,使锉刀在零件圆弧上做转动。

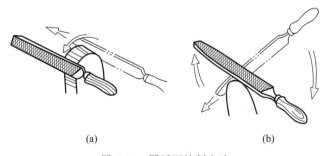

图 7-24 圆弧面锉削方法
(a) 顺锉法;(b) 滚锉法

3) 检验工具及其使用

检验工具有刀口形直尺、90°角尺、游标角度尺等。刀口形直尺、90°角尺可检验零件的直线度、平面度及垂直度。下面介绍用刀口形直尺检验零件平面度的方法。

(1) 将刀口形直尺垂直紧靠在零件表面,并在纵向、横向和对角线方向逐次检查,如图 7-25 所示。

(2) 检验时,如果刀口形直尺与零件平面透光微弱而均匀,则该零件平面度合格;如果透光强弱不一,则说明该零件平面凹凸不平。可在刀口形直尺与零件紧靠时的间隙处用塞尺插入,根据塞尺的厚度即可确定平面度的误差,如图 7-26 所示。

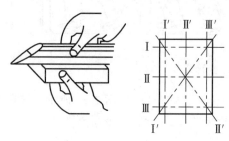
图 7-25 用刀口尺检验平面度

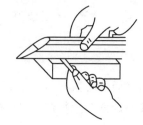
图 7-26 用塞尺测量平面度的误差值

钻孔

4. 钻孔

用钻头在实体材料上加工孔的操作称为钻孔。钻孔时主运动为刀具绕轴线的旋转运动(见图 7-27 箭头 1 所指方向);进给运动为刀具沿着轴线方向对着零件的直线运动(见图 7-27 箭头 2 所指方向)。钻孔的尺寸公差等级低,为 IT11~IT12;表面粗糙度大,Ra 值为 12.5~50 μm。

标准麻花钻如图 7-28 所示,是钻孔的主要刀具。麻花钻用高速钢制成,工作部分经热处理淬硬至 62~65 HRC。麻花钻由钻柄、颈部和工作部分组成。

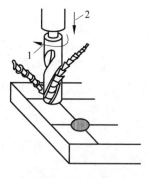

1—主运动;2—进给运动。
图 7-27 孔加工切削运动

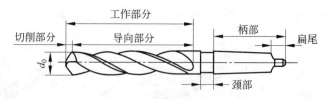

图 7-28 标准麻花钻头组成

(1) 钻柄,它供装夹和传递动力用,钻柄形状有两种:直柄传递扭矩较小,用于直径 13 mm 以下的钻头;锥柄对中性好,传递扭矩较大,用于直径大于 13 mm 的钻头。

(2) 颈部,它是磨削工作部分和柄部时的退刀槽。钻头直径、材料、商标一般刻印在颈部。

(3) 工作部分,它分为导向部分与切削部分。

导向部分有两条狭长的高出齿背 0.5~1 mm 的螺旋形棱边(刃带),其直径前大后小,略有倒锥度。倒锥量为 (0.03~0.12) mm/100 mm,可以减少钻头与孔壁间的摩擦。导向部分经铣、磨或轧制形成两条对称的螺旋槽,用以排除切屑和输送切削液。

切削部分担任切除金属的任务,是钻头的先锋和主力,这些部位角度最多,是麻花钻头最重要的部分,主要包括主切削刃、副切削刃、前刀面、后刀面、横刃、螺旋槽等,如图7-29所示。

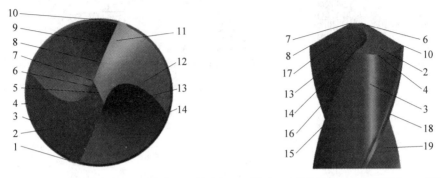

1—刃带;2—后刀面;3—刃背;4—后背棱;5—钻芯尖;6—横刃;7—横刃转点;8—主切削刃;9—螺旋槽;10—外缘转点;11—第一后刀面(刃隙面);12—第二后刀面(尾隙面);13—后沟棱;14—尾根转点;15—尾根棱;16—副切削刃;17—前刀面;18—刃带;19—刃沟(螺旋槽)。

图 7-29　麻花钻切削部分具体结构

钻孔时零件的夹持方法与零件的生产批量及孔的加工要求有关。生产批量较大或精度要求较高时,零件一般用钻模进行装夹;单件小批量生产或加工要求较低时,零件经划线确定孔中心位置后,多数装夹在通用夹具或工作台上钻孔。常用的装夹工具主要有手虎钳、平口虎钳、V形铁和压板螺钉等,如图7-30所示,可根据零件形状及孔径大小进行选择。

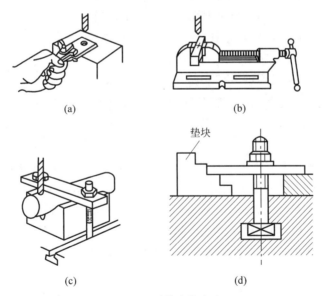

图 7-30　零件夹持方法

(a) 手虎钳夹持零件;(b) 平口虎钳夹持零件;(c) V形铁夹持零件;(d) 压板螺钉夹紧零件

钻头的装夹方法按其柄部的形状不同而异。锥柄钻头可以直接装入钻床主轴锥孔内,较小的钻头可用过渡套筒安装,如图7-31(a)所示。直柄钻头用钻夹头安装,如图7-31(b)所示。钻夹头(或过渡套筒)的拆卸方法是将楔铁插入钻床主轴侧边的扁孔内,左手握住钻夹头,右手用锤子敲击楔铁卸下钻夹头,如图 7-31(c)所示。

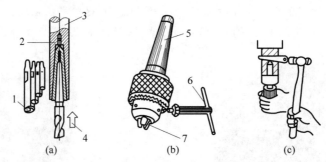

1—过渡锥度套筒;2—锥孔;3—钻床主轴;4—安装时将钻头向上推压;5—锥柄;
6—紧固扳手;7—自动定心夹爪。

图 7-31 安装拆卸钻头
(a)安装锥柄钻头;(b)钻夹头;(c)拆卸钻夹头

钻孔钻削用量包括钻头的钻削速度(m/min)或转速(r/min)和进给量(钻头每转一周沿轴向移动的距离)。钻削用量受到钻床功率、钻头强度、钻头耐用度和零件精度等许多因素的限制。因此,如何选择合理的钻削用量直接关系到钻孔生产率、钻孔质量和钻头的寿命。选择钻削用量可以用查表方法,也可以考虑零件材料的软硬、孔径大小及精度要求,凭经验选定。

钻孔前先用样冲在孔中心线上打出样冲眼,用钻尖对准样冲眼锪一个小坑,检查小坑与所划孔的圆周线是否同心(称试钻)。如稍有偏离,可移动零件找正,若偏离较多,可用錾子在偏离的相反方向錾几条槽,如图 7-32 所示。对直径较小的孔也可在偏离的方向用垫铁垫高些再钻。

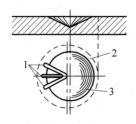

1—用錾子錾出槽以纠正钻歪的孔;2—被钻孔的控制线;3—钻歪的坑。

图 7-32 钻孔方法

直到钻出的小坑完整,与所划孔的圆周线同心或重合时才可正式钻孔。

5. 扩孔

用扩孔钻或钻头扩大零件上原有孔的操作称为扩孔。一般用麻花钻作扩孔钻使用,当扩孔精度要求较高或生产批量较大时,需采用专用扩孔钻,如图 7-33 所示。专用扩孔钻一般有 3～4 条切削刃,故导向性好,不易偏斜,没有横刃,轴向切削力小,扩孔能得到较高的尺寸公差等级(IT9～IT10)和较小的表面粗糙度值(Ra 值为 3.2～6.3 μm)。由于扩孔的工作条件比钻孔时好得多,故在相同直径情况下扩孔的进给量可比钻孔大 1.5～2 倍。扩孔钻削用量可查表,也可按经验选取。

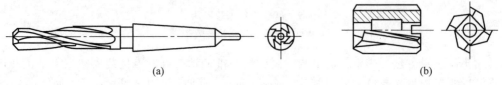

图 7-33 专用扩孔钻
(a)整体式扩孔钻;(b)套装式扩孔钻

6. 铰孔

铰孔是采用铰刀从工件孔壁上切除微量金属层,用以提高其尺寸精度和孔表面质量的方法,它是孔的精加工方法之一,在生产中应用很广。铰孔尺寸公差等级可达 IT6～IT8,表面粗糙度 Ra 值可达 $0.4\sim1.6~\mu m$。粗铰加工余量一般为 $0.15\sim0.5~mm$,精铰加工余量一般为 $0.05\sim0.25~mm$。铰孔时需要根据工作性质和零件材料选用适当的切削液,以降低切削温度、提高加工质量。

1) 铰刀

铰刀是孔的精加工刀具。铰刀分为机用铰刀和手用铰刀两种,机用铰刀为锥柄,手用铰刀为直柄。如图 7-34 所示为手用铰刀。一般将两支铰刀制成一套,其中一支为粗铰刀(它的刃上开有螺旋形分布的排屑槽),另一支为精铰刀。

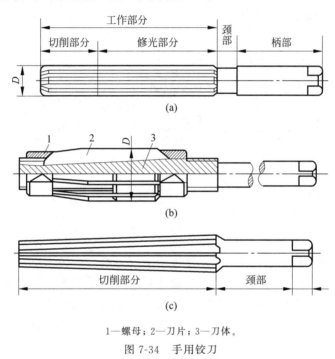

1—螺母;2—刀片;3—刀体。

图 7-34 手用铰刀

(a)圆柱铰刀;(b)可调节圆柱铰刀;(c)圆锥铰刀

2) 手动铰孔方法

将铰刀插入孔内,两手握住铰杠手柄,顺时针转动并稍加压力,使铰刀慢慢向孔内进给,注意两手用力要平衡,使铰刀铰削时始终保持与零件孔的端面垂直。铰刀退出时,也应边顺时针转动边向外拔出。

7. 锪孔

锪孔是指在已加工的孔上加工圆柱形沉头孔、锥形沉头孔或凸台端面等的操作。锪孔时使用的刀具称为锪钻,一般用高速钢制造。加工大直径凸台端面的锪钻,可用硬质合金重磨式刀片或可转位式刀片,用镶齿或机夹的方法,固定在刀体上制成。锪孔的目的是为了保证孔口与孔中心线的垂直度,以便与孔连接的零件位置正确,连接可靠。在工件的连接孔端锪出柱形或锥形埋头孔,用埋头螺钉埋入孔内把有关零件连接起来,使外观整齐,装配位置紧凑。将孔口端面锪平,并与孔中心线垂直,能使连接螺栓(或螺母)的端面与连接件保持良好接触。

锪钻分为柱形锪钻、锥形锪钻、端面锪钻三种,如图 7-35 所示。

(1) 柱形锪钻用于锪圆柱形埋头孔。柱形锪钻起主要切削作用的是端面刀刃,螺旋槽的斜角是它的前角。锪钻前端的导柱与工件原有孔采用较为紧密的间隙配合,可保证良好的定心和导向效果。导柱可以和锪钻做成一体,也可以是可拆卸连接。

(2) 锥形锪钻用于锪锥形孔。锥形锪钻的锥角按工件锥形埋头孔角度的不同,有 60°、75°、90°、120°四种,其中 90°锪钻用得最为广泛。

(3) 端面锪钻专门用来锪平凸台端面。端面锪钻可以保证孔的端面与孔中心线的垂直度。当已加工的孔径较小时,为了使刀杆保持一定强度,刀杆头部的一段直径与已加工孔为间隙配合,用以保证良好的导向作用。

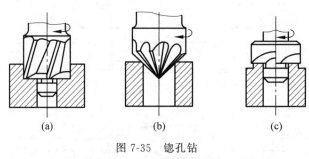

图 7-35　锪孔钻
(a) 锪圆柱形埋头孔;(b) 锪圆锥形埋头孔;(c) 锪凸台平面

8. 刮削

刮削是指手持刮刀,在已加工过的工件表面上刮去微量金属,以提高表面形状精度、改善配合表面间接触状况的作业过程,是机械制造和修理中最终精加工各种型面(如机床导轨面、连接面、轴瓦、配合球面等)的一种重要方法。刮削有平面刮削和曲面刮削两种方法。

刮削真正的作用是提高相互配合零件之间的配合精度,改善存油条件。刮削时,工件之间的研磨挤压使工件表面的硬度有一定程度的提高。刮削后留在工件表面的小坑可存油,从而使配合工件在往复运动时有足够的润滑油,不致因过热而引起拉毛现象。刮削之所以能获得高精度和良好的表面粗糙度,是因为其通过手工作业与各种检测手段紧密结合,反复比较、纠正,最后达到零件技术要求。刮削工作是一种古老的加工方法,也是一项繁重的体力劳动。但是,由于它所用的工具简单,且不受工件形状和位置以及设备条件的限制,所以在机械制造以及工具、量具制造或修理中仍然得到了广泛应用。

1) 刮刀

刮刀一般用碳素工具钢或轴承钢制造,后端装有木柄,刀体部分淬硬到 60 HRC 左右,刃口经过研磨,磨损后可进行复磨。工件表面先经切削加工,刮削余量为 0.05~0.4 mm。平面刮削的操作分推刮和拉刮两种。推刮主要依靠臂力和胯部的推压作用,切削力较大,适用于大面积的粗刮和半精刮。拉刮仅依靠臂力加压和后拉,切削力较小,但刮削长度容易控制,适用于精刮和刮花。

（1）平面刮刀。它是应用最广的刮刀式样，形状如图 7-36 所示。主要用来刮削平面，如平板、平面导轨、工作台等，也可用来刮削外曲面。按所刮表面精度要求不同，可分为粗刮刀、细刮刀和精刮刀三种。

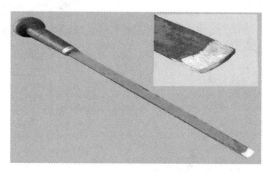

图 7-36　平面刮刀

（2）曲面刮刀。它主要用来刮削内曲面，如滑动轴承内孔等。曲面刮刀有多种形状，如三角刮刀（见图 7-37）、蛇头刮刀（见图 7-38）和月牙形刮刀（见图 7-39）等。

① 三角刮刀是刮轴瓦常用的工具之一，断面为等边三角形，为了刃磨方便，在每个面的正中开有圆弧槽，以减少刃磨面积。

② 蛇头刮刀也是刮轴瓦常用的工具之一，常和三角刮刀配合使用，具有刮削量大，效率高等特点，且刀刃表面能压光零件，提高零件的表面粗糙度。

③ 月牙形刮刀也是刮轴瓦常用的工具之一，常和三角刮刀配合使用。因为三角刮刀在刮削过程中不易变化刀花的方向，尤其刮较深的轴瓦，各次的刀纹方向基本一致，在刮削面上很容易形成振痕。月牙形刮刀向前推动进行刮削，和三角刮刀刀纹相交 90°，可消除振痕。月牙形刮刀端部的月牙半径可根据轴瓦孔径而定，大体上是孔半径的一半。

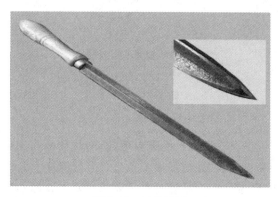

图 7-37　三角刮刀

图 7-38　蛇头刮刀

2）刮削方法

各类刮削方法如图 7-40～图 7-42 所示。

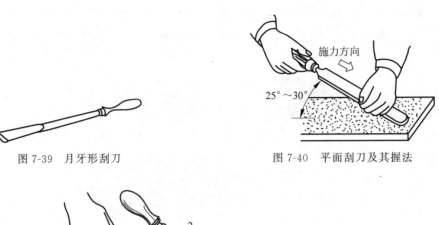

图 7-39　月牙形刮刀　　　　　图 7-40　平面刮刀及其握法

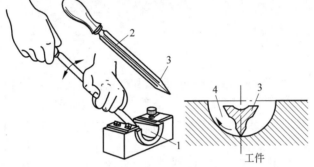

1—轴瓦；2—三角刮刀；3—切削部分；4—刮削方向。

图 7-41　曲面刮刀及其握法

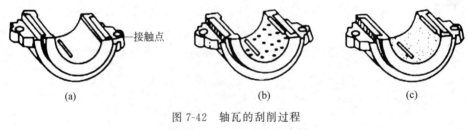

(a)　　　　　　　　(b)　　　　　　　　(c)

图 7-42　轴瓦的刮削过程

(a) 修瓦口；(b) 粗刮；(c) 细刮

9. 研磨

研磨是指利用涂敷或压嵌在研具上的磨料颗粒，通过研具与工件在一定压力下的相对运动对加工表面进行的精整加工(如切削加工)，是表面处理技术中非常重要的一种工艺，在工业中有着广泛的应用，特别是在产品外观质量要求较高的精密压铸模、塑料模、汽车覆盖件模具制造中应用非常广泛。研磨可用于加工各种金属和非金属材料，加工的表面形状有平面、内外圆柱面和圆锥面、凹凸球面、螺纹、齿面及其他型面。加工尺寸公差等级可达 IT1～IT5，表面粗糙度 Ra 值可达 $0.01～0.63\ \mu m$。

为了减少切削热，研磨一般在低压低速条件下进行。粗研的压力不超过 0.3 MPa，精研压力一般采用 0.03～0.05 MPa。粗研速度一般为 20～120 m/min，精研速度一般取 10～30 m/min。

1) 研磨加工的特点

(1) 表面粗糙度低。研磨属于微量进给磨削,切削深度小,有利于降低工件表面粗糙度值。加工表面粗糙度 Ra 值可达 $0.01~\mu m$。

(2) 尺寸精度高。研磨采用极细的微粉磨料,机床、研具和工件处于弹性浮动工作状态,在低速、低压作用下,逐次磨去被加工表面的凸峰点,加工精度可达 $0.01\sim0.1~\mu m$。

(3) 形状精度高。研磨时,工件基本处于自由状态,受力均匀,运动平稳,且运动精度不影响形位精度。加工圆柱体的圆柱度可达 $0.1~\mu m$。

(4) 改善工件表面力学性能。研磨的切削热量小,工件变形小,变质层薄,表面不会出现微裂纹。同时能降低表面摩擦系数,提高耐磨和耐腐蚀性。研磨零件表层存在的残余压应力有利于提高工件表面的疲劳强度。

(5) 研具的要求不高。研磨所用研具与设备一般比较简单,不要求具有极高的精度;但研具材料一般比工件软,研磨中会受到磨损,应注意及时修整与更换。

2) 研磨的分类

(1) 按研磨工艺的自动化程度分为手动研磨、半机械研磨(见图 7-43)、机械研磨(见图 7-44)。

图 7-43　半机械研磨

图 7-44　机械研磨

(2) 按研磨剂的使用条件分为湿研磨(见图 7-45)、干研磨(见图 7-46)和半干研磨。其中,湿研磨一般用于粗研磨,干研磨用于精研磨。

图 7-45　湿研磨

图 7-46　震动干研磨机

10. 攻螺纹

攻螺纹是用丝锥加工出内螺纹的过程,是钳工金属切削中的重要内容之一,包括划线、钻孔、攻螺纹等环节。攻螺纹只能加工三角形螺纹,属连接螺纹,用于两件或多件结构件的

攻螺纹和套螺纹

连接，螺纹的加工质量直接影响构件的装配质量。

1）丝锥与丝锥铰手

丝锥是加工小直径内螺纹的成形工具，如图7-47所示。它由切削部分、校准部分和柄部组成。

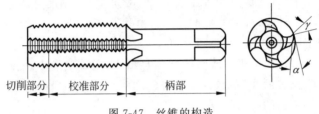

图7-47 丝锥的构造

切削部分磨出锥角，以便将切削负荷分配在几个刀齿上；校准部分有完整的齿形，用于校准已切出的螺纹，并引导丝锥沿轴向运动；柄部有方榫，便于装在铰手内传递扭矩。丝锥切削部分和校准部分一般沿轴向开有3～4条容屑槽以容纳切屑，并形成切削刃和前角γ，切削部分的锥面上铲磨出后角α。为了减少丝锥的校准部对零件材料的摩擦和挤压，它的外、中径均有倒锥度。

由于螺纹的精度、螺距大小不同，丝锥一般为1支、2支、3支成组使用。使用成组丝锥攻螺纹孔时，要顺序使用来完成螺纹孔的加工。

丝锥常用高碳优质工具钢或高速钢制造，手用丝锥一般用T12A或9SiCr制造。

丝锥铰手是扳转丝锥的工具，如图7-48所示。常用的铰手有固定式和可调节式，以便夹持各种不同尺寸的丝锥。

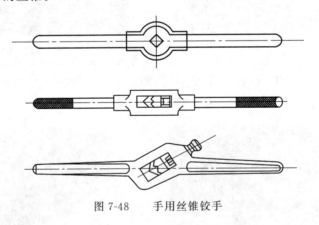

图7-48 手用丝锥铰手

2）攻螺纹方法

(1) 攻螺纹前的孔径选择

钻头直径d略大于螺纹底径，其大小可查表，也可按经验公式计算。对于攻普通螺纹：

加工钢料及塑性金属时：
$$d = D - P$$

加工铸铁及脆性金属时：
$$d = D - 1.1P$$

式中，D 为螺纹基本尺寸；P 为螺距或导程。

若孔为盲孔，由于丝锥不能攻到底，所以钻孔深度要大于螺纹长度，其尺寸按下式计算：

$$孔的深度 = 螺纹长度 + 0.7D$$

(2) 手工攻螺纹操作

如图7-49所示。双手转动铰手，并施加轴向压力，当丝锥切入零件1~2牙时，用90°角尺检查丝锥是否歪斜，如丝锥歪斜，要纠正后再往下攻。当丝锥位置与螺纹底孔端面垂直后，不再施加轴向压力，两手均匀用力旋转铰手。为避免切屑堵塞，要经常倒转1/4~1/2圈，以切断切屑。头锥、二锥应依次攻入。攻铸铁材料螺纹时加煤油而不加切削液，钢件材料加切削液，以保证螺纹表面的粗糙度要求。

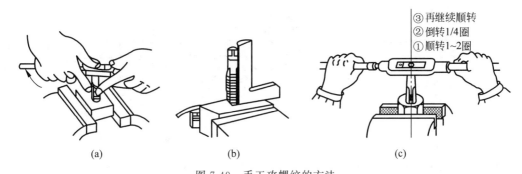

图 7-49 手工攻螺纹的方法

(a) 攻入孔内前的操作；(b) 检查垂直度；(c) 攻入螺纹时的方法

11. 套螺纹

套螺纹是用板牙在圆杆上加工出外螺纹的操作，是钳工金属切削中的重要内容之一。

1) 板牙与板牙铰手

(1) 圆板牙

板牙是加工外螺纹的工具。圆板牙如图7-50所示，其外形和圆螺母相近，主要由板牙体、排屑孔和切削齿三部分组成。板牙两端带 2ϕ 的锥角部分是切削部分。中间一段是校准部分，也是套螺纹时的导向部分。板牙一端的切削部分磨损后可调头使用。

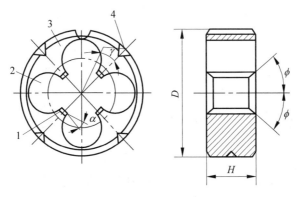

1—切削齿；2—排屑孔；3—板牙体；4—调整螺钉锥坑。

图 7-50 板牙

用圆板牙套螺纹的精度比较低,表面粗糙度 Ra 值为 $3.2\sim6.3~\mu m$。圆板牙一般用合金工具钢 9SiCr 或高速钢 W18Cr4V 制造。

(2) 圆锥管螺纹板牙

圆锥管螺纹板牙的基本结构与普通圆板牙一样,因为管螺纹有锥度,所以只在单面制成切削锥。板牙上所有切削刃都参加切削,板牙在零件上的切削长度影响管子与相配件的配合尺寸,套螺纹时要用相配件旋入管子来检查是否满足配合要求。

(3) 板牙铰手(铰杠)

手工套螺纹时需要用圆板牙铰手,如图 7-51 所示。

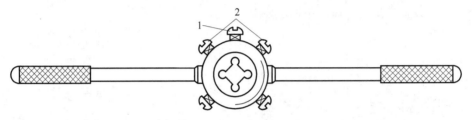

1—撑开板牙螺钉; 2—调整板牙螺钉。

图 7-51　板牙铰手

2) 套螺纹方法

(1) 套螺纹前零件直径的确定

确定螺杆的直径可直接查表,也可按零件直径 $d=D-0.13P$ 的经验公式计算。式中,d 为螺杆直径;D 为螺纹大径;P 为螺距或导程。

(2) 套螺纹操作

套螺纹的方法如图 7-52 所示。将板牙套在圆杆头部倒角处,并保持板牙与圆杆垂直。右手握住铰手的中间部分,加适当压力,左手将铰手的手柄顺时针方向转动,在板牙切入圆杆 2~3 牙时,应检查板牙是否歪斜,发现歪斜,应纠正后再套,当板牙位置正确后,再往下套就不用加压力。套螺纹和攻螺纹一样,应经常倒转以切断切屑。套螺纹应加切削液,以保证螺纹的表面粗糙度要求。

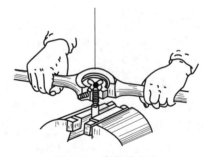

图 7-52　套螺纹方法

7.2　量具简介

7.2.1　常用几何尺寸精度测量工具

游标卡尺

1. 游标卡尺

游标卡尺是一种常用的量具,具有结构简单、使用方便、精度中等和测量尺寸范围大等特点,常用来测量零件的内外直径、长度、深度和孔距等。游标卡尺由主尺和附在主尺上能滑动的游标两部分构成,如图 7-53 所示。游标卡尺的主尺和游标上有两副活动量爪,分别是内测量爪和外测量爪,内测量爪通常用来测量内径,外测量爪通常用来测量长度和外径。

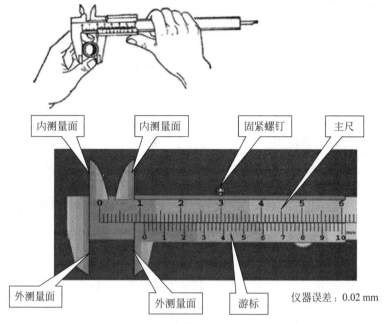

图 7-53 游标卡尺

游标卡尺主尺一般以毫米为单位,测量范围有 0~150 mm 到 0~1000 mm 等多种规格。游标上有 10、20 或 50 个分格,对应的有效总长度分别为 9 mm、19 mm 和 49 mm,据此游标卡尺的测量精度一般分为 0.1 mm、0.05 mm、0.02 mm 三种。

2. 万能角度尺

万能角度尺又称"角度规""游标角度尺"或"万能量角器",是利用游标读数原理来直接测量工件角度或进行划线的一种角度量具,如图 7-54 所示。万能角度尺适用于机械加工中的内、外角度测量,可测 0°~320°外角及 40°~130°内角。

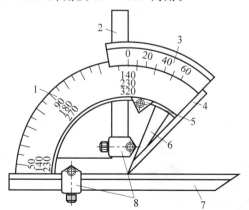

1—主尺;2—直角尺;3—游标;4—基尺;5—制动头;6—扇形板;7—直尺;8—卡块。

图 7-54 万能角度尺

3. 百分表（千分表）

百分表（千分表）是利用齿轮齿条（见图 7-55）或杠杆齿轮（见图 7-56）传动，将测杆的直线位移变为指针的角位移的计量器具。分度值 0.01 mm 的为百分表，分度值 0.001 mm 的即为千分表，两种表只是分度精度不同，其外形及结构并无区别。

图 7-55　齿轮齿条式百分表

图 7-56　杠杆齿轮式百分表

百分表通常由测头、量杆、防震弹簧、齿条、齿轮、游丝、圆表盘及指针等组成。其工作原理是将被测尺寸引起的测杆微小直线移动，经过齿轮传动放大，变为指针在刻度盘上的转动，从而读出被测尺寸的大小。

百分表属于比较量具，即只能测量出相对数值，不能测量绝对数值。主要用来检查工件的形状和位置误差（如圆度、平面度、垂直度、圆跳动等），也常用于工件的找正与孔的径向尺寸误差的测量。

4. 外径千分尺

外径千分尺也称"螺旋测微器"，主要由固定尺架、测砧、测微螺杆、固定套管、微分筒、微调旋钮和止动旋钮等组成，如图 7-57 所示。其工作原理为：螺杆在螺母中旋转一周，螺杆便沿着旋转轴线方向前进或后退一个螺距的距离，其沿轴线方向移动的微小距离，可通过圆周上的读数表示出来。它是比游标卡尺更精密的量具，精度达到 0.01 mm，加上估读的 1 位，可读取到小数点后第 3 位（千分位），故称"千分尺"。可用于精度要求较高零件的直径及外表面长度尺寸的测量。常用规格有 0～25 mm、25～50 mm、50～75 mm、75～100 mm、100～125 mm 等。

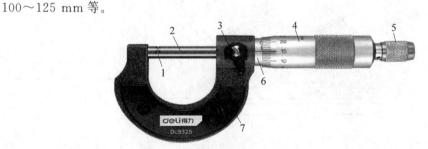

1—测砧；2—测微螺杆；3—止动旋钮；4—微分筒；5—微调旋钮；6—固定刻度；7—尺架。

图 7-57　外径千分尺

5. 内径千分尺

内径千分尺主要用于测量精度要求较高零件的内径及外表面沟槽尺寸,如图 7-58 所示。其工作原理与外径千分尺相同,常用规格有 5～30 mm、25～50 mm、50～75 mm、75～100 mm、100～125 mm 等。

图 7-58 内径千分尺

6. 刀口尺

刀口尺是机械加工中常用的测量工具,如图 7-59 所示。它主要用于以光隙法进行直线度测量和平面度测量的场合,也可与量块一起用于检验平面精度,具有结构简单、重量轻、不生锈、操作方便、测量效率高等优点。刀口尺精度较高,直线度误差能控制在 $1~\mu m$ 左右。

图 7-59 刀口尺

7. 水平仪

水平仪是一种测量小角度的常用量具,如图 7-60 所示。在仪表制造和机械行业中,用于测量相对于水平位置的倾斜角、机床类设备导轨的平面度和直线度、设备安装的水平位置和垂直位置等。按水平仪的外形不同可分为万向水平仪、圆柱水平仪、一体化水平仪、迷你水平仪、相机水平仪、框式水平仪和尺式水平仪等;按水准器的固定方式又可分为可调式水平仪和不可调式水平仪。

图 7-60 水平仪

8. 量规

量规通常为具有准确尺寸和形状的实体,如圆锥体、圆柱体、块体平板、尺和螺纹件等,是根据与被测件的配合间隙、透光程度或能否通过被测件等来判断被测尺寸是否合格的测量工具,如图 7-61 所示。量规无法指示量值,其控制的是尺寸或规格的上下限,一般包含全部的公差带量。常用的量规有量块、角度量块、多面棱体、正弦规、直尺、平尺、平板、塞尺、平晶和极限量规等。

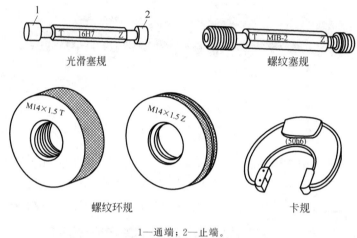

1—通端;2—止端。

图 7-61 量规

9. 塞尺

塞尺是由一组具有不同厚度级差的薄钢片组成的量规,主要用来检查两结合面之间的缝隙。每片尺片上标有其厚度(单位为 mm),如图 7-62 所示。尺片用过后,应擦拭干净,涂上防腐油,并妥善保管。

图 7-62 塞尺

10. 测微仪

测微仪是用于对精密零部件的平行度、平面度进行测量的精密测量仪器,如图 7-63 所示。可配合千分表、百分表、电子测头等对零件或成品进行相对尺寸检验,有普通型测微仪、微调型测微仪和螺旋形测微仪等形式。

11. 圆度、圆柱度测量仪

圆度、圆柱度测量仪是一种用于机械工程领域的精密测量仪器,主要由机架、回转台、十字滑台、计算机和配套软件等组成,如图 7-64 所示。一般具有自动调心和自动调水平功能,可对内、外圆表面的圆度和圆柱度进行测量,精度可达 $0.2\ \mu m/350\ mm$。

图 7-63 测微仪

图 7-64 圆度、圆柱度测量仪

12. 三坐标测量机

三坐标测量机一般由主机机械系统、测头系统、电气控制等硬件系统和数据处理软件系统等组成,如图 7-65 所示。将被测物体置于三坐标测量工作台上的适当位置,通过获得被测物体上各测点的坐标,经数据处理可求出被测物体的几何尺寸、形状和形位公差。三坐标测量机具有测量精度高、速度快、重复性好等优点,在机械、汽车、航空航天、军工、电子、仪表、塑胶等行业得到广泛应用。

13. 激光测量仪

激光测量仪可实现非接触式 360°高精度扫描,具有操作简单、速度快、重复精度高等优点,如图 7-66 所示。测量时,将零件放置于载物台上,只需单击控制软件上的测量执行按钮,即可执行从扫描到测量的操作。载物台 360°旋转,可不留死角地获取零件全周的真实 3D 数据,单幅能够获取数百万点的形状、颜色数据。

图 7-65 三坐标测量机

图 7-66 激光测量仪

7.2.2 常用表面粗糙度测量工具

1. 粗糙度仪

粗糙度仪又称"表面粗糙度仪""表面光洁度仪""粗糙度计"等,如图 7-67 所示。具有测量精度高、测量范围宽、操作简单、便于携带、工作稳定等特点,可以广泛应用于各种金属与非金属加工表面粗糙度的检测。

2. 粗糙度样板

粗糙度样板是用比较法检查零件表面粗糙度的一种量具,又称"表面粗糙度对比块""机加工粗糙度检测块"等,如图 7-68 所示。能够通过目测或放大镜与被测工件进行比较、判断表面粗糙度的级别。

图 7-67 粗糙度仪

图 7-68 粗糙度样板

7.3 装配

7.3.1 装配基本知识

按照规定的技术要求,将零件组装成机器,并经过调整、试验,使之成为合格产品的工艺过程称为装配。

装配类型一般可分为组件装配、部件装配和总装配。①组件装配是将两个以上的零件连接组合成为组件的过程。例如曲轴、齿轮等零件组成的一根传动轴系的装配。②部件装配是将组件、零件连接组合成独立机构(部件)的过程。例如车床主轴箱、进给箱、传动箱等的装配。③总装配是将部件、组件和零件连接组合成为整台机器的过程。

装配是机器制造阶段的最后一道工序,是保证机器达到各项技术要求的关键步骤,对产品质量起着决定性作用。若装配不良,将会导致机器的性能降低、消耗功率增加、使用寿命减短。因此,装配前必须认真做好如下准备工作:

(1) 研究和熟悉产品图样,了解产品结构以及零件作用和相互连接关系,掌握其技术要求。

(2) 确定装配方法、程序和所需的工具。

(3) 备齐零件,进行清洗,涂防护润滑油等。

装配过程通常是先下后上,先内后外,先难后易,先装配保证机器精度的部分,后装配一般部分。

组成机器的零、部件的连接形式很多,基本上可归纳成两类:固定连接和活动连接。每一类的连接中,按照零件结合后能否拆卸又分为可拆连接和不可拆连接,见表 7-1。

表 7-1 机器零、部件连接形式

固 定 连 接		活 动 连 接	
可拆	不可拆	可拆	不可拆
螺纹、键、销等	铆接、焊接、压合、胶结等	轴与轴承、丝杠与螺母、柱塞与套筒等	活动连接的铆合头

7.3.2 典型连接件装配方法

零部件装配形式很多,下面着重介绍螺纹连接、滚动轴承、齿轮等几种典型连接件的装配方法。

1. 螺纹连接

螺纹连接是现代机械制造中应用最为广泛的一种连接形式。它具有紧固可靠、装拆简便、调整和更换方便、宜于多次拆装等优点。螺纹连接常用零件有螺钉、螺母、双头螺栓及各种专用螺纹零件等,如图 7-69 所示。

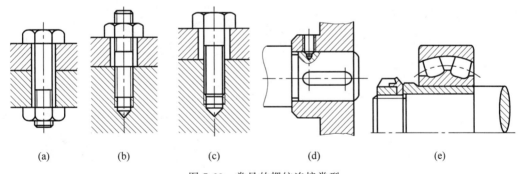

图 7-69 常见的螺纹连接类型

(a)螺栓连接;(b)双头螺栓连接;(c)螺钉连接;(d)螺钉固定;(e)圆螺母固定

对于一般的螺纹连接可用普通扳手拧紧。而对于有规定预紧力要求的螺纹连接,常用测力扳手或其他限力扳手以控制扭矩,如图 7-70 所示。

在紧固成组螺钉、螺母时,为使紧固件的配合面受力均匀,应按一定的顺序拧紧。如图 7-71 所示为两种拧紧顺序的实例。按图中数字顺序拧紧,可避免被连接件的偏斜、翘曲和受力不均。而且每个螺钉或螺母不能一次就完全拧紧,应按顺序分 2~3 次才全部拧紧。

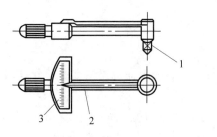

1—扳手头；2—指示针；3—读数板。

图 7-70 测力扳手

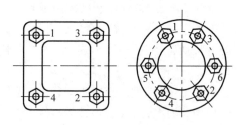

图 7-71 拧紧成组螺母顺序

零件与螺母的贴合面应平整光洁，否则螺纹容易松动。为提高贴合面质量，可加垫圈。在交变载荷和振动条件下工作的螺纹连接，有逐渐自动松开的可能，为防止螺纹连接的松动，可用弹簧垫圈、止退垫圈、开口销或止动螺钉等防松装置，如图 7-72 所示。

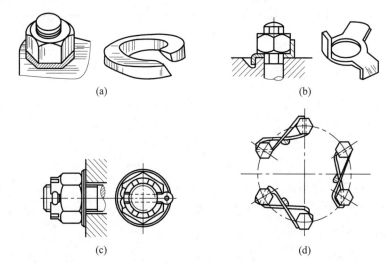

图 7-72 各种螺母防松装置
(a) 弹簧垫圈；(b) 止退垫圈；(c) 开口销；(d) 止动螺钉

2. 滚动轴承的装配

滚动轴承装配多采用较小的过盈配合，常用手锤或压力机进行压入式装配。为了使轴承圈受力均匀，多采用垫套加压。轴承压到轴颈上时应施力于内圈端面，如图 7-73(a) 所示；轴承压到座孔中时，要施力于外圈端面上，如图 7-73(b) 所示；若同时压到轴颈和座孔中时，垫套应能同时对轴承内外圈端面施力，如图 7-73(c) 所示。

当轴承与轴之间采用较大的过盈配合时，应将轴承吊入 80~90℃ 的热油中加热，使轴承膨胀，然后趁热装入；注意轴承不能与油槽底接触，以防过热。如果是装入孔中的轴承，需将轴承冷却后装入。轴承安装后要检查滚珠是否被咬住、是否有合理的间隙。

3. 齿轮的装配

齿轮装配时应保证齿轮传递运动的准确性、平稳性、轮齿表面接触斑点和齿侧间隙合乎要求等。

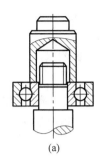 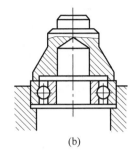 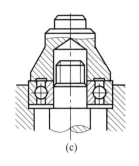

图 7-73　滚动轴承的装配

(a) 施力于内圈端面；(b) 施力于外圈端面；(c) 施力于内外圈端面

齿轮表面接触斑点可用涂色法检验。先在主动轮的工作齿面上涂上红丹，使相啮合的齿轮在轻微制动下运转，然后根据从动轮啮合齿面上接触斑点的位置和大小判断齿面接触是否正常，如图 7-74 所示。

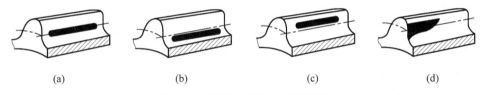

图 7-74　用涂色法检验啮合情况

(a) 齿轮正常啮合；(b) 齿轮间距较小；(c) 齿轮间距较大；(d) 齿轮偏磨严重

7.3.3　部件装配和总装配

1. 部件装配

部件装配通常在装配车间的各个工段（或小组）进行。部件装配是总装配的基础，这一工序进行得好与坏，会直接影响总装配和产品的质量。

部件装配过程主要包括以下四个阶段：

(1) 装配前按图样检查零件的加工情况，根据需要进行补充加工。

(2) 组合件装配和零件相互试配。在这一阶段内可用选配法或修配法来消除各种配合偏差。组合件装好后不再分开，以便一起装入部件内。互相试配的零件，当偏差消除后，仍要加以分开（因为它们不属于同一个组合件），但分开后必须做好标记，以便重新装配时不会装错。

(3) 部件装配及调整，即按一定的次序将所有的组合件及零件互相连接起来，同时对某些零件通过调整加以正确地定位。通过这一阶段，对部件所提出的技术要求都应达到。

(4) 部件的检验，即根据部件的专门用途做工作检验。如水泵要检验每分钟出水量及水头高度；齿轮箱要进行空载检验及负荷检验；有密封性要求的部件要进行水压（或气压）检验；高速转动部件要进行动平衡检验等。只有通过检验确定合格的部件，才可进入总装配。

装配工艺性

2. 总装配

总装配是把预先装好的部件、组合件、其他零件，以及从市场上采购来的配套装置或功能部件装配成机器的过程。总装配的过程及注意事项如下：

(1) 总装配前，应先认真分析产品的装配图，了解所装机器的用途、构造、工作原理以及相关的技术要求；然后确定装配程序和必须检查的项目；最后对总装配好的机器进行检查、调整、试验，直至机器合格。

(2) 总装配需严格按照装配工艺规程规定的操作步骤，采用工艺规程所规定的装配工具进行装配。应按从里到外，从下到上，以不影响下道装配为原则的次序进行。操作中不能损伤零件的精度和表面粗糙度，对重要、复杂部分要反复检查，以免装错、多装或漏装。在任何情况下，应保证污物不会进入机器的部件、组合件或零件内。机器总装配完成后，要在滑动和旋转部位加润滑油，以防运转时出现拉毛、咬住或烧损现象。最后严格按照技术要求，逐项进行检查。

(3) 装配好的机器必须加以调整和检验。调整的目的是为了提高机器各部件的相互作用及各个机构工作的协调性。检验的目的是验证机器工作的正确性和可靠性，发现由于零件制造的质量问题、装配或调整的质量问题所造成的缺陷。小缺陷可以在检验台上加以消除；大缺陷应将机器送到原装配处返修。修理后再进行第二次检验，直至检验合格为止。

(4) 检验结束后应对机器进行清洗，随后送涂装车间做表面处理。

7.3.4 机械拆卸方法

拆卸工作是设备维修中的一个重要环节。

1. 拆卸前的准备工作

(1) 工作场地要宽敞明亮、平整、清洁。

(2) 拆卸工具要准备齐全，规格合适。

(3) 按不同用途准备好放置零件的台架、分隔盆、油桶等。

2. 机械拆卸的基本原则

(1) 根据机型和相关资料了解清楚其结构特点和装配关系，然后确定分解、拆卸的方法和步骤。

(2) 正确选用工具和设备，当分解遇到困难时要先查明原因，采取适当方法解决，不得猛打乱敲，防止损坏零件和工具，更不能用量具、钳子代替手锤，以免损坏工具、量具。

(3) 在拆卸有规定方向、记号的零件或组合件时，应记清方向和记号，若失去标记应重新标记。

(4) 为避免拆下的零件损坏或丢失，应按零件大小和精度不同分别存放，按拆卸顺序摆放,精密重要零件须专门存放保管。

(5) 拆下的螺栓、螺母等在不影响修理的情况下应装回原位,以免丢失。

(6) 按需拆卸,对个别不拆卸即可判断其状况良好的零部件可不拆卸,一方面可节约时间和劳力,另一方面可避免拆装过程中损坏和降低零件装配精度。但对需拆卸的零件一定要拆,不可图省事而马虎了事,致使修理质量得不到保证。

3. 机械拆卸的基本要求

(1) 对不易拆卸或拆卸后会降低连接质量,甚至损坏一部分连接零件的连接,应尽量避免拆卸,例如密封连接、过盈连接、铆接和焊接连接件等。

(2) 拆卸时用力要适当,特别要注意保护主要构件,不使其发生任何损坏。对于相配合的两个零件,在不得已必须损坏一个零件的情况下,应保存价值较高、制造困难或质量较好的零件。

(3) 长径比较大的零件,如精密的细长轴、丝杠等零件,拆下后应随即清洗、涂油、垂直悬挂。重型零件可用多支点支承卧放,以免变形。

(4) 拆下的零件应尽快清洗,并涂上防锈油。对精密零件,要用油纸包好,防止生锈腐蚀或碰伤表面。零件较多时,要按部件分门别类,做好标记后再放置。

(5) 拆下较细小、易丢失的零件,如紧定螺钉、螺母、垫圈及销子等,清理后尽可能再装在主要零件上,以防遗失。轴上的零件拆下后,最好按原次序方向临时装回轴上或用钢丝串起来放置,这样可为以后的装配工作带来很大方便。

(6) 拆下的导管,润滑或冷却用油、水、气的通路,各种液压件等,在清理后均应将进出口封好,以免灰尘、杂质进入。

(7) 在拆卸旋转部件时,应尽量不破坏原来的平衡状态。

(8) 容易产生位移而又无定位装置或有方向性的相配件,在拆卸后应先做好标记,以便在装配时容易辨认。

4. 常用的拆卸方法

1) 击卸法

击卸法是利用锤子或其他重物在敲击或撞击零件时产生的冲击能量把零件卸下的一种方法。击卸法操作时应注意:

(1) 要根据拆卸件尺寸及重量、配合牢固程度,选用重量合适的锤子,且锤击时用力要适当。

(2) 为防止损坏零件表面,必须垫好软衬垫,如图 7-75 所示,或者使用软材料制作的锤子或冲棒(如铜棒、胶木棒等)打击。

(3) 应选择合适的锤击点,以免拆卸件变形或破坏。

(4) 由于锈蚀严重导致配合面难以拆卸时,可以加煤油浸润锈蚀面,当略有松动时再拆卸。

2) 拉拔法

拉拔法是利用拔销器、拉拔器等专门工具或自制拉拔工具进行拆卸的方法,如图 7-76 所示。

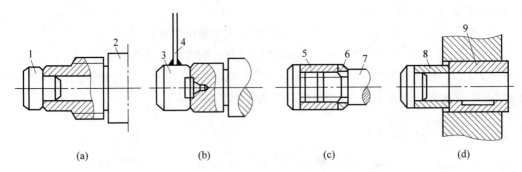

1,3—垫铁;2—主轴;4—铁条;5—螺母;6,8—垫套;7—轴;9—轴套。

图 7-75 拆卸时常用的衬垫类型

(a)保护主轴的垫铁;(b)保护中心孔的垫铁;(c)保护轴螺纹的垫套;(d)保护轴套的垫套

3）顶压法

顶压法是利用螺旋 C 型夹头、螺钉、机械式压力机、液压压力机或千斤顶等工具和设备进行拆卸的方法,如图 7-77 所示。

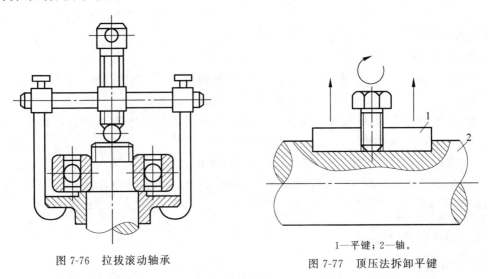

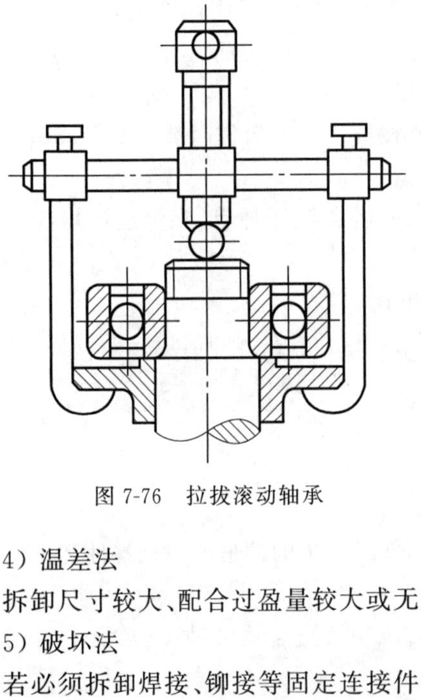

图 7-76 拉拔滚动轴承

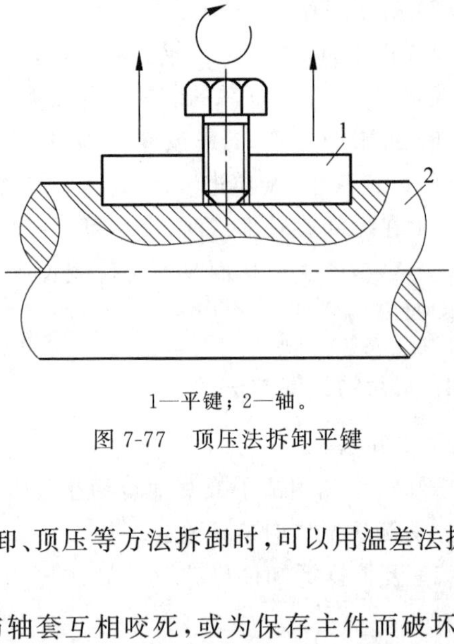

1—平键;2—轴。

图 7-77 顶压法拆卸平键

4）温差法

拆卸尺寸较大、配合过盈量较大或无法用击卸、顶压等方法拆卸时,可以用温差法拆卸。

5）破坏法

若必须拆卸焊接、铆接等固定连接件,或轴与轴套互相咬死,或为保存主件而破坏副件时,可采用车、锯、錾、钻、割等方法进行破坏性拆卸。

5. 机械密封拆卸时注意事项

(1) 在拆卸机械密封时,严禁动用手锤和扁铲,以免损害密封元件。

(2) 如果在泵两端都有机械密封时,拆卸过程中必须小心谨慎,防止顾此失彼。

(3) 对工作过的机械密封,如果压盖松动、密封面发生移动,需要更换动静环零件,不应重新压盖后继续使用。

(4) 如密封元件被污垢或凝聚物黏结,应清除凝聚物后再进行机械密封的拆卸。

习题 7

7-1 钳工主要有哪些基本操作？随着现代制造技术的发展，为什么传统的钳工依然广泛存在？

7-2 钳工操作的主要工具和设备有哪些？

7-3 简述划线的分类及划线方法。

7-4 锯削操作主要有哪些要领？

7-5 锉削时需注意哪些事项？

7-6 简述标准麻花钻的主要结构及其功能。

7-7 按单件小批量、大批量两种生产方式，分别简述某零件上多个台阶孔的加工工艺。

7-8 钻小孔时，钻头容易折断的原因是什么？如何在结构、工艺、材料、加工手段等方面提高小孔的加工效率和加工质量？

7-9 简述刮削作业的主要用途。

7-10 研磨加工的主要特点有哪些？

7-11 简述攻、套螺纹的正确操作方法。

7-12 简述游标卡尺的主要组成及使用方法。

7-13 百分表与千分表的两种表的外形及结构有无区别？其分度值各为多少？

7-14 传统测量工具主要有哪些？

7-15 现代尺寸测量仪器主要有哪些特点？在何种情况下需要配备现代尺寸测量仪器？

7-16 机器装配一般应遵循哪些规范？

7-17 零部件装配时采用螺纹连接有哪些注意事项？

7-18 机械拆卸的基本原则有哪些？

7-19 列举几种常用的拆卸方法。

7-20 滚动轴承装配时，较小的过盈配合常用压入式装配，为了使轴承圈受力均匀，大多采用什么措施？

自测题

第8章 先进制造技术及应用

【本章导读】 制造业不断吸收信息技术和现代管理技术的成果,随着制造业与信息技术的深度融合,增材制造、智能制造、微纳制造等一批先进制造技术不断在各行各业得到越来越多的运用。本章主要讲解先进加工技术、物联网、智能制造、增材制造、微纳制造技术等方面的有关内容。实训环节中,通过现场讲解和示范操作,让学生感受到技术的进步,特别是制造技术进步及其对社会发展的影响,让学生自己动手采用增材制造方法制作实习工件,也可以制作自行设计的创意作品。

8.1 先进加工技术的现状和发展

8.1.1 精密与超精密加工

精密加工是指在一定的发展时期,加工精度与表面质量达到较高程度的加工工艺。超精密加工则是指在一定的发展时期,加工精度与表面质量达到最高程度的加工工艺。在不同的发展时期,精密加工与超精密加工有不同的标准。

精密加工:制造公差为 $0.3\sim3.0\ \mu m$、表面粗糙度 Ra 值为 $0.03\sim0.30\ \mu m$。

超精密加工:制造公差为 $0.03\sim0.30\ \mu m$、表面粗糙度 Ra 值为 $0.005\sim0.03\ \mu m$。

纳米加工:制造公差小于 $0.03\ \mu m$、表面粗糙度 Ra 值小于 $0.005\ \mu m$。

精密加工与超精密加工属于机械制造中的尖端技术,是发展其他高技术的基础和关键。例如,为了提高导弹的命中精度,陀螺仪球的圆度误差要求控制在 $0.1\ \mu m$ 之内,表面粗糙度要求 Ra 值小于 $0.01\ \mu m$;飞机发动机转子叶片的加工误差从 $60\ \mu m$ 降到 $12\mu m$,可使发动机的效率获得极大提高。磁盘记录密度也在很大程度上取决于磁盘基片加工的平面度水平。因而,精密加工与超精密加工技术是衡量一个国家制造业水平的重要标志。

几种有代表性的精密加工与超精密加工方法如下:

1) 金刚石超精密切削

金刚石超精密切削属微量切削,切削在晶粒内进行,要求切削力大于原子、分子间的结合力,剪应力高达 13000 MPa。金刚石超精密切削的切削速度很高,工件变形小,表层高温不会波及工件内层,因而可获得高的加工精度。

2) 超硬磨料砂轮精密与超精密磨削

采用金刚石或立方氮化硼(CBN)等超硬磨料作砂轮,可以磨削高硬度、高脆性金属及非金属材料(磨削铁金属必须采用CBN砂轮)。由于砂轮采用超硬磨粒,故砂轮耐磨性好,耐用度高,磨削能力强,磨削效率高,且磨削力较小,磨削温度低,从而可获得好的加工表面质量。

3) 游离磨料加工

游离磨料加工包括弹性发射加工、液体动力抛光、机械化学抛光等。

弹性发射加工靠抛光轮高速回转(并施加一定的工作压力),造成磨料的"弹性发射"从而进行加工,其工作原理如图 8-1 所示,图 8-2 所示为液体动力抛光工作原理图。

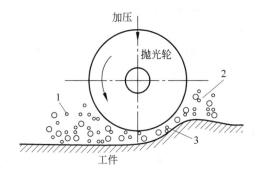

1—微粉(磨粒);2—悬浮液;3—小间隙。

图 8-1 "弹性发射"工作原理图

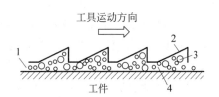

1—抛光液;2—抛光工具;3—磨粒;4—小间隙。

图 8-2 液体动力抛光

8.1.2 超高速切削加工

切削加工中,任何材料都有一个临界切削速度(见图 8-3 中的 v_c),当切削速度未达到临界切削速度之前,随着切削速度的提高,切削温度将持续增大,同时对刀具的磨损也将持续增大,这将对工件的表面加工质量和刀具的寿命产生不利的影响。但是随着切削速度的大幅增加,当切削速度超过临界速度之后,温度反而会下降,刀具的磨损、单位切削力也会下降,从而使工件的表面加工质量、刀具的寿命、生产效率等都能得到提高。如图 8-3 所示,图中 A 区是常规切削区域,v_i 是与刀具材料允许的最高温度(t_0)相对应的最高常规切削速度;图中 B 区是不宜采用的切削速度区域,v_c 是对应于温度变化转折点的临界切削速度;图中 C 区是超高速切削区域,v_h 是超高速切削对应的最低切削速度。超高速切削没有统一的定义,通常是用切削速度来进行界定,它比常规切削速度高 5~10 倍左右。但这也只是一个相对的概念,因为不同的材料具有不同的常规切削速度范围,因而其超高速切削范围也不尽相

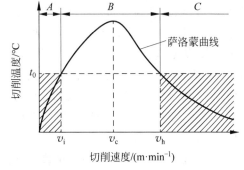

图 8-3 萨洛蒙曲线

同。例如，铝合金超高速切削速度为 2000～7500 m/min，钢超高速切削速度为 600～3000 m/min，超耐热镍基合金超高速切削速度为 80～500 m/min。超高速切削的关键技术包括：

(1) 超高速切削工具系统。超高速切削工具系统指的是刀具与机床主轴的连接系统，包括机床主轴、刀柄、刀具以及夹紧机构，其中最主要的部分是刀柄与刀具，例如可采用 HSK、NC5、KM 等刀具系统来改善 BT 刀具系统在超高速加工中出现的问题。超高速切削一般加工的是一些难加工的材料，所以除了对刀具的硬度、强度和耐磨性等基本性能要求较高外，还特别要求刀具材料具备高的耐热性、热冲击性、良好的高温力学性能以及很高的可靠性。目前，国内外常用的超高速切削刀具主要有聚晶立方氮化硼刀具(PCBN)、聚晶金刚石刀具(PCD)、涂层硬质合金刀具、陶瓷刀具等。如航空工业上常用到的钛合金，它高温强度高、热导率小、弹性模量低以及化学活性高，使得加工非常困难，这就需要用涂层硬质合金刀具进行加工。另外，在超高速切削不同材料的时候，刀具的几何参数也对工件的表面加工质量和刀具的寿命有很大的影响，应根据不同的加工材料选择不同的刀具几何参数。如超高速加工刀具前角一般比传统刀具小，常在 10°左右，后角 5°～8°，主、副切削刃连接处采用修圆刀尖或倒角刀尖等，以提高刀具的刚度。

(2) 机床支撑部件。超高速加工机床的支撑部件制造技术是指超高速加工机床的支承构件如床身、立柱、箱体、工作台、底座、托板、刀架等的制造技术。由于超高速加工机床同时需要高主轴转速、高进给速度、高加速度，又要求用于高精度的零部件加工，因而集"三高"(高速度、高精度、高刚度)于一身就成为超高速加工机床的最主要特征。更先进、更高速的直线电机取代滚珠丝杠传动，提供更高的进给速度和更好的加、减速特性。

(3) 主轴系统。主轴部件(电主轴)和以前用于内圆磨床的内装式电机主轴有很大的区别，其主要表现在：有很大的驱动功率和扭矩；有较宽的调速范围；有一系列监控主轴振动、轴承和电机温升等运行参数的传感器、测试控制和报警系统，以确保主轴超高速运转的可靠性与安全性。超高速主轴采用的轴承有滚动轴承、气浮轴承、液体静压轴承和磁浮轴承几种形式。

(4) 进给系统。超高速切削在提高主轴速度的同时必须提高进给速度，并且要求进给运动能在瞬时达到高速和瞬时准停等。超高速切削机床的进给系统不仅要能达到很高的进给速度，还要求进给系统具有大的加速度以及很高的定位精度。进给系统采用直线电机直接驱动，其优点是：①在高速运动中保持较高位移精度，因为控制特性好、增益大、滞动小；②高运动速度，因为是直接驱动，最大进给速度可高达 100～180 m/min；③高加速度，由于结构简单、质量轻，可实现的最大加速度高达 2～10g；④高定位精度和跟踪精度，以光栅尺为定位测量元件，采用闭环反馈控制系统，工作台的定位精度高达 0.01～0.1 μm，且运动平稳。

(5) 数控系统。超高速切削对数控系统的要求不断提高，最基本的要求是保证高精度、高速度。为了适应高速，要求单个程序段处理时间短；为了在高速下保证加工精度，要有前馈和大量的超前程序段处理功能；要求快速形成刀具路径，此路径应尽可能圆滑，走样条曲线而不是逐点跟踪，少转折点、无尖转点；程序算法应保证高精度；碰到干扰能迅速调整，保持合理的进给速度，避免刀具振动等。

8.2 物联网与智能制造

8.2.1 物联网的概念及其应用

1. 物联网概述

物联网是通过射频识别、红外感应器、全球定位系统、激光扫描器等信息传感设备,按约定的协议,把物品与网络连接起来进行信息交换和通信,以实现智能化识别、定位、跟踪、监控和管理的一种网络。简而言之,物联网就是"物物相连的互联网"。

物联网从架构角度依次向上可以分为感知层、网络层和应用层,如图8-4所示。各个层次所用的公共技术包括编码技术、标识技术、解析技术、安全技术和中间件技术。

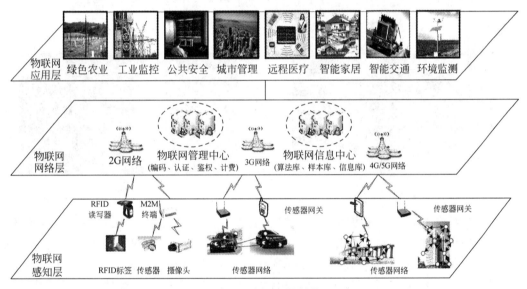

图8-4 物联网的结构

(1)感知层是由大量的具有感知、识别和通信能力的器件及感知网络组成,作为物联网的"皮肤与五官",负责对物理世界的感知识别、信息采集处理,并通过通信模块将物理实体与网络层和应用层连接起来。信息采集技术包括传感器、二维码、音视频多媒体等获取外界数据;信息传输技术包括RFID、ZigBee、蓝牙、红外、现场总线等短距离传输手段。感知层的发展方向是具备更敏感、更全面的感知能力,解决传感器设备低功耗、低成本、小型化的问题。

(2)网络层处于物联网结构中的第二层,获取由感知层通过网关转化而来的信息,进而为应用层服务,利用无线和有线网络对采集的数据进行编码、认证和传输,相当于人的神经中枢和大脑,负责传递和处理感知层获取的信息。广泛覆盖的移动通信网络是实现物联网的基础设施,是物联网三层中标准化程度最高、产业化能力最强、最成熟的部分。网络层的发展方向为多网络融合以及它与感知层和应用层更好的结合,将信息高可靠、高安全性地传输。

(3) 应用层位于物联网的最顶层,其功能是通过云计算平台进行信息处理,提供丰富的基于物联网的应用,是物联网和用户(包括人、组织和其他系统)的接口。它将物联网技术与各行业的应用相结合,实现无所不在的智能化应用。应用层的发展方向在于行业融合、信息资源的开发利用、低成本高质量的解决方案、信息安全的保障以及有效的商业模式的开发。

2. 物联网的应用

(1) 共享单车。它是物联网的典型应用,利用手机 APP 扫描二维码与安装在单车上带有 GPS 及 NB-IoT 模块的智能锁通信,通过移动网络,将共享单车的数据上传到云服务平台,通过数据处理实现远程解锁及计时计费等功能,如图 8-5 所示。

(2) 车联网。通俗而言,它是指车与一切互联,包括车与车互联、车与道路互联,以及车与人互联等,使汽车拥有更大范围的感知能力。先进的传感器及控制技术等共同实现自动驾驶和智能驾驶,实时监控车辆运行状态,降低交通事故发生率,如图 8-6 所示。

图 8-5 共享单车

图 8-6 车联网

(3) 智能快递柜。网络购物的发展促进了快递行业的进步,智能快递柜应运而生。智能快递柜以物联网技术为依托,实现对物体的识别、存储、监控和管理等。快递员将快递件送达到目的区域后,将其存入快递终端,智能系统就自动为用户发送一条短信,内容包括取件地址及验证码,用户随时可以去智能终端取件,简单完成快件的派送及取件业务,如图 8-7 所示。

图 8-7 智能快递柜

(4) 智慧农业。它是指利用物联网、大数据等现代信息技术与工业进行深度融合,实现农业生产全过程的信息感知、精准管理和智能控制的一种全新农业生产方式,可实现农业可视化诊断、远程控制以及灾难预警等功能,如图 8-8 所示。

(5) 智慧工厂。制造业市场体量巨大,是物联网的一个重要应用领域,主要体现在数字化以及智能化工厂改造上,包括工厂仓储物流优化、工厂机械设备监控和工厂的环境监控等。数字化工厂的核心特点是:产品智能化、生产自动化、信息流和物资流合一,如图 8-9 所示。

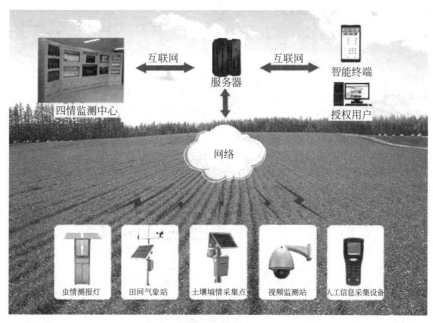

图 8-8 智慧农业

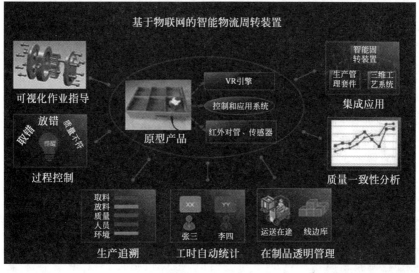

图 8-9 智慧工厂

8.2.2 智能制造的概念及应用

智能制造(intelligent manufacturing,IM)是指将物联网、大数据、云计算等新一代信息技术与先进制造技术深度融合,贯穿于设计、生产、管理、服务等制造活动的各个环节,具有信息深度自感知、智慧优化决策、精准控制自执行等功能的先进制造过程、系统与模式的总称。

在生产环节,智能制造系统得到具体应用。如图8-10所示为应用工业机器人、行走机器人、数控机床、AGV输送系统、数字化立体料仓、物联网、大数据技术的智能制造实训平台。

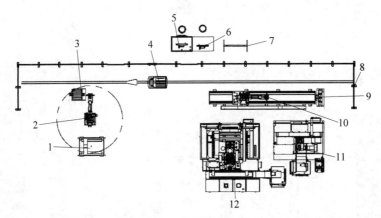

1—三坐标检测仪;2—工业机器人;3—转运单元;4—AGV输送系统;5—智能产线控制系统;6—PLC控制单元;7—展示中心;8—安全围栏;9—数字化立体料仓;10—行走机器人;11—加工中心;12—数控车床。

图 8-10 智能制造实训平台

工业物联网认知

8.2.3 工业物联网及应用实例

工业物联网本质是物联网赋能制造业,实现工厂仓储、调度、供应链、设备监控等方面的数字化和智能化以及工业大数据的应用。中国电子技术标准化研究院在《工业物联网白皮书(2017版)》中对工业物联网的定义为:工业物联网是支撑智能制造的一套使能技术体系,是通过工业资源的网络互连、数据互通和系统互操作,实现制造原料的灵活配置、制造过程的按需执行、制造工艺的合理优化和制造环境的快速适应,达到资源的高效利用,从而构建服务驱动型的新工业生态体系。

1. 工业物联网的关键技术

工业物联网的结构及关键技术包括感知控制技术、网络通信技术、信息处理技术和安全管理技术四个方面,如图8-11所示。

(1)感知控制技术同物联网的感知层相似,主要包括传感器、多媒体采集、RFID、工业控制系统等,是工业物联网部署实施的核心。传感器测量或感知特定物体的状态和变

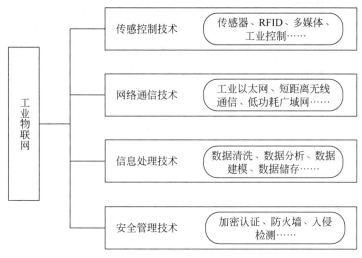

图 8-11 工业物联网的技术体系

化,并转化为可传输、可处理、可储存的电子信号,是实现工业物联网中工业过程自动监测和自动控制的首要环节。工业控制系统包括监控和数据采集系统,分布式控制系统等。

(2) 网络通信技术主要包括工业以太网、短距离无线通信技术、低功耗广域网等,是工业物联网互联互通的基础。工业以太网是指在工业环境的自动化控制及过程控制中应用以太网的相关组件及技术。工业无线网络则是一种新型的利用无线技术进行传感器组网以及数据传输技术,无线网络的应用可以使得工业传感器的布线成本大大降低、布线方式更加灵活。工业无线技术的核心技术包括时间同步,确定性调度,信道、路由和安全技术等。

(3) 信息处理技术主要包括数据清洗、数据分析、数据建模和数据储存等,为工业物联网的应用提供支撑。它主要是对采集到的数据进行数据解析、元数据提取、初步清洗等处理工作,再按照不同的数据类型和数据使用特点选择分布式文件系统、关系数据库、对象存储系统、时序数据库等不同的数据管理引擎实现数据的分区选择、落地储存、编目与索引等操作。

(4) 安全管理技术包括加密认证、防火墙、入侵检测等,是工业物联网稳定部署的前提和安全保障。不同的工业物联网系统会采取不同的安全防护措施,但都包括预防(防止非法入侵)、检测(若预防失败,则在系统内检测是否有非法入侵行为)、响应(如检查到入侵,应采取对应行动)、恢复(对受破坏的系统和数据进行恢复)等阶段。

2. 工业物联网应用实例

作为物联网最大的应用领域,工业物联网在生产资料管理以及产品质量提升与检测方面有着重大应用价值,应用是工业物联网发展的强大动力。

1) 数字化生产管理的智能物流系统

数字化生产管理的智能物流系统由两个部分组成,分别是智能立体仓库系统和多自动导引运输车(automated guided vehicle,AGV)仓储物流系统,前者负责仓库物料管理,后者负责物料的调度和运输,两个系统相互协作实现智能化仓储与物流管理。

智能立体仓库系统能识别多种类货物,并能自动出入库,具有人机交互功能,既能满足工作人员操作控制智能立体仓库的出入库运行,还能监控该仓库的仓储情况。它主要由货物分类检测系统、机械手搬运单元、堆垛机及多层多列的货架组成。智能立体仓库系统主要由货品检测与分类、堆垛机及货品搬运三个模块构成,能够实现对多类货品进行分类入库、自动存放货品和提取货品,具有显示库存量信息,当货品不足时提醒及时补货等功能,系统的整体布局如图 8-12 所示。货物分类检测系统、货物搬运系统及仓储系统既能实现单独控制运行,也能实现联机运行。

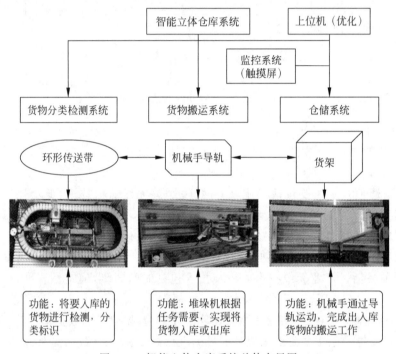

图 8-12 智能立体仓库系统总体布局图

货物分类检测系统将要入库的料箱推出环形传输带,根据货物的多与少来调节传输带的运转速度;通过光纤传感器、金属传感器和光电传感器来判别货物,并进行标识;将信息存入对应的存储器,并将其入库的仓位信号传送给 PLC,随后将货物送到出料台,等待搬运系统将其搬入仓库。

货物搬运系统主要完成货物从分类检测系统出料台与仓储系统料台的来回搬运。

仓储系统根据上位机输入的任务命令,将料台上的货物放入对应的仓位,或者将仓位上的货物搬运到料台上。

利用监控系统,通过上位机可自动或手动控制货物分类检测系统、搬运系统及仓储系统,各系统根据其命令进行入库、出库操作,查看货物存量和货位情况。

上位机接收到 PLC 传送过来的取货单号,基于算法进行优化运算,求出最优拣货路径,并将运算结果输出给 PLC,由 PLC 控制完成拣货任务。

多 AGV 的智能仓储物流系统以自动导航车为载体,与外部自动化设备接口,如仓库管理系统(warehouse management system,WMS)/企业资源计划(enterprise resource planning, ERP)通信对接获取订单，通过智能仓库建模优化策略和控制决策算法，对多 AGV 进行任务分配、路径规划和动态协同调度，使得多个 AGV 能够并行协作地进行自主导航定位和自动取货等操作，实现入库、出库和搬运、装卸的高度自动化，从而实现订单输入后即完成全自动发货，提高物流系统运转的效率和准确度，降低运营成本，规避失误率。

2）设备智能化与工业大数据分析优化

某汽车工厂冲压车间共有三条冲压生产线，主要负责侧围、翼子板、车门、引擎盖等轮廓尺寸较大且具有空间曲面形状的乘用车车身覆盖件的生产。但是在冲压过程中，一方面由于冲压设备性能、板材材料性能以及加工过程中参数的波动的影响，部分侧围在拉伸工序中易产生局部开裂现象，需要进行反复的试制并调整参数；另一方面，在冲压生产线线尾，需要对冲压件外观质量进行统一检测，即在满足生产节拍的时间要求下，快速分拣出带有开裂、刮伤、滑移线、凹凸包等存在表面缺陷的工件。传统人工检测方式检测标准不统一、稳定性不高、质检数据难以有效量化和存储，不利于企业数据资源收集、质量问题分析与追溯。

针对第一个问题，依据冲压设备加工参数、板材参数、模具性能参数及维修记录等，通过数据挖掘机器学习算法，建立冲压工艺侧围开裂智能预测模型。通过样本积累与模型训练调优，实现了准确预测冲压侧围件的开裂风险。最后，确定了冲压制造过程影响因素间的相关性，制定了生产过程参数组合控制策略，为冲压制造过程工艺优化和质量把控提供支持。

针对第二个问题，基于机器视觉的冲压件缺陷智能识别检测，设计图像采集系统，通过图像实时采集与智能分析，快速识别冲压件是否存在表面缺陷，并自动将所有检测图像及过程处理数据存储至大数据平台。通过质检数据、生产过程工艺参数、产品设计参数间的关联，借助大数据分析技术，形成冲压产品质量问题分析管理的闭环连接，实现冲压产品质量的精确控制和优化提升，如图 8-13、图 8-14 所示。

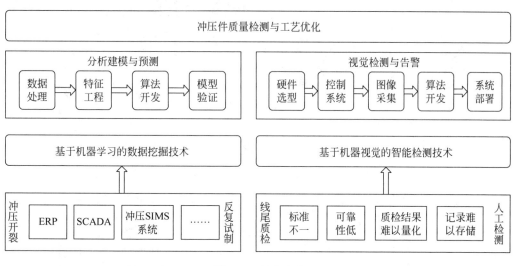

图 8-13　解决方案

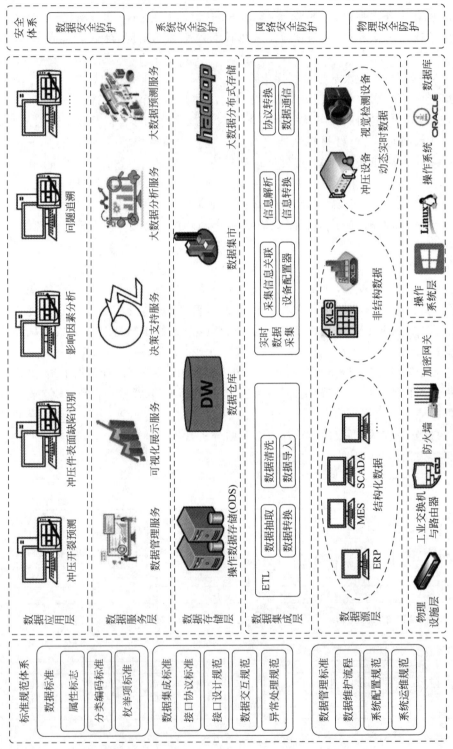

图 8-14 项目实施总体框架图

8.3 增材制造技术

3D打印概念

8.3.1 增材制造技术分类及工作原理、应用特点

制造技术从材料加工的角度可分为三种方式。一是材料去除方式,也称为"减材制造",一般是指利用切削加工或特种加工方法,去除毛坯中不需要的部分,剩下的部分便是所需加工的零件或产品。二是材料成形方式,也称为"等材制造",常见的包括铸造、锻压、冲压等均属于此种方法,主要是利用模具控形,将材料变为所需结构的零件或产品。这两种方法属于传统的制造方法。三是近30年发展起来的增材制造技术,它是用材料逐层累积制造物体的方法。

2017年12月,中国机械工业联合会发布的国家标准GB/T 35351—2017《增材制造术语》中对增材制造的定义为:"以三维模型数据为基础,通过材料堆积的方式制造零件或实体的工艺"。该标准认为,3D打印与增材制造互为同义词,它不需要传统刀具、夹具以及多道加工工序,便可以快速而精确地制造出复杂形状的零件;而且对于结构越复杂的产品,其优势越显著。

根据3D打印的成形工艺分类,比较成熟的主流技术有立体光固化成形、熔融沉积制造、选择性激光烧结、叠层实体制造、三维印刷成形、生物3D打印等。

1. 立体光固化成形

立体光固化(stereo lithography apparatus,SLA)是最早实用化的快速成形技术,由Charles Hull提出并在1983年制造出世界上第一台3D打印机SLA-1,如图8-15所示。此外,Hull在发明SLA技术的同时还创建了STL文件格式,如今STL文件已经成为最常见的3D打印文件格式。

图 8-15 Charles Hull的蜡像与SLA-1打印机

SLA加工过程是首先在液槽中盛满液态光敏树脂,一定波长和强度的激光束按计算机的控制指令在液面上扫描,使光敏树脂发生固化形成一个二维图形薄层。一层扫描结束后,工作台下降一个层高,进行下一层扫描固化,同时新固化的一层牢固地黏在前一层上,如此重复直至整个成形过程结束,如图8-16所示。

SLA技术主要用于制造多种模具、模型等。该技术的特点是成形速度快,零件精度和表面粗糙度好,但是由于树脂固化过程中产生收缩,不可避免地会产生应力或形变,后处理

比较复杂，对操作人员的要求高，更适合用于验证装配设计。

2. 熔融沉积制造

熔融沉积制造（fused deposition modeling，FDM）是一种挤出成形方式。其原理是使用电加热的方式将丝状材料，如石蜡、塑料、金属和低熔点合金丝等加热至略高于熔点的温度（通常控制在比熔点高1℃左右），喷头在计算机控制下，根据截面轮廓信息将材料选择性地涂敷在工作台上，迅速凝固成轮廓形状的薄层，一层成形完成后，工作台下降一个层高，进行下一层涂敷，如此反复直至形成整个实体原型，如图8-17所示。

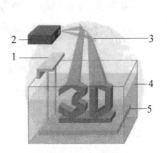

1—升降台；2—投影仪；
3—反射镜；4—光敏材料；
5—工作平台。

图8-16 SLA技术原理图

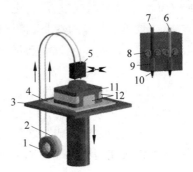

1—成形丝卷；2—支撑丝卷；3—成形平台；4—基座；
5—挤出喷头；6—成形丝材；7—支撑丝材；8—供丝齿轮；
9—加热件；10—挤丝喷嘴；11—成形件；12—支撑结构。

图8-17 FDM技术原理图

FDM是现在使用最为广泛的3D打印方式，该方式中每一叠加层的厚度高于其他成形方式，所以多数情况下分层清晰可见，处理也相对简单。此外所用材料颜色多样，可以直接做出带颜色效果的成品。FDM可采用不同标准的热塑性材料，它是唯一使用生产级别热塑性塑料的专业3D打印技术，所以生产的零件具有很好的机械、热和化学强度。该技术通常应用于塑形、装配、功能性测试以及概念设计。它的缺点是表面粗糙度较差，不适合用来制作精细造型和有光泽效果要求的零件。

3. 选择性激光烧结

选择性激光烧结（selective laser sintering，SLS）工作过程是预先在工作台上铺一层粉末材料，然后计算机控制激光按照截面轮廓信息对实心部分粉末进行烧结，此时低熔点粉材熔化，但高熔点粉末不熔化，利用被熔化的材料实现黏结成形形成完整的片层，该层便成为原型制件的一部分。一层完成后再进行下一层的铺粉与烧结，层与层之间牢牢地烧结在一起。加工完成后，去除多余的粉末，便得到烧结成形的零件，如图8-18所示。

SLS可使用的成形材料十分广泛且材料利用率高。理论上讲，任何加热后能够形成原子间黏结的粉末材料都可以作为其成形材料。目前，可进行SLS成形加工的材料有石蜡、高分子材料、金属、陶瓷粉末以及它们的复合粉末材料。

此外，还有在SLS技术的基础上进一步开发而来的激光选区熔化（selective laser melting，SLM）技术和激光近净成形（laser engineered net shaping，LENS）技术。SLM相较SLS的特点是激光使粉体完全熔化，不需要黏结剂；LENS的不同点在于粉末通过喷嘴聚集到工作台面,与激光汇于一点,粉末熔化冷却后获得堆积的熔覆实体。

4. 叠层实体制造

叠层实体制造(laminated object manufacturing,LOM)的成形过程是激光切割系统按照分层模型所获得的物体截面轮廓线数据,用激光束将单面涂有热熔胶的片材切割成所制零件的内外轮廓,切割完一层后,送料机构将新的一层片材叠加上去,通过热压让新一层材料和已切割的材料黏合在一起,然后再进行切割,这样反复逐层切割黏合,直至整个零件模型制作完毕,之后去除多余的部分,即可得到制件,如图 8-19 所示。

LOM 常用的材料是片材形式的纸、金属箔、塑料薄膜、陶瓷片材或其他适宜材料等,这种方法除了可以制造模具、模型外,还可以直接制造结构件或功能件。叠层制造技术工作可靠、模型支撑性好、成本低、效率高,但是前后处理都比较费时费力,也不能制造中空的结构件,主要用于快速制造新产品样件、模型或铸造用的木模。

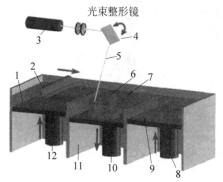

1,9—供粉;2—刮平辊;3—激光器;4—X-Y 扫描振镜;
5—激光束;6—已烧结工件;7—粉末床;8,12—供粉柱塞;
10—构建柱塞;11—构建仓。

图 8-18 SLS 技术原理图

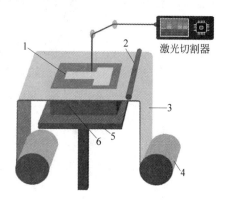

1—切割轮廓线;2—压辊;
3—薄膜材料;4—材料滚筒;
5—升降台;6—成形工件。

图 8-19 LOM 技术原理图

5. 三维印刷成形

三维印刷成形(three dimensional printing,3DP)使用的是标准喷墨打印技术,打印时,先铺一层粉末,如陶瓷粉末、金属粉末等,接着喷嘴根据数据模型切片获得的二维片层信息,将彩色黏合剂喷在需要成形的区域,让材料粉末黏结形成零件截面,然后不断重复铺粉、喷涂、黏结的过程,层层叠加,最后除去无用的部分获得打印出来的零件,如图 8-20 所示。采用这种技术打印成形的产品与模型具有几乎同样的色彩,还可以实现渐变色的全彩色 3D 打印,打印过程无需支撑材料,可实现大型件的打印,但是产品力学性能差,强度、韧性相对较低,通常只能做样品展示,无法适用于功能性试验。

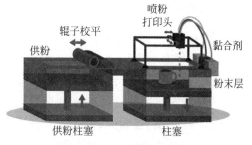

图 8-20 3DP 技术原理图

6. 生物 3D 打印

目前生物 3D 打印（3D bioprinting）可分为广义 3D 打印和狭义 3D 打印两个概念。广义上来说，直接为生物医疗领域服务的 3D 打印都可以视为生物 3D 打印的范畴，而狭义上来定义则是将操纵含有细胞的生物墨水（载细胞的水凝胶材料）构造三维活性结构的过程称为生物 3D 打印。狭义生物 3D 打印也称为"器官打印"，是将生物材料（生物墨水）和生物单元（细胞、DNA、蛋白质等）按仿生形态学、生物体功能、细胞生长微环境等要求用 3D 打印的手段制造出具有个性化的生物功能体结构的制造方法，如图 8-21 所示。

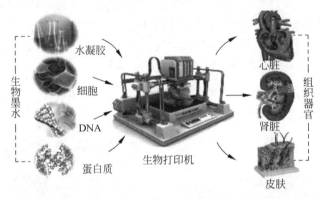

图 8-21 生物 3D 打印技术

生物 3D 打印技术又可细分为喷墨式、激光直写式、挤出式、光固化式等方式。

8.3.2 3D 打印材料

材料是 3D 打印技术发展的重要物质基础，材料的丰富和发展程度决定着 3D 打印技术能否普及使用或者更好地发展。大多数情况下，3D 打印所使用的原材料都是为 3D 打印设备和工艺专门研发的，这些材料与普通材料略有区别，其形态有粉末状、丝状、片层状和液体状等。

目前，3D 打印材料主要包括光敏树脂、高分子材料、金属材料、陶瓷材料和细胞生物原料等。

1. 光敏树脂

光敏树脂是 SLA 工艺最常用的材料。光固化的物质基础是以预聚物为主要组成物，辅以活性稀释剂、光引发剂和添加剂等。在一定波长的紫外光（250～450 nm）照射下，光敏树脂能立刻引起聚合反应完成固化。由于 SLA 所用的光源是单色光，不同于普通的紫外光，同时对固化速率又有更高的要求，因此理想的 SLA 成形材料应具备以下性能：高固化速度、低收缩、低翘曲，以确保零件成形精度；具有更好力学性能，尤其是冲击性和柔韧性，以便直接使用和功能测试用；低黏度、无毒害、无环境污染；具有导电性、耐高温、阻燃性、耐溶性、透光性高，能直接投入应用；具有生物相融性，可用于制作生物活性材料。

3D打印常见的光敏树脂有丙烯酸酯、乙烯基醚、环氧树脂等,图8-22是环氧树脂打印的小狮子。

2. 高分子材料

高分子材料是指以高分子化合物为基础的材料,因其具有轻质高强、熔融温度低、良好的触变性、合适的硬化速度、较小的热变形性和热收缩率等特点,在3D打印领域具有很大优势。高分子材料可以做成丝状、粉末甚至是液态,在不同3D打印工艺下使用。常见的有ABS、PC(聚碳酸酯)、PLA(聚乳酸纤维)、亚克力(聚甲基丙烯酸甲酯)、尼龙(聚酰胺)和有机硅橡胶等,其特点和适用范围如表8-1所示。

表 8-1 常见的3D打印高分子材料

材料种类	特 点	适 用 范 围
ABS	同时具备丙烯腈(A)、丁二烯(B)、苯乙烯(S)的良好性能。化学稳定性及耐油性较好,有一定的刚度和硬度;较好的韧性、冲击性和耐寒性;良好的介电性能和加工性。但其热变形温度较低、可燃、耐热性较差	具备良好的染色性,目前有多种颜色可以选择,可以直接打印出带有颜色的实物
PC	具备高强度、耐高温、抗冲击、抗弯曲等工程塑料的所有特性,耐磨性较差	用PC材料制作的样件,可以直接装配使用。PC材料的颜色较为单一,只有白色
PLA	是一种可生物降解的材料,它的机械性能及物理性能良好,较好的相容性,良好的光泽性、透明度、抗拉强度及延展度等,但其耐热性较差、不耐UV光	适用于吹塑、热塑等各种加工方法,加工方便。有多种颜色可供选择,而且还有半透明的红、蓝、绿以及全透明的材料
亚克力	具有水晶般的透明度,表面光洁度好,具有良好的加工性能。但其机械性能比较差,比较容易产生裂纹,需要后处理	可以打印出透明和半透明的产品,用染料着色后又有很好的展色效果。也可以打印出牙齿模型用于牙齿矫正的治疗
尼龙	耐冲击性大、耐磨性好、耐热性佳、高温使用下不易热劣化。加热后,对温度的要求高,黏度下降比较快,极易发生翘边	尼龙铝粉就是在尼龙粉末中掺杂一部分铝粉,使打印出的成品富有金属的光泽,是SLS成形技术的常用材料
有机硅橡胶	可耐高温也耐低温,耐辐照和耐候能力好,与人体接触舒适,具有良好的透气性且生物相容性好	可作为优良的伤口护理材料、医疗器械用材

图8-23(a)所示是用ABS打印出的硬盘卡具,图8-23(b)是由聚氨酯打印出的假肢,图8-23(c)是利用有机硅打印出的器官。

3. 金属材料

金属材料主要以粉末形式参与3D打印,目前不锈钢、钛合金、铝合金、钴铬合金等都可以在3D打印中使用,见表8-2。

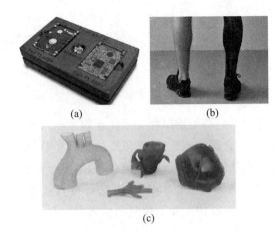

图 8-22 环氧树脂打印的小狮子　　图 8-23 高分子材料在 3D 打印中的应用

表 8-2 常见的 3D 打印用金属材料

材料种类	特　点	适用范围
不锈钢	具有极好的硬度和抗拉强度；高强度和耐腐蚀性；延展性好，成形件可切削、放电加工、焊接、抛光和镀膜	有耐腐蚀要求、需要进行后期加工的零部件
钛合金	强度高、耐腐蚀性好、耐热性高；优异的力学性能、低密度良好的生物相容性	航空航天领域，飞机钛合金结构件；医学领域，成为人工关节、骨创伤、手术器械等医用产品的首选材料
铝合金	$AlSi_{12}$ 是具有良好热性能的轻质增材制造金属粉末，$AlSi_{10}Mg$ 具有更好的强度和硬度，具有良好的热性能和低重量。因为铝材熔点低，故不需要很高温度的激光束	$AlSi_{12}$ 金属粉末可应用于薄壁零件和航空工业级零件制造。$AlSi_{10}Mg$ 具有更好的强度和硬度，更适合复杂的几何形状零件，尤其是在要求有良好的热性能和低重量场合
钴铬合金	抗腐蚀性能和机械性能都非常优异；杰出的生物相容性	最早用于制作人体关节，现在已广泛应用到口腔领域；也在航空航天领域制作复杂功能部件

图 8-24(a)是用不锈钢粉末打印出的自行车架，图 8-24(b)是由钛合金粉末打印的航天零件，图 8-24(c)是用铝合金粉末打印的吉他。图 8-24(d)是用钴铬合金粉末打印的航空发动机叶轮。

4．陶瓷材料

与金属基合成材料相比，陶瓷材料有更高的硬度和更高的工作温度，因此需要黏结剂参与才能实现打印成形，3D 打印陶瓷材料一般有三种制备方法：①将陶瓷粉与黏结剂直接混合；②将黏结剂作为覆膜覆在陶瓷颗粒表面；③将陶瓷粉末进行表面改性后再与黏结剂混合。常用的陶瓷粉末有 Al_2O_3、SiC、ZrO_3 等，黏结剂一般可以分为有机黏结剂、无机黏结剂和金属黏结剂三种。

图 8-25 是利用陶瓷材料打印的制品。

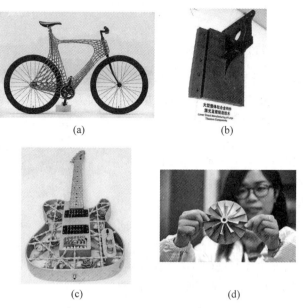

图 8-24 金属材料在 3D 打印中的应用

5. 生物材料

生物 3D 打印的主要材料为生物墨水,即根据打印的器官添加不同生物细胞的水凝胶材料。生物墨水首先要有非常好的生物活性,类似于体内的细胞外基质环境,便于打印后的细胞进一步发育,并建立细胞彼此间的通信;其次,三维打印要求墨水在打印时必须具有很好的流动性;最后,要求打印后能很快固化以便于固定成形。如图 8-26 是采用软骨细胞和导电聚合物制成的生物墨水打印成的人造耳朵,具有部分听力功能。

图 8-25 陶瓷 3D 打印制件

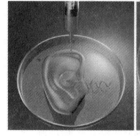

图 8-26 生物墨水打印成的耳朵结构

目前的生物墨水主要有离子交联型、温敏型、光敏型及剪切变稀型四大类。

8.3.3 3D 打印成形实例

本实例以一个盘类零件滚轮为例,来介绍 3D 打印的一般过程。首先采用数字建模方法进行三维实体建模,成形技术采用熔融沉积制造(FDM),使用的打印材料为聚乳酸纤维(PLA)。其过程主要包括三维激光扫描、草图绘制、三维建模、切片处理、打印等。具体的

操作步骤如下:

1. 导入文件并建立基准

在 UG 软件中选择打开通过三维激光扫描系统获取的格式为"*.igs"的文件,然后单击拉伸命令,在拉伸命令框中单击绘制截面,并选择底面为基准面,进行草图绘制。

2. 绘制草图

单击圆命令,绘制出模型上的所有圆,接着使用快速尺寸命令调整圆的直径为整数;单击"插入"→"曲线"→"艺术样条",绘制好一个曲线图形后采用镜像操作得出一个对称的曲线图形;然后使用圆形阵列命令画出其他 3 个相同的曲面图形;最后单击完成草图,填入拉伸长度完成模型的建模,如图 8-27 所示。多余的线条需要删除,否则拉伸出来的模型会出现残缺。绘制完成后单击完成草图,选择拉伸长度即可,如图 8-28 所示。

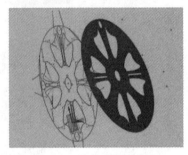

图 8-27 滚轮草图绘制图

3. 保存文件

删除.igs 文件里的模型,并将文件另存为.stl 文件格式,如图 8-29 所示。

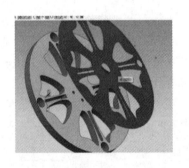

图 8-28 滚轮拉伸后的模型

图 8-29 滚轮模型

4. 3D 打印处理软件参数设置

1) 双击打开 3D 打印处理软件 Cura

单击图 8-30 中左上角的 Load 按钮,导入第 3 步保存的.stl 格式文件,或者直接拖动文件进入软件。

2) 设置打印参数

在基本选项栏里,设置打印参数如图 8-31 所示。其他选项采用默认参数。

在质量中:层高为 0.15 mm,壁厚为 1 mm,勾选"开启回退"复选框;在填充中:底层/顶层厚度为 0.8 mm,填充密度为 10% 即可(受力较大的结构件可改为 100%);在速度/温度中:打印速度为 50 mm/s,喷头温度为 210℃(喷头温度是根据打印材料决定的,PLA 材料的打印温度范围是 210~230℃,TPU 材料的打印温度范围是 180~230℃,ABS 材料的打

图 8-30　导入文件

印温度范围是 230～240℃),热床温度为 60℃(防止物体翘边)。在支撑中：对于支撑类型选项,如果打印的物体有中空的部位,需要在支撑类型选择局部支撑或全部支撑；对于平台附着类型选项,如果打印的物体底面与热床底板接触面积比较小,需要选择底层边线或底层网格。实例中的模型不需要添加支撑和附着类型。在打印材料中：直径为 1.75 mm,挤出量为 100%。另外喷嘴孔径为 0.4 mm。

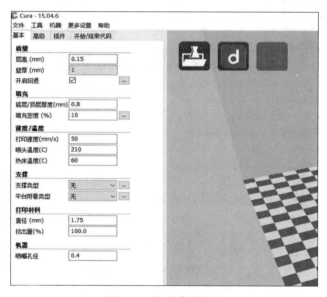

图 8-31　打印参数设置

3）打印物体位置设置

按住鼠标左键可以移动物体,按住鼠标右键可以全景观察物体,滚动滚轮可以缩放视野。单击一下物体左下角会出现三个图标,分别是旋转实体、缩放实体和镜像实体。

4）保存文件

设置完成后单击如图 8-32 所示的图标[d],软件进行切片处理,同时软件会自动运算打印路径和时间；再单击保存图标,注意保存的文件名需是英文或数字。保存后的文件格式后缀是.gcode,然后将文件复制到专用内存卡中。

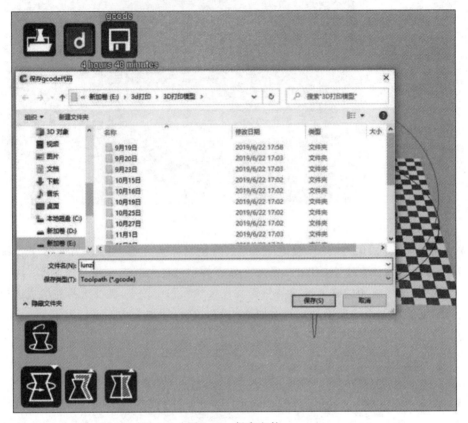

图 8-32　保存文件

5．3D 打印机设备操作

(1) 打开 3D 打印机电源。

(2) 插入专用内存卡,接触面朝上。打印机操作面板只有一个控制按钮,按下去是确定,旋转是选择。打开电源后显示面板内容如图 8-33 所示。

图 8-33　显示面板内容

(3) 按下控制按钮,会显示选择信息,这时候旋转控制按钮选择 Control(控制),按下确定,如图 8-34 所示。

(4) 在新的界面选择 Temperature(温度),如图 8-35(a)所示,然后选择 Nozzle(喷嘴)

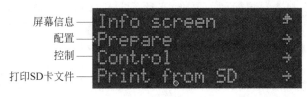

图 8-34 显示屏内容

温度调为 210℃,Bed(热床)调为 60℃,如图 8-35(b)所示。

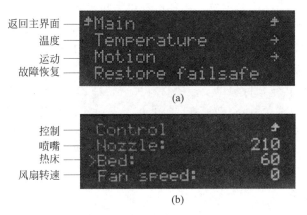

图 8-35 3D 打印温度设置

(5) 所有操作只要回到第一行(见图 8-35(a)中的"Main")按下确定就可以返回。返回到显示主页面后,按下控制按钮,选择"Print from SD",选择自己需要打印的文件,如图 8-36 所示,按下确定即可,主界面会显示"Heating...",喷嘴和热床温度会上升,加热结束后,3D 打印机开始打印。打印完成后用小铲子将滚轮取下来,如图 8-37 所示。

图 8-36 打印文件的导入

图 8-37 打印的滚轮

8.4 微纳制造

微纳制造
基本概念

8.4.1 微纳制造基本概念

微纳制造是指尺度为微米和纳米量级的零件,以及由这些零件构成的部件或系统的设计、加工、组装、集成与应用的制造工艺。传统"宏"机械制造技术已不能满足这些"微"机械和"微"系统的高精度制造和装配加工要求,必须研究和应用微纳制造技术与方法。微纳制造技术是微传感器、微执行器、微结构和微纳系统制造的基本手段和重要基础。

微纳制造包括微制造和纳制造两个方面。

1. 微制造

有两种不同的微制造工艺方式,一种是基于半导体制造工艺的光刻技术、LIGA 技术、键合技术、封装技术等。这些工艺技术方法较为成熟,但普遍存在加工材料单一、加工设备昂贵等问题,且只能加工结构简单的二维或准三维微机械零件,无法进行复杂的三维微机械零件的加工。另一种是机械微加工,是指采用机械加工、特种加工及其他成形技术等传统加工技术形成的微加工技术,可进行三维复杂曲面零件的加工,加工材料不受限制,包括微磨削、微车削、微铣削、微钻削、微冲压、微成形等。

采用金属、聚合物、复合材料以及陶瓷材料进行快速、直接和大批量制造的微小化功能产品,其尺度从介观($1 \sim 10$ mm)到微观($1 \sim 1000$ μm),具有大纵横或复杂表面,在航空、汽车、生物、光学、军事和微电子封装等工业领域的应用得到了快速发展。目前,微挤压、微铸造的成形精度达到 5 μm,机械微加工精度达到了 1 μm。

2. 纳制造

纳制造是指具有特定功能的纳米尺度的结构、器件和系统的制造技术,包括纳米压印技术、纳米刻划技术、原子操纵技术等。

纳米制造所涉及的是尺寸在 $0.1 \sim 100$ nm 范围内结构的制备和表征。在这个领域的研究举世瞩目。无论是从基础研究观念出发,还是从应用的角度来看,纳米结构都是令人极其感兴趣的。目前,超精密加工的加工精度极限是纳米级,现在已经发展到亚纳米级、原子级。最高精度的超精密机床切削工件的表面粗糙度 Ra 值可达到 1 nm。

8.4.2 机械微制造

近十年来,机械产品不断趋于小型化、紧凑化和集成化。微小产品应用范围越来越广泛。例如,手机、掌上电脑等电子产品;微型分布式发电机、涡轮机、燃料电池以及换热器;医学筛查和诊断芯片的微元件、药物控制释放和细胞治疗的装置、生物化学传感器以及移植皮片固定支架等;微型飞行器和微型机器人;微型传感器和执行器等,这些微小产品中的零件一般在介观到微观尺度。目前,微小系统和零件主要通过基于微机电系统 MEMS 技术采用硅基材料加工,并且相关技术也得到了广泛研究。主要制造方法有分层制造,如刻蚀、照相平版以及电化学沉积,这些技术很大程度上依赖于微电子制造技术和工艺。但是 MEMS 技术同时具有一些局限性和缺点:材料仅限于硅与溅射刻蚀金属薄膜的组合;只能实现二维或二点五维的加工,而无法制造真实三维结构特征的微小零件。另外,上述 MEMS 方法准备时间较长,并且成本高,从经济角度看不适用于小批量生产。简言之,基于 MEMS 的方法存在材料选择、零件维度和尺寸等方面的局限性,难以应用于复杂微小零件的批量制造。鉴于此,作为传统车削、铣削和钻削等缩小形式的机械微加工迅速获得了工业应用的强劲势头,其主要原因是机械微加工能够利用广泛的工程材料实现三维的功能零件高精度制造。

机械微制造包括机械微加工、机械微成形以及微尺度粉末注射成形等,其中微加工包括微车削、微铣削、微钻削、微镗削以及微磨削等微尺度的机械加工。目前,采用机械微加工方法,能够利用低能耗微小机床制造出尺寸在几十微米到几毫米,具有紧公差的复杂微小零件。与其他加工方法相比,灵活性是机械微加工的主要优势。由于不受几何形状的限制,采用该方法可以实现许多复杂特征的加工,如三维空腔、任意曲线以及高长径比的长轴和微通道。虽然深度 X 射线光刻法利用同步辐射光束(LIGA 加工)和聚焦离子束,能够加工出高精度三维亚纳米形貌,但是这些加工方法需要非常昂贵的特殊设备,成本远高于机械微加工。另外,与基于 MEMS 的加工方法相比,机械微加工具有设备构建成本低、材料去除率高的优点,因此,特别适用于小批量甚至定制产品的加工。与此同时,机械微加工不受工件材料种类的限制,不像基于光刻的加工方法那样仅适于一些硅基材料的加工。

尽管有许多优势,但从宏观尺度缩小来实现机械微加工并非看起来那么容易。很多在宏观加工过程中可以忽略的因素在微小尺度下却显得非常重要,例如,材料的组织结构、加工时的微小振动以及加工过程中的热膨胀等。因此,机械微加工的应用仍具有一定的局限性,许多技术障碍需要克服,还需要深入研究微加工过程中的各种物理现象。

8.4.3 机械微加工案例

微小零件在航空、汽车、生物、光学、军事以及微电子包装和工业中具有广泛的应用,能实现宏观机械无法完成的微小尺寸下的功能。例如,采用 45 钢或 6061、7075 铝合金制造专门用于微机械产品的精确定位与装配的微型销针;采用高导电率的铜合金,加工出用于电火花微型孔槽加工的微电极;采用 7075 铝合金,加工出微尺寸的仿生功能表面,实现加工表面的仿生疏水功能;采用 7075 航空铝合金或高强 Cu-Zn 合金制作用于微机械领域的微齿轮;可制造微型血管支架、生物微通道血液分流器、微型血管电机驱动器以及微型疾病探测仪器;采用质量轻、强度高的 7075 航空铝合金制作用于微机械飞行器和微型动力引擎零部件的微叶轮等,如在航空领域,可制造与实际蜻蜓尺寸一致的仿生微机械蜻蜓(见图 8-38),用于敌方情报信息收集与分析。

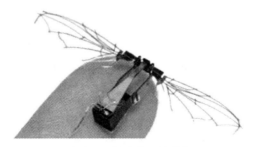

图 8-38 仿生微机械蜻蜓

1. 双刀微车削

1) 微车削对刀监控

在加工前需要先进行双刀的对刀,利用对刀监测软件进行对刀位置判断,对刀的原则是以刀尖位置与工件的中心对齐。对软件中对刀功能进行扩展,可对零件端面尺寸进行测量,如图8-39中方框区域中 $\phi 0.62$ mm。

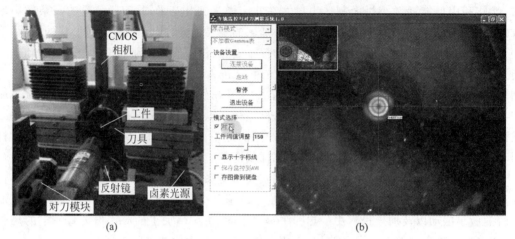

图 8-39 双刀微型纵切车削单元对刀
(a) 双刀微型纵切车削机床组成;(b) 对刀系统1.0

通过对微车削单元上水平和垂直方向布置的两个相机,观察两刀具是否处于跟工件轴线方向垂直的同一平面内,即两个刀具与工件端面的距离是否一致。如果其距离不一致,随着工件沿轴线方向的进给,两个刀具会出现一前一后的现象,那么靠前的刀具总是先切削到工件,而靠后的刀具总是切削不到工件,这就会失去双刀切削的作用。如果出现只有一个刀具上有切屑时,说明没有出现切屑的刀具需要沿工件轴线往工件方向调节。具体调节过程是:通过与微细加工轴垂直的相机,观察并检测双刀刀尖与工件端面的距离。如果两个刀具与工件端面的距离不一致,就在垂直相机观察条件下,手动调节其距离并保持一致。

2) 微车削参数过程控制原则

切削参数要通过进给速度、主轴转速、背吃刀量等进行控制。适当的进给速度对切削效率很重要,在一定程度上提高进给速度可以节省加工时间,提高工件表面质量;主轴转速过高或过低都不利于切削,所以主轴转速要选择在机床合适的切削能力范围之内,使切削过程平稳地进行;背吃刀量的选择对于微细轴的切削更为重要,当微细轴切削的直径小于 0.5 mm 以后,并不是越小的背吃刀量就能得到越细的细长轴。因为轴尺寸较细的时候,同等切削厚度,过小的背吃刀量需要多次切削,细长轴会在更长时间范围内承受扭矩,更容易造成其折断。在微细轴类零件尺寸较小时,最后一刀可以适当提高背吃刀量。

在微细轴切削到 0.5 mm 以后,对零件尺寸的监测变得尤为重要。使用对刀监控软件提取工件尺寸,确定刀具进给和工件尺寸的减少量,指导下一步的切削,能够有针对性地改进和完善工件的切削工艺。

3) 微车削参数选择

微型销针加工选用无氧铜棒料作为工件毛坯,棒料初始直径 6 mm。设定加工工艺路径为:车端面→车削外圆→切断,加工尺寸直径可达 0.12 mm,长度为 0.95 mm,如图8-40所示。加工参数选择为电主轴转速 50000 r/min,进给速度 0.8 mm/min,切削深度 15 μm。

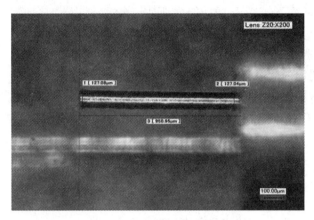

图 8-40　双刀微型纵切车削单元加工后的微型销针

4）微车削后检测方法

微车削后的工件在显微镜下以微型销针无翘曲为原则进行判断,并分别测量电极的长度和直径,验证是否加工合格。

2. 微铣削沟槽

1）平面微铣削

在加工微沟槽之前,首先需对工件毛坯表面进行平面铣削加工。采用的加工参数为主轴转速 10000 r/min,进给速度 100 mm/min,轴向切深 30 μm,采用图 8-41(a)中加工路径来进行毛坯工件的平面铣削。

2）沟槽微铣削

在平面微铣削基础上,微铣削程序设置到微沟槽程序的加工零点,采用主轴转速 10000 r/min、进给 0.3 mm/s、铣削深度 5～20 μm 进行沟槽微铣削。沟槽微铣削加工的深宽比越大,微铣削加工难度越大。微铣削后的产品如图 8-41(b)、(c)所示。

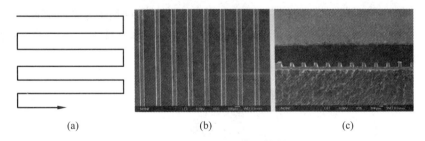

图 8-41　平面和沟槽微铣削

(a) 平面微铣削加工路径；(b) 沟槽微铣削后的俯视图；(c) 沟槽微铣削后的侧视图

习题 8

8-1　物联网有何基本特点？

8-2　简述物联网与互联网的关系。

8-3 感知层、网络层、应用层的功能分别是什么？

8-4 如何理解传统制造与智能制造？

8-5 "中国制造2025"的目标和主要任务有哪些？

8-6 工业物联网的应用会对制造技术带来怎样的进步？

8-7 什么是智能物流？与传统物流相比，智能物流有哪些特点？

8-8 什么是3D打印技术，简述3D打印有哪些特点？

8-9 简述3D打印技术的成形原理。

8-10 3D打印技术的成形工艺常见类型有哪些？

8-11 简述SLS工艺和SLM工艺有哪些区别？

8-12 简述不同3D打印技术需要用到什么形态的材料。

8-13 一般来说，3D打印的建模方法有哪些？

8-14 简述3D打印建模过程中应注意的事项。

8-15 常见的分层切片方法有哪些，它们各自有何特点。

8-16 简述不同路径扫描方式的优缺点及适用场合。

8-17 3D打印常用光敏树脂有哪些？

8-18 简述光敏树脂材料的组成有哪些部分。

8-19 试说出可以用于广义生物3D打印中的材料。

8-20 简述ABS材料的组成及特点。

8-21 不锈钢用于3D打印有哪些缺点？

8-22 钛合金有哪些优异的性能？为什么能应用于3D打印？

8-23 陶瓷材料与金属材料比最大的特点是什么？3D打印需要添加哪种物质才能使用陶瓷材料？

8-24 简述生物墨水的主要成分。

8-25 简述生物墨水有哪些类别，它们各自的特点是什么？

8-26 微加工与一般加工在加工机理方面有哪些不同？

8-27 与宏观加工不同，为什么说材料学参数会对微机械加工参数有影响？

8-28 微加工细长轴时，确定主轴转速、进给速度的原则是什么？为什么说背吃刀量不是越小越好？

自测题

第9章 制造业环境保护

【本章导读】 制造业的快速发展不仅带来了制造技术的发展和社会经济的繁荣,同时还加剧了对环境的污染与破坏。本章主要讲解工业生产中气、固、液废弃污染物和噪声的产生及其有关防控处理技术,让学生树立绿色发展理念和生态责任感,学会利用绿色科技来保护环境和解决生态问题。

9.1 环境污染与环境保护概述

机械工业环境污染与环保概述

9.1.1 环境污染与环保概念

环境污染来自自然和人为两个方面。近代社会随着工业经济的飞速发展、人们生活水平的大幅提高,工业污染、农业污染、交通运输污染、生活污染四大类人为污染已成为环境污染的主要来源。尤其是工业污染,已由点、面污染向全球污染扩展,污染物品种数量繁多,并通过废水、废气、废渣、废热、噪声、振动、放射性等多种形式,污染大气、水体和土壤。工业生产中的每个环节,如原料开采和生产、各种加工过程生产中的燃烧过程、加热和冷却过程、成品整理过程,以及原料或产品的运输与使用过程等,都可能成为环境污染源。工业污染已成为对环境尤其是城市环境危害最大的人为污染源。加强环境保护意识,有效防治污染,对人类的生存和企业的发展都是至关重要的。

环境保护是指在经济建设中要保证合理地利用自然环境,防止环境污染和生态破坏,为人类创造清洁适宜的生活和劳动环境,保护人民健康,促进经济发展。环境保护与生产技术是紧密相连的。环境保护的技术措施可促使生产制造技术的改革和发展;生产制造技术的改革,又可促进环境保护。因此各行各业都针对本行业的环境污染问题采取了一系列切实可行的保护措施,机械制造业也根据本行业引起的"三废"(废气、废水、废渣)和噪声污染采取了相应的措施。

9.1.2 机械工业的环境污染

机械工业生产过程中,不论是铸造、锻压、焊接等材料成形加工,还是车、铣、镗、刨、磨、钻等切削加工都会排出大量的废气、废水和固体废物,如金属离子、油、漆、酸、碱和有机物、带悬浮物的废水,含铬、汞、铅、铜、氰化物、硫化物、粉尘、有机溶剂的废气,金属屑、熔炼渣、炉渣等固体废物,同时在加工过程中还伴随着噪声和振动。

机械工业环境污染量大、面广、种类繁多、性质复杂、对人危害大,具体地表现在工业废水对水环境的污染,工业废气对大气环境的污染,工业固体废物对土壤环境的污染及噪声的污染四个方面。事实证明,采取"先污染,再治理"或是"只治理,不预防"的方针都是不正确的,这些都会使污染的危害加重和扩大,还会使污染的治理更加困难。因此,防治工业性环境污染的有效途径是"防"和"治"结合起来,并强调以"防"为主,采取综合性的防治措施。从事本行业的每一个人都应意识到问题的严重性,尽可能将污染消灭在工业生产过程中,大力推广无废少废生产技术,大力开展废物的综合利用,使工业发展与防治污染、环境保护互相促进。

9.1.3 工业气、固、液废弃污染物

机械工业生产过程中所产生的环境污染物主要有:

(1) 熔炼金属时会产生相应的冶炼炉渣和含有重金属的蒸气和粉尘;在材料的铸造成形加工过程中会出现粉尘、烟尘、噪声、多种有害气体和各类辐射;在材料的塑性加工过程中锻锤和冲床在工作中会产生噪声和振动,加热炉产生烟尘,清理锻件时产生粉尘、高温锻件还会带来热辐射;在材料的焊接加工中会产生电弧辐射、高频电磁波、放射线、噪声等,电焊时焊条的外部药皮和焊剂在高温下分解产生含 Fe_2O_3 和锰、氟、铜、铝的有害粉尘和气体,还会出现因电弧的紫外线辐射作用于环境空气中的氧和氮而产生 O_3、NO、NO_2 等;气焊时会因用电石制取乙炔气体而产生大量电渣。

(2) 在金属热处理中,高温炉与高温工件会产生热辐射、烟尘和炉渣、油烟,因为防止金属氧化而在盐浴炉中加入二氧化钛、硅胶和硅钙铁等脱氧剂所产生的废渣盐,在盐浴炉及化学热处理中产生各种酸、碱、盐等及有害气体和高频电场辐射等;表面渗氮时,用电炉加热,并通入氨气,存在氨气的泄露;表面氰化时,将金属放入加热的含有氰化钠的渗氰槽中,氰化钠有剧毒,产生含氰气体和废水;表面(氧化)发黑处理时,碱洗在氢氧化钠、碳酸和磷酸三钠的混合溶液中进行,酸洗在浓盐酸、水、尿素混合溶液中进行,都将排出废酸液、废碱液和氯化钠气体。

(3) 为了改善金属制品的使用性能、外观以及不受腐蚀,有的工件表面需要镀上一层金属保护膜,电镀液中除含有铬、镍、锌、铜和银等各种金属外,还要加入硫酸、氟化钠(钾)等化学药品。某些工件镀好后,还需要在铬液中钝化,再用清水漂洗。因此电镀排出的废液中含有大量的铬、镉、锌、铜、银和硫酸根等离子。镀铬时,镀槽会产生大量铬蒸汽,有氰电镀还会产生氰化钠这种有毒气体。在金属表面喷漆、喷塑料、涂沥青时,有部分油漆颗粒、苯、甲苯、二甲苯、甲酚等未熔塑料残渣及沥青等被排入大气。也就是说在电镀、涂漆中会产生酸雾及"三苯"溶剂和油漆的废气等,会产生含有氰化物、铬离子、酸、碱的水溶液和含铬、苯等的污泥。

(4) 为了去除金属材料表面的氧化物(锈蚀),常用硫酸、硝酸、盐酸等强酸进行清洗,由此产生的废液中都含有酸类和其他杂质。

（5）在常见的车削、铣削、刨削、磨削、镗削、钻削和拉削等机械加工工艺过程中，往往需要加入各种切削液进行冷却、润滑和冲走加工屑末。切削液中的乳化液使用一段时间后，会产生变质、发臭，其中大部分未经处理就直接排入下水道，甚至直接倒至地表。乳化液中不仅含有油，还含有烧碱、油酸皂、乙醇和苯酚等。在材料加工过程中还会产生大量金属屑和粉末等固体废物。

（6）特种加工中的电火花加工和电解加工所采用的工作介质，在加工过程中也会产生污染环境的废液和废气。

9.2 工业气、固、液废弃污染物处理技术

针对机械工业造成的环境污染，各企业已陆续制定了各种切实可行的措施加以防治，首先是将污染物分成几大类如废气、废水、固体废料、噪声和振动，然后分别根据各自实际情况采取相应措施。

9.2.1 工业废气的防治

机械工业生产的燃料、原料、生产过程和产品多样化，排入环境的污染物种类繁多，组成复杂，若从排放量、影响范围和毒性等方面考虑，对环境威胁最大的主要大气污染物是烟尘、二氧化硫、二氧化氮、一氧化碳及碳氢化合物五种。

减少大气污染，首先应当考虑如何减少污染物的产生量。开发无害新能源，改变燃料构成，革新能源利用设备，改进燃烧技术等，是减少空气污染的重要途径。加强工矿企业重点污染源的工艺改革、进行污染源的综合治理和利用，既能提高原材料的利用率，又能减少污染物。其次，采用技术手段减少排放。对排入大气中的固态污染物，可以通过各种除尘器除去其中的颗粒，如机械式除尘器、电除尘器、湿式除尘器和过滤式除尘器；对液态污染物，可以通过各种除雾器捕集悬浮在废气中的各种悬浮液滴；对于气态污染物，可以通过分离捕集方法，如各种脱硫、脱氮设备的采用，也可以采用吸收、吸附、焚烧、冷凝及化学反应等方法实现净化。

1. 工业废气的除尘

从废气中分离捕集颗粒物的设备称为除尘器。采用除尘器除尘已成为防治工业性大气污染的一项重要技术措施，其作用不仅是除去废气中的有害粉尘，而且还可以回收废气中的有用物质，再用于工业生产，以达到综合利用资源的目的。

按照除尘机制，可将除尘器分成四类：机械式除尘器、电除尘器、洗涤除尘器和过滤式除尘器。实际上，在一种除尘装置中往往同时利用几种除尘机制，所以一般是按其中的除尘机制进行分类命名的。此外，根据除尘过程是否用水或其他液体清灰，还可将除尘器分为干除尘器和湿除尘器两大类。近年来，为提高对微粒的捕集效率，陆续出现了综合几种除尘机制的多种新型除尘装置，如荷电液滴湿式洗涤除尘器、荷电袋式除尘器等。下面对几种常用除尘器的原理、结构和性能作简要介绍。

1) 机械式除尘器

机械式除尘器一般是指靠作用在颗粒上的重力或惯性力,或两者结合起来捕集粉尘的装置,主要包括重力沉降室、惯性除尘器和旋风除尘器。机械式除尘器造价比较低,维护管理较简单,结构装置简单且耐高温,但对 $5~\mu m$ 以下的微粒去除率不高。

(1) 重力沉降室

重力沉降室是靠重力使尘粒沉降并将其捕集起来的除尘装置。重力沉降室可分为垂直气流沉降室和水平气流沉降室,如图 9-1 所示。含尘气体流过横断面比管道大得多的沉降室时,流速大大降低,使大而重的尘粒得以缓慢落至沉降室底部。重力沉降室可有效地捕集 $50~\mu m$ 以上的粒子,除尘效率为 40%~60%。气体的水平流速通常采用 0.2~2 m/s。在处理锅炉烟气时,气体流速不宜大于 0.7 m/s。

占地面积大、除尘效率低是重力沉降室的主要缺点,但因其具有结构简单、投资少、维修管理容易及压力损失小(一般为 50~150 Pa)等优点,工程上常用它作为二线除尘的第一级。

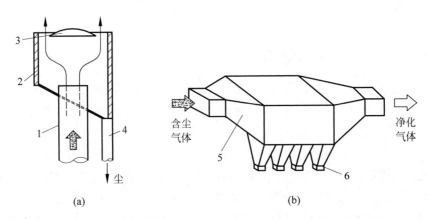

1—烟道;2—耐火涂料;3—反射板;4—下灰管;5—沉降室;6—灰斗。

图 9-1 重力沉降室

(a) 垂直气流沉降室;(b) 水平气流沉降室

(2) 惯性除尘器

惯性除尘器是使含尘气体冲击挡板后急剧改变流动方向,借助尘粒的惯性将其从气流中分离出来的装置。按结构可分为反转式和冲击式两类,如图 9-2 所示。反转式惯性除尘器可分为弯管型、百叶窗型和多隔板塔型。冲击式除尘器可分为单级型和多级型,在这种设备中,沿气流方向设置一级或多级挡板,使气流中的尘粒冲撞挡板而被分离。惯性除尘器一般用于多级除尘中的第一级,捕集密度和粒径较大的尘粒,但对黏结性或纤维性粉尘,因易堵塞,不宜采用。

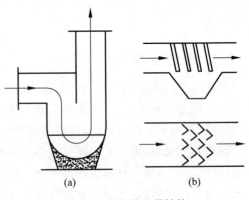

图 9-2 惯性除尘器结构

(a) 反转式;(b) 冲击式

(3) 旋风除尘器

旋风除尘器,又称"离心式除尘器",是使含尘气体做旋转运动,借助离心力作用将尘粒从气流中分离捕集的装置,如图 9-3(a)、(b)所示。旋转气流作用于尘粒上的离心力比重力大 5~2500 倍,因此,它能从含尘气体中除去更小的颗粒,而且在气体处理量相同的情况下,装置所占厂房空间亦较小。

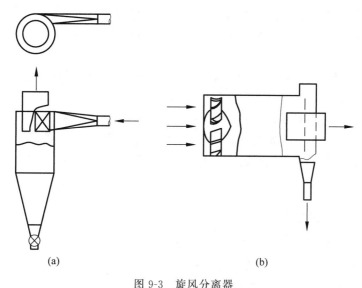

图 9-3 旋风分离器
(a) 切向进气,轴向排灰;(b) 轴向进气,周向排灰

旋风除尘器主要由进气口、筒体、锥体排气管等部分组成。按气流进入方式的不同,旋风除尘器常分为切向进入式和轴向进入式两种,切向又可分为直入式和蜗壳式。轴向进入式是靠导流叶片促使气流旋转的,与切向进入式相比在同一压力损失下,能处理 3 倍左右的气体量,而且气流分布容易均匀,主要用其组合成多管旋风除尘器,用在处理气体量大的场合。

旋风除尘器对于 5 μm 以上的尘粒除尘率可达 95% 以上,因其具有结构简单、制造安装和维护管理容易、投资少、占地面积小等优点,常作为二级除尘系统中的预除尘、气力输送系统中的泄料分离器和小型工业锅炉除尘等。但旋风除尘器一般只适用于净化非黏结性和非纤维性的粉尘及温度在 400℃ 以下的非腐蚀性气体;如果用于高温气体除尘,则需要采取冷却措施,或内壁衬隔热材料;如果用于净化腐蚀性气体时,则应采用防腐材料,或内壁喷涂防腐材料。

2) 电除尘器

电除尘器是利用静电力实现粒子(固体或液体)与气流分离的装置。它与机械方法分离颗粒物的主要区别在于,其作用力直接施加于各个颗粒上,而不是间接地作用于整个气流。电除尘器有两种型式,即管式和板式电除尘器。电除尘器正被大规模地应用于解决燃煤电站、石油化工工业和钢铁工业等的大气污染问题,在回收有价值物质中也起着重要的作用。电除尘器的主要缺点是设备庞大,耗电多,投资高,制造、安装和管理所要求的技术水平较高。

3) 袋式除尘器

袋式除尘器是利用天然或人造纤维织成的滤袋净化含尘气体的装置,其除尘效率一般可达 99% 以上。其作用机理依据尘粒的力学特性,具有惯性碰撞、截留、扩散、静电和筛滤等效应。虽然袋式除尘器是最古老的除尘方法之一,但是由于它效率高、性能稳定可靠、操作简单,因此获得了越来越广泛的应用,同时在结构型式、滤料、清灰和运行方式等方面都得到了发展。

袋式除尘器的型式多种多样,按滤袋形状分为圆筒形和扁平形两种;按清灰方式分为机械振动清灰式、逆气流反吹式和脉冲喷吹式等多种型式。作为一种高效除尘器,袋式除尘器广泛用于各种工业部门的尾气除尘中,它比电除尘器的投资少,运行稳定,可回收率高;与文丘里洗涤除尘器相比,动力消耗小,回收的干粉尘便于综合利用。

4) 洗涤除尘器

洗涤除尘器又称"湿式除尘器",它是用液体所形成的液滴、液膜、雾沫等洗涤含尘烟气,从而使尘粒从烟气中分离出来的装置。此类装置具有结构简单、造价低、占地面积小和净化效率高等优点,能够处理高湿、高温气体。在去除颗粒物的同时亦可去除二氧化硫等气态污染物,但应注意其管道和设备的腐蚀、污水和污泥的处理、烟气抬升高度减小等问题。目前洗涤除尘器种类虽多,但应用最广的是重力喷雾洗涤除尘塔、旋风洗涤除尘器和文丘里洗涤除尘器。

2. 工业有害气体的净化技术

控制工业有害气体的污染,应该重视减少污染物产生和对已产生的污染物进行净化两方面的技术措施。工业有害气体的净化过程,就是从废气中清除气态污染物的过程。它包括化工及有关行业中通用的一系列单元操作过程,涉及流体输送,热量传递和质量传递。净化工业有害气体的基本方法有五种,即吸收、吸附、焚烧、冷凝及化学反应。

1) 液体吸收法

液体吸收法是指用选定的液体高效吸收有害气体。吸收设备主要有填料塔、板式塔、喷洒吸收器和文丘里吸收器。

2) 固体吸附法

固体吸附法是指利用多孔吸附材料净化有毒气体。常用吸附剂有活性炭、活性氧化铝、分子筛、硅胶、沸石等,见表9-1。吸附装置有固定床、流动床和流化床。吸附方式可为间歇式或连续式。

3) 燃烧法

直接燃烧法以可燃性废气本身为燃料,实现燃烧无害化。使用通用型炉、窑、火炬等设备。热力燃烧法借助添加燃料来净化可燃性废气,使用炉、窑等设备。催化燃烧法利用催化剂改善燃烧条件,实现可燃性废气的高效净化。催化剂有铂、钯、稀土及其他金属或氧化物。

4) 冷凝回收法

利用制冷剂将废气冷却液化或溶于其中。常用制冷剂有水、盐水混合物、干冰等。冷凝装置有直接接触冷凝器、间壁式换热器、空气冷却器等。

气体净化方法的选择主要取决于气体流量及污染物浓度,应尽可能地减少气体流量和提高污染物浓度,降低处理费用。对于浓度较高的气体,可考虑先进行预处理,但要与不设预处理的大型净化系统进行经济比较,除非有其他的考虑,如回收贵重物质,或需要预先冷却热废气。一般一个净化系统的一次投资比两个或几个净化系统要便宜,因此在选择处理方法和工艺流程之前,要充分考虑待处理工业有害废气的种类、浓度、流量及废气中是否含有贵重物质等因素，再进行综合比较来决定。

表 9-1　可用吸附法去除的污染物质

吸附剂	吸附质
活性炭	苯、甲苯、二甲苯、乙醇、甲醛、汽油、煤油、乙酸、恶臭物质、H_2S、SO_2、CO_2 等
浸渍活性炭	酸雾、碱雾、H_2S、SO_2、CO_2 等
活性氧化铝	H_2S、SO_2、CO_2 等
浸渍活性氧化铝	酸雾、Hg、HCL 等
硅胶	H_2O、SO_2、C_2H_2 等
分子筛	H_2O、SO_2、CO_2、H_2S 等
泥煤、风化煤	恶臭物质、NH_3、NO_x 等
浸渍泥煤、风化煤	SO_x、SO_2、NO_x
焦炭粉粒	沥青烟
白云石粉	沥青烟
蚯蚓粪	恶臭物质

3. 废气中液态污染物的除雾技术

废气中液态污染物的除雾设备主要包括四大类：一是惯性力除雾装置，包括折板式除雾器、重力式脱水器、弯头脱水器、旋风脱水器、旋流板脱水器；二是湿式除雾器，几乎所有的湿式气态污染物处理装置和除尘器均可用作湿式除雾装置；三是过滤式除雾装置，包括网式除雾器和填料除雾器；四是静电除雾器，有管式和板式两类。

在折板式除雾器中气流通过挡板、折流板、折流体，因流线的偏折，使雾滴碰撞到挡板被捕集下来。弯头脱水器是借助于气流在弯头中折转 90°或 180°时产生的惯性力将雾滴甩出，主要用于文丘里管后面的脱水。旋风脱水器用于雾滴较细（最小雾滴直径为 5 μm）而除雾要求较高的场合。几乎所有的旋风除尘器均可用作脱水器。根据除雾脱水的特点也可做成结构简化的体形较小的旋风脱水器。网式除雾器中的丝网除沫器净化硫酸有工程实效；板网除沫器被广泛用于铬酸雾的净化处理工程；填料除雾器常用于各种酸雾，特别是硫酸雾的净化。各种用于液体吸收的填料塔，如填充鲍尔环、拉西环、鞍形填料、丝网填料、实体波纹填料、栅条填料等的填料塔均可用作除雾器。

9.2.2　工业废水的防治

机械工业废水主要包括两大类：一类是相对洁净的废水，如空调机组、高频炉的冷却水等，这种工业废水可直接排入水道；但最好采用冷却或稳定化措施处理后循环使用。另一类是含有毒、有害物质的废水，如电镀、电解、发蓝、清洗排出的废水，这种工业废水必须经过处理，达到国家规定的允许排放标准以后才能排入水道，但不得采用稀释方法达到国家标准。

1. 工业废水的防治基本原则

（1）改革工艺和设备，实行回收和综合利用，尽可能减少污染源和流失量。

(2) 实行清污分流。量大而污染轻的废水如冷却废水等,不宜排入下水道,以减轻处理负荷和便于实现废水回用。

(3) 剧毒废水和一般废水分流,便于回收和处理。

此外,应打破厂际和地域界线,尽可能实行同类废水的联合处理,或实行以废治废。同时还应按目标要求对必须排放的废水进行净化处理。一般情况要求将排水中污染物控制在"工业排放标准"的范围之内。

综上所述,有效治理废水的首要问题是最大限度地减少废水水量,其次是采取净化措施降低污染物浓度,并充分考虑其处理的合理性和效率。

2. 工业废水处理的主要措施

1) 废水源的处理方法

工业废水的性质随行业和规模的不同有很大差别。工厂生产不稳定,每天或每月变动较大,废水量与水质也随之变动。处理工业废水,首先必须努力降低废水排放前的污浊物的数量,所用方法有以下几种:

(1) 减少废水量,具体措施是:①废水分类。根据污浊程度和污浊物的种类,在废水源就对废水分类,把废水划分为需要处理的废水和不需要处理的废水。②节约用水。废水的循环使用是节约用水的有力手段。③改变生产工序。有时改变生产工序可以大幅减少废水量和降低废水浓度。

(2) 降低废水浓度。废水中所含的污浊物,在不少情况下有一部分是原料、产品、副产品。这些物质应尽量回收,不要弃于废水中。具体措施是:①改变原料。使用产生污浊物少的原料。②改变制造过程。例如,在粉碎工序中改为不用水的方法。③改良设备。通过改良设备,提高产品的原材料利用率来减少污浊物数量。④回收副产品。过去,从经济观点出发,把没有价值的东西丢到废水中,但从防治污染的观点来看,应把它们作为副产品回收利用,转化为有用的东西。

2) 对废水的处理方法

把废水处理大体分类,可分为除去悬浮固体物质的、除去胶态物质的和除去溶解物质的三种。在方法上有物理方法、化学方法、物理化学方法和生物化学方法,见表9-2。

表 9-2 工业废水处理方法的分类

基 本 方 法	基 本 原 理	单 元 技 术
物理法	物理或机械的分离过程	过滤、沉淀、离心分离、上浮等
化学法	加入化学物质与废水中有害物发生化学反应的转化过程	中和、氧化、还原、分解、混凝及化学沉淀等
物理化学法	物理化学的分离过程	吸附、离子交换、萃取电渗析、反渗透、汽提及吹脱等
生物化学法	微生物在废水中对有机物进行氧化、分解的新陈代谢过程	活性污泥、生物滤池、氧化池、生物转盘、厌气消化等

在工厂废水处理上用得较多的是沉淀法,它是利用水中悬浮颗粒在重力场作用下下沉,从而达到固液分离的一种物理方法。沉淀法一般应用在以下几种装置中。

(1) 废水预处理装置。如主要去除水中密度大于水的无机颗粒（如砂子、煤渣）的沉砂装置。

(2) 废水进入生物处理前的初次沉淀装置和生物处理后的二次沉淀装置。前者主要去除进水中的悬浮固体，后者将生化反应中的微生物从水中分离出来，使水澄清。沉淀装置的主要类型有平流式、辐流式、竖流式和斜管式沉淀装置。

(3) 污泥处理阶段的污泥浓缩装置。若废水中含有密度小于水的杂质，可利用杂质的上浮特性，将其从水中分离出去。最常见的是利用上浮分离装置处理含油废水。由于油和水的密度不同，油水很容易分层，上层为油，下层为水，可采用一般的油水分离装置处理。若废水中有乳化剂存在，油滴和水滴表面由乳化剂形成一层稳定的薄膜，油和水无法分层，形成乳浊液。此时必须先利用粗粒化装置破乳，使油滴增大，进而上浮与水分层，然后将其从水中分离出去。

若废水中的污染物密度非常接近甚至略小于水的密度，利用沉淀装置和上浮分离装置都无法取得满意的处理效果，此时可利用气浮分离装置。

在气浮分离装置中，大量微小的气泡黏附于杂质颗粒上，形成密度小于水的浮体，浮体上升至水面，从而将杂质从水中分离出来。因此，利用气浮分离工艺必须具备三个基本条件：①必须从水中提供足够的微小气泡；②必须使废水的污染物呈悬浮状态，必要时可采用混凝剂；③必须使气泡与杂质产生黏附作用，否则应采用表面活性剂等对颗粒进行改性。

气浮分离工艺广泛应用于废水处理中，如去除水中的油滴、纤维及其他悬浮状颗粒等；回收污水中的有用物质；替代二次沉淀池，分离活性污泥；用于有机及无机污水的物化处理工艺中。

气浮分离装置的主要类型有压力溶气气浮装置、真空气浮装置、分散空气气浮装置和电解气浮装置，其中压力溶气气浮装置应用最广泛。

离心分离装置在废水处理中常用作分离水中的悬浮物（固体颗粒和油滴），主要有旋流分离器和离心分离机两大类。

过滤在废水处理中既可用于活性炭的吸附和离子交换等深度处理过程之前的预处理，也可用于化学混凝和生物处理后的最终处理。

根据我国工业废水的排放标准，允许排放废水的 pH 值应在 6～9 之间。凡废水含有 pH 值超出规定范围的都应加以处理。很多废水往往含有酸或碱，且酸碱量的差别往往很大。通常将酸的含量大于 3%～5% 的废水称为废酸液，将碱的含量大于 1%～3% 的废水称为废碱液。废酸液和废碱液应加以回收和利用。低浓度的含酸废水和含碱废水，回收的价值不大，可采用中和法处理。中和法是将酸性废水用碱中和，碱性废水用酸中和，以调整 pH 值处于中性范围。

广泛使用的污泥处理装置有浓缩污泥的连续浓缩装置、泥脱水过滤装置、日晒或加热干燥装置、焚烧装置等。

3. 废水处理方法的选择

废水治理总体方案的确定是一个比较复杂的问题，需要综合考虑，应符合有效治理的基本原则。对于必须外排的废水,其处理方法的选择主要应考虑水质状况和处理要求。

首先应通过现场调查和采样分析,明确废水的类型、成分、性质数量和变化规律等。然后按水质情况和具体要求明确处理程度和确定处理方法。通常将处理程度分为三级：一级处理,主要指在预处理基础上去除水中的悬浮固体物,浮油以及进行pH值调整等,这属于初级处理,常常作为进一步处理的准备阶段,然而对于有机物和重金属污染轻微的废水,可作为主要处理形式；二级处理,主要去除可生物降解的有机物和部分胶体污染物,用以减少废水的BOD(生化需氧量)和部分COD(化学需氧量),通常采用生物化学法处理,或采用混凝法和化学沉淀法处理,这是化工废水处理的主体部分；三级处理,主要去除生物难以降解的有机污染物和无机污染物,常用活性炭吸附、化学氧化以及离子交换与膜分离技术(反渗透)等,这是一种深度处理法,一般是在二级处理的基础上进行的。应当指出,对于一些成分单纯的废水,往往只要采用某一单元技术,如含铬废水用离子交换法除铬,没有必要分成一级、二级和三级。然而,大多数成分复杂或成分虽单纯但浓度较大且要求处理程度高的废水,则往往采用多种方法联用。

9.2.3　工业固体废物污染的防治

机械工业废物主要包括灰渣、污泥、废油、废酸、废碱、废金属、灰尘等废物,含有七类有害物质,即汞、砷、镉、铅、6价铬、有机磷和氰。由于工业固体废物往往包含多种污染成分,长期存在于环境中,在一定条件下,还会发生化学的、物理的或者生物的转化,如果管理不当,不但会侵占土地,还会污染土壤、水体、大气,因此需要实行从产生到处置的全过程管理,包括污染源控制、运输管理、处理和利用、储存和处置。

1. 工业固体废物污染源的控制

机械工业固体废物污染源的控制是对机械工业固体废物实行从产生到处置全过程管理的第一步。其主要措施是采用低废或无废工艺,最大限度地减少固体废物的产生量；对于已产生的工业固体废物,则必须先搞清其来源和数量,然后对废物进行鉴别、分类、收集、标志和建档。

2. 工业固体废物的运输

工业固体废物进行鉴别、分类、收集、标志和建档后,需从不同的产生地把废物运送到处理厂、综合利用设施或处置场。对于废物处置设施太小、废物产生地点距处置设施较远或本身没有处置设施的地区,为便于收集管理,可设立中间储存转运站。运输方式分公路、铁路、水运或航空运输等多种,可根据当地条件进行选择。对于非有害性固体废物,可用各种容器盛装,用卡车或铁路货车运输；对于有害废物,最好是采用专用的公路槽车或铁路槽车运输。

3. 工业固体废物的处理

1) 工业固体废物的预处理

机械工业固体废物多种多样,其形状、大小、结构及性质各异。为了进行处理、利用或处置,常须对工业固体废物进行预处理。预处理的方法很多,例如,处理或处置前的浓缩及脱水、处置前的压实、综合利用前的破碎及分选等。适当的预加工处理还有利于工业固体废物的收集和运输,所以预处理是重要的且具有普遍意义的处理工序。金属类废料的压缩流程如图 9-4 所示。

图 9-4 金属类废料的压缩过程

2) 工业固体废物的无害化处理

对有害的工业固体废物必须进行无害化处理,使其适合运输、贮存和处置,不危害环境和人类健康。无害化处理的方法有化学处理、焚烧、固化等。

(1) 化学处理是通过化学反应破坏固体废物的有害成分,从而使之无害化的一种处理方法。化学处理方法包括氧化、还原、中和、化学沉淀等。化学处理方法通常只适用于处理有单一成分或几种化学特性类似成分的废物,对于混合废物则可能达不到预期的目的。

(2) 焚烧是通过高温对可燃性固体废物进行破坏的一种无害化方法,也是有机物的深度氧化过程。通过焚烧,可使废物的重量和体积减小 80% 以上,使有毒有害的成分无害化,还可回收部分热能用于供热或发电。

(3) 固化也称为"化学稳定化",是指通过物理化学方法将有害废物固定或包容在惰性固化基材中的无害化处理过程。根据固化基材及固化过程的不同,固化方法可分为水泥固化、石灰固化、热塑性材料固化、有机聚合物固化、自胶结固化和玻璃固化、陶瓷固化、合成岩固化等。

4. 工业固体废物的利用

工业固体废物具有二重性,弃之为害,用则为宝。尤其是对那些具有较高资源价值的废物,更应加以综合利用。综合利用是指通过回收、复用、循环、交换以及其他方式对工业固体废物加以利用,它是防治工业性污染、保护资源、谋求社会经济持续稳定发展的有力手段。工业固体废物综合利用的途径很多,主要有生产建筑材料、提取有用金属、制备化工产品、用作工业原料、生产农用肥料和回收能源等。

特定固体废弃物是指一些数量巨大、有一定回收价值且必须用专门化的方式加以处理的固体废弃物,通常指废旧金属、塑料、橡胶及其制品等。从资源化角度进行处理,首先要使它们物尽其用,最大限度地延长其使用周期,有的虽不能直接延长使用周期,但可通过处理间接地延长使用周期。

废旧金属是机电产品在生产、使用过程中不断产生的废物,如来自切削过程的切屑、金属粉末、边角余料、残次品,以及铸件浇冒口、报废工具和机床(或零部件)、各种锈蚀损坏的钢铁结构物品等。处理方法通常是先进行分拣,对某些尚有使用价值的部分进行修复或改制后重新使用,再把有色金属和黑色金属分开后,回炉熔炼。

在重金属电镀污泥被塑料固化的工艺流程中,废旧塑料处理方法与一般资源化处理方法相类似,而电镀污泥的处理关键是将含水率95%以上的电镀污泥干燥和球磨的工艺。污泥干燥方法是先将电镀厂回收的电镀污泥,经自然干化、干燥机烘干。干燥后即可球磨,污泥粉末与塑料粉末以一定比例混合配料,最后可以压制成形或注塑成形为一定形态的产品。

5. 工业固体废物的处置

工业固体废物的处置,是为了使工业固体废物最大限度地与生物圈隔离而采取的措施,是控制工业固体废物污染的最后步骤。常用的处置方法有海洋处置和陆地处置两大类。海洋处置可在海上焚烧。陆地处置分为土地耕作、工程库或储存池储存、土地填埋和深井灌注等。

对于放射性固体废物,一般应根据其放射性、半衰期、物理及化学性质选择相应的处置方法。常用的处置方法有海洋处置、深地层处置、工程库储存和浅地埋藏处置等。

9.2.4　工业噪声的防治

在机械工业,噪声是一种十分严重的环境污染问题。长期在噪声超标的环境中工作,会使人耳聋、消化不良、食欲不振、血压增高,会影响语言交谈能力、思维能力和睡眠质量,降低工作效率,影响安全生产。

1. 噪声防治技术

为了采取必要而充分的噪声防治对策,并有效地加以实施,必须根据正确的噪声防治计划进行。其顺序如下:

(1) 确认发生噪声污染的地点,作出该地区的听觉试验、测定噪声级以及频谱分析等噪声实态调查。

(2) 探查噪声发生源,并调查和确认是哪台机器的什么部位。

(3) 决定降噪目标。

(4) 研究降低噪声的方法,实施最有效的措施。

传播噪声的三要素是声源、传播途径和接受者。噪声的防治也应从这三方面入手。

2. 对声源采取的措施

噪声控制最积极、最有效的方法自然是从声源上进行控制,即提供低噪声的设备、装置、产品。从声源上控制噪声,通常有两种途径:一是采用彻底改进工艺的办法,将产生高噪声的工艺改为低噪声的工艺,如用气焊、电焊替代高噪声的铆接,用液压替代冲压等;二是在保证机器设备各项技术性能基本不变的情况下,采用低噪声部件替代高噪声部件,使整机噪声大幅降低,实现设备的低噪声化。

常见的噪声源有以下三个类型,可对它们采取相应措施,按各自的发生机理除去根源或加以降低。

1) 对一次固体噪声的措施

由于强制力在机械和装置内部周期地反复使用,使得成为激振源产生波动传播出去,在多数情况下机械的一部分以固有频率共振发出很大的噪声,称为一次固体噪声,应对其采取以下措施:①确认产生激振力的根源;②研究降低激振力的方法;③进行绝缘,使波动不能传播出去;④改变噪声发射面的固有频率;⑤使噪声发射面减振;⑥盖上隔离振动的覆盖物。

2) 对二次固体噪声的措施

机械内部发生的噪声声波使壁面发生振动,发射出透射音,称为二次固体噪声。这样的情况也是很多的,需对其采取以下措施:①除去在机械内部产生空气压力变动的根源;②加强壁面隔音和内部吸音;③壁面加上隔音绝缘层(盖上吸声物或隔音材料);④设置隔音盖。

3) 对空气声的措施

像由开口部(吸气口、放气口、其他)发射出来的噪声那样,没有固体振动的噪声叫作空气声。应对其采取以下措施:①降低压力和流速等;②装置消声器或吸音道等;③缩小开口部,降低发射功率,或利用指向性改变方向。

3. 噪声传播途径的处理

噪声传播途径的处理应根据具体情况,采取不同措施。通常有以下几种方法:

(1) 吸声处理,也称"吸声降噪处理"。它是指在噪声控制工程中,利用吸声材料或吸声结构对噪声比较强的房间进行内部处理,以达到降低噪声的目的。但这种降噪效果有限,其降噪量通常不超过 10 dB。

(2) 隔声处理。它是用隔声材料或隔声结构将声源与接受者相互隔绝起来,降低声能的传播,使噪声引起的吵闹环境限制在局部范围内,或在吵闹的环境中隔离出一个安静的场所。这是一种比较有效的噪声防治技术措施。例如把噪声较大的机器放在隔声罩内,在噪声车间内设立隔声间、隔声屏、隔声门、隔声窗等。

(3) 隔振。即在机器设备基础上安装隔振器或隔振材料,使机器设备与基础之间的刚性连接变成弹性连接,可明显起到降低噪声的效果。

(4) 阻尼。在板件上喷涂或粘贴一层高内阻的弹性材料,或者把板料设计成夹层结构。当板件振动时,由于阻尼作用,使部分振动能量转变为热能,从而降低其噪声和振动。

(5) 消声器。消声器是降低气流噪声的装置,一般接在噪声设备的气流管道中或进排气口上。

4. 噪声的个人防护措施

当在声源上和传播途径上难以达到标准要求时,或在某些难以进行控制但对接受者来说必须加以保护的场合,要采取个人防护措施,其中最常用的方法是佩戴护耳器——耳塞、耳罩、头盔等。一副好的护耳器应满足:具有较高隔音值(又称"声衰减量")、佩戴舒适、方便,对皮肤无刺激作用、经济耐用。

习题 9

9-1 机械制造业都有哪些常见的环境污染？其危害是什么？
9-2 常见的除尘设备有哪几种？各有何优缺点？
9-3 工业废水防治的主要措施有哪些？
9-4 工业废气防治的主要措施有哪些？
9-5 对工业固体废料常采用哪些处理手段？
9-6 工业噪声的防治应从哪三方面入手？
9-7 噪声的个人防护措施有哪些？

自测题

参考文献

[1] 孙康宁,林建平.工程材料与机械制造基础课程知识体系和能力要求[M].北京:清华大学出版社,2016.
[2] 陈洪勋,张学仁.金属工艺学实习教材[M].北京:机械工业出版社,1996.
[3] 刘胜青,陈金水.工程训练[M].北京:高等教育出版社,2005.
[4] 朱民.金工实习.3版[M].成都:西南交通大学出版社,2016.
[5] 邓文英,郭晓鹏,邢忠文.金属工艺学:上[M].6版.北京:高等教育出版社,2017.
[6] 邢忠文,张学仁.金属工艺学[M].3版.哈尔滨:哈尔滨工业大学出版社,2008.
[7] 傅水根,李双寿.机械制造实习[M].北京:清华大学出版社,2009.
[8] 党新安.工程实训教程[M].北京:化学工业出版社,2011.
[9] 孙康宁.现代工程材料成形与机械制造基础:上[M].北京:高等教育出版社,2005.
[10] 于兆勤,郭钟宁,何汉武.机械制造技术训练[M].武汉:华中科技大学出版社,2010.
[11] 傅水根.现代工程技术训练[M].北京:高等教育出版社,2006.
[12] 梁延德.工程训练教程:实习报告分册(机械类)[M].大连:大连理工大学出版社,2005.
[13] 刘舜尧,李燕,邓曦明.制造工程工艺基础[M].长沙:中南大学出版社,2010.
[14] 张亮峰.材料成形技术基础[M].北京:高等教育出版社,2011.
[15] 徐晓菱.径向摩擦焊[J].四川兵工学报,1995(3):15-16,39.
[16] 百度百科.焊接[EB/OL].(2021-08-16)[2022-03-01].https://baike.baidu.com/item/%E7%84%8A%E6%8E%A5/513162?fr=aladdin.
[17] 百度百科.波峰焊[EB/OL].(2021-08-13)[2022-03-01].https://baike.baidu.com/item/%E6%B3%A2%E5%B3%B0%E7%84%8A/8095167?fr=aladdin.
[18] 百度百科,激光焊[EB/OL].(2021-08-13)[2022-03-01].https://baike.baidu.com/item/%E6%BF%80%E5%85%89%E7%84%8A/2669868?fr-aladdin.
[19] 百度百科.搅拌摩擦焊[EB/OL].(2021-08-13)[2022-03-01].https://baike.baidu.com/item/%E6%90%85%E6%8B%8C%E6%91%A9%E6%93%A6%E7%84%8A/9980382?fr-aladdin.
[20] 百度百科.超声波焊[EB/OL].(2021-08-13)[2022-03-01].hts://baikebaidu.com/tem/%E8%B6%85%E5%A3%B0%E6%B3%A2%E7%84%8A%E6%8E%AS/1079465I?fromtitl=%E8%B6%85%E5%A3%B0%E6%B3%A2%E7%84%8A&fromid=11049335&fr=aladdin.
[21] 佚名.自动化焊接技术及其发展[EB/OL].(2016-04-14)[2021-08-16].https://www.docin.com/p-15343045l5.html.
[22] 百度百科.焊接机器人[EB/OL].(2021-08-13)[2021-08-16].hts://baike.baidu.com/item/%E7%84%8A%E6%8E%A5%E6%9C%BA%E5%99%A8%E4%BA%BA/6027642fr-aladdin.
[23] 金锄头文库,bosch焊接控制器6.03[EB/OL].(2018-10-25)[2021-08-16].htps://wenku.so.comn/d/b95859800397492 1670012690c1.
[24] 北京同舟兴业科技有限公司.激光焊缝跟踪系统[EB/OL].(2018-10-25)[2021-08-16].htp://www.t-tec.com.cn/post/218108/.
[25] 焊接环境保护及安全操作技术[EB/OL].(2016-01-04)[2021-08-16].hts:/ww.wocin.com/p-1534305.htol.
[26] 谢志余,朱瑞富,顾荣.工程训练[M].北京:科学出版社,2018.
[27] 刘新,崔明铎.工程训练通识教程[M].北京:清华大学出版社,2011.
[28] 李爱菊,孙康宁.工程材料成形与机械制造基础[M].北京:机械工业出版社,2012.
[29] 张力重,王志奎.图解金工实训[M].武汉:华中科技大学出版社,2008.

[30] 李文双,邵文冕,杜林娟.工程训练(非工科类)[M].哈尔滨:哈尔滨工程大学出版社,2010.
[31] 郦振声,杨明安.现代表面工程技术[M].北京:机械工业出版社,2007.
[32] 安萍.材料成形技术[M].北京:科学出版社,2008.
[33] 崔明铎.工程实训教学指导[M].北京:高等教育出版社,2010.
[34] 卢秉恒.机械制造技术基础[M].4版.北京:机械工业出版社,2018.
[35] 贾振元,王福吉等.机械制造技术基础[M].北京:科学出版社,2018.
[36] 王先逵.机械制造工艺学[M].4版.北京:机械工业出版社,2020.
[37] 朱华炳,田杰,李小蕴,等.制造技术工程训练[M].北京:机械工业出版社,2014.
[38] 朱华炳,田杰,席赟,等.工程训练简明教程[M].北京:机械工业出版社,2015.
[39] 杨叔子,李斌,张福润.机械加工工艺师手册[M].北京:机械工业出版社,2011.
[40] 于骏一,邹青.机械制造技术基础[M].2版.北京:机械工业出版社,2013.
[41] 杨和,范文蔚,张选民,等.车钳工技能训练[M].天津:天津大学出版社,2000.
[42] 刘强,丁德宇,符刚,等.智能制造之路:专家智慧.实践路线[M].北京:机械工业出版社,2017.
[43] 陈蔚芳,王宏涛,薛建彬,等.机床数控技术及应用[M].北京:科学出版社,2008.
[44] 王瑞金.特种加工技术[M].北京:机械工业出版社,2011.
[45] 程胜文,刘红芳,胡翔云,等.特种加工技术[M].北京:清华大学出版社,2012.
[46] 李家杰.数控线切割机床培训教程[M].北京:机械工业出版社,2012.
[47] 周旭光,戴珏,李玉炜.特种加工技术[M].2版.西安:西安电子科技大学出版社,2011.
[48] 朱树敏,陈远龙.电化学加工技术[M].北京:化学工业出版社,2006.
[49] 白基成,刘晋春,郭永丰,等.特种加工技术[M].6版.北京:机械工业出版社,2014.
[50] 何瑛,欧阳八生,陈书涵,等.机械制造工艺学[M].长沙:中南大学出版社,2015.
[51] 陈金堂.车削过程中影响断屑的因素及改进措施[J].金属加工(冷加工),2014(10):49-50.
[52] 任鸟飞.机加工切屑形成原理种类及断屑方法[EB/OL].(2021-08-16)[2022-03-01].https://www.docin.com/p-2143013749.html.
[53] 吴清.钳工基础技术[M].3版.北京:清华大学出版社,2019.
[54] 南亚林.钳工[M].北京:中国石化出版社,2019.
[55] 邓集华,关焊远,彤景鑫.钳工基础技能实训[M].北京:机械工业出版社.2017.
[56] 钟翔山.图解钳工入门与提高[M].北京:化学工业出版社.2015.
[57] International Telecommunication Union. The Internet of things[R/OL].[2005-11-17]. http://www.itu.int/osg/spu/publications/internetofthings/.
[58] 中华人民共和国国务院新闻办公室.国家中长期科学和技术发展规划纲要(2006—2020年)[R/OL].(2011-04-01)[2021-08-13].http://www.scio.gov.cn/ztk/xwfb/2014/gxbjhhjzlzkxwfbh/xgzc30946/Document/1372163/1372163.htm.
[59] 工信部电信研究院.物联网白皮书(2011)[J].中国公共安全(综合版),2012(Z1):138-143.
[60] 邓谦,曾辉,熊燕,等.物联网工程概论[M].北京:人民邮电出版社,2015.
[61] 徐勇军,刘禹,王峰,等.物联网关键技术[M].北京:电子工业出版社,2012.
[62] 邵欣,刘继伟,曹鹏飞,等.物联网技术及应用[M].北京:北京航空航天大学出版社,2018.
[63] 张晶,徐鼎,刘旭,等.物联网与智能制造[M].北京:化学工业出版社,2019.
[64] 姚锡凡,张存吉,张剑铭,等.制造物联网技术[M].武汉:华中科技大学出版社,2018.
[65] 谭建荣.制造业与互联网融合的趋势和实践[J].物联网学报,2018,2(4):1-4.
[66] 中华人民共和国国务院新闻办公室.关于深化制造业与互联网融合发展的指导意见[R/OL].(2016-05-20)[2021-08-13].http://www.scio.gov.cn/xwfbh/xwbfbh/wqfbh/42311/44607/xg2c44614/Document/1695378/1695378.htm.
[67] 张平,刘会永,李文璟,等.工业智能网:工业互联网的深化与升级[J].通信学报,2018,39(12):134-140.

[68] 祝毓.国外工业互联网主要进展[J].竞争情报,2018,14(6):59-65.
[69] 谭建荣.人工智能与智能产业:关键技术与发展趋势[J].卫星与网络.2018(12):30-31.
[70] 焦洪硕,鲁建厦.智能工厂及其关键技术研究现状综述[J].机电工程.2018,35(12):1249-1258.
[71] 工控.智能制造在美国、德国、日本有什么不同[J].电力设备管理,2018(12):88-89.
[72] 《中国智能制造绿皮书》编委会.中国智能制造绿皮书(2017)[M].北京:电子工业出版社,2017.
[73] 中国科协智能制造学会联合体.中国智能制造重点领域发展报告(2018)[M].北京:机械工业出版社,2019.
[74] 王隆太.先进制造技术[M].北京:机械工业出版社,2017.
[75] BRINKSMEIER E, MUTLUGUNES Y, KLOCKE F, et al. Ultra-precision grinding[J]. CIRP Annals-Manufacturing Technology,2010,59:652-671.
[76] SHORE P,MORANTZ P. Ultra-precision:enabling out future[J]. Philosophical Transactions of the Royal Society A,2012,370:3993-4014.
[77] 李爱菊.工程材料与机械制造基础:下[M].3版.北京:高等教育出版社,2019.
[78] 曾抗美,李正山,魏文锰.工业生产污染与控制[M].北京:化学工业出版社,2005.
[79] 刘宏.环保设备:原理,设计,应用[M].4版.北京:化学工业出版社,2019.
[80] 曲向荣,李辉,吴昊.环境工程概论[M].北京:机械工业出版社,2011.
[81] 孙康宁,张景德.工程材料与机械制造基础:上[M].3版.北京:高等教育出版社,2019.
[82] 钱苗根,姚寿山,张少宗.现代表面技术[M].北京:机械工业出版社,2016.
[83] 曾晓雁,吴懿平.表面工程学[M].2版.北京:机械工业出版社,2017.
[84] 强怀颖,赵宇龙,陈辉.材料表面工程技术[M].徐州:中国矿业大学出版社,2016.